新农村能工巧匠速成丛书

播种施肥机
修理工

鲁植雄　赵兰英　主编

中国农业出版社

内容提要

本书全面系统地介绍了播种施肥机修理工应掌握的基本技能和操作要点。全书共分七章，分别介绍了播种机修理的基础知识、小麦播种机的使用与维修、水稻直播机的使用与维修、玉米播种机的使用与维修、施肥机的使用与维修、其他播种机的使用与维修、播种机的修理等内容。

本书适合广大播种施肥机修理工初学者、爱好者入门自学，也适合在岗播种施肥机修理工自学参考，以进一步提高操作技能；也可作为职业院校、培训中心等的技能培训教材。

主　编　鲁植雄　赵兰英

参　编　李晓勤　许爱谨　刘奕贯

　　　　白学峰　常江雪　郭　兵

　　　　金　月　周伟伟　姜春霞

　　　　吴俊淦　徐　浩　李文明

　　　　金文忻　梅士坤　鲁　杨

　　　　杨永梅　李　飞

前　言

　　随着中国国民经济和现代科学技术的迅猛发展，我国农村也发生了巨大的变化。在党中央构建社会主义和谐社会和建设社会主义新农村的方针指引下，为落实党中央提出的"加快建立以工促农、以城带乡的长效机制"、提高农民整体素质，培养造就有文化、懂技术、会经营的新型农民"、"广泛培养农村实用人才"等具体要求，全社会都在大力开展"农村劳动力转移培训阳光工程"，以增强农民转产转岗就业的能力。目前，图书市场上针对这一读者群的成规模成系列的读物不多。为了满足数亿农民工的迫切需求和进一步规范劳动技能，中国农业出版社组织编写了《新农村能工巧匠速成丛书》。

　　该套丛书力求体现"定位准确、注重技能、文字简明、通俗易懂"的特点。因此，在编写中从实际出发，简明扼要，不追求理论的深度，使具有初中文化程度的读者就能读懂学会，稍加训练就能轻松掌握基本操作技能，从而达到实用速成、快速上岗的目的。

　　《播种施肥机修理工》本着"以就业为导向，重在培养能力"，为初级播种施肥机修理工而编写。书中不涉及高深的专业知识，您只要按照本书的指引，通过自己的努力训练，很快就可以掌握播种施肥机修理的基本技能和操作技巧，成为一名合格的播种施肥机修理工。

　　本书全面系统地介绍了播种施肥机修理工应掌握的基本技能和操作要点。全书共分七章，分别介绍了播种机修理的基础知识、小麦播种机的使用与维修、水稻直播机的使用与维修、玉米播种机的使用与维修、施肥机的使用与维修、其他播种机的使用与维修、播种机的修理等内容。适合广大播种施肥机修理工初学者、爱好者入门自学，也适合在岗播种施肥机修理工自学参考，以进一步提高操作技能；也可作为职业院校、培训中心等的技能培训教材。

本书由南京农业大学鲁植雄和大连海洋大学赵兰英主编。第一章至第三章由赵兰英编写，第四章至第七章由鲁植雄编写，参加本书编写与绘图的有李晓勤、许爱谨、刘奕贯、白学峰、常江雪、郭兵、金月、周伟伟、姜春霞、吴俊淦、徐浩、李文明、金文忻、梅士坤、鲁杨、杨永梅、李飞等。

本书在撰写过程中引用了相关图书和文献资料，借此向各参考文献的作者表示衷心地感谢和敬意。

编　者

2013 年 1 月

目 录

前言

播种机修理的基础知识

第一节　播种机的分类与基本组成

一、播种方式

播种是农业生产过程中极为重要的一环。必须根据农业技术要求适时播种，使作物获得良好的发育生长条件，才能保证苗齐苗壮，为增产丰收打好基础。机械播种质量好、生产率高，能保证适时播种，同时为田间管理作业创造良好条件，因此，机械播种在我国广泛应用。

我国地域辽阔，作物生长的环境、条件、种植方式等多种多样，南北方有着明显的差异。北方表现为旱地作业，以向土壤中播入规定量的种子为主要种植手段，所用机具为播种机械，这样可充分利用土壤中的水分和温度使之出苗、生长，适时播种成为关键。而南方则表现为水田作业，种植方式主要是幼苗移栽，所用机械为栽植机械或插秧机械。但是，近几年来有些作物的种植方式发生了变化，如玉米、棉花出现了工厂化育苗然后移栽，且已证明在干旱缺水地区有取代直接播种的趋势。而以移栽为主要种植手段的水稻，由于种植技术的革新，现在大量出现了直播（水稻须进行种子催芽处理），从而简化生产过程，降低生产成本。总体来说，机械播种主要有撒播、条播、穴播和精密播种等几种方式，如图1-1所示。

1. 撒播　将种子按要求的播量撒布于地表，称为撒播。撒播种子在田间分布不均匀，且人工或机械覆土时，难于将种子完全覆盖。因此，出苗率低。主要用于飞机撒播，以便高效率完成大面积种草、造林或直播水稻。山区瘠薄坡地种植小麦、谷子、荞麦等，也常用撒播。

2. 条播　将种子按要求的行距、播深和播量播成条行，称为条播。条播的作物便于田间管理作业，故应用很广。

3. 穴播　按要求的行距、穴距和播深将几粒种子集中于一穴，称为穴播。

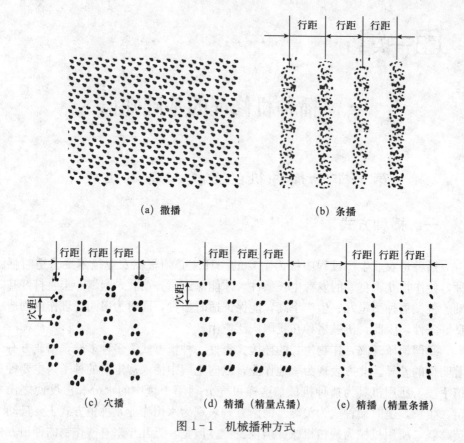

(a) 撒播　　　　　　　　　　　(b) 条播

(c) 穴播　　　　(d) 精播（精量点播）　　　(e) 精播（精量条播）

图 1-1　机械播种方式

穴播法适用于中耕作物，可保证苗株在田间分布合理、间距均匀。与条播相比，穴播能节省种子，棉花、豆类等成穴播种，还可提高出苗能力。

4. 精密播种　按精确的粒数、间距与播深，将种子播入土中，称为精密播种。精密播种可以是单粒精播，也可以将多于一粒的种子播成一穴，要求每穴粒数相等。精密播种可节省种子和省掉间苗工序，与普通条播比，种子在行内均匀分布，有利于作物生长，可提高产量。

精密播种种子播量精确，为保证单位面积株数以保证产量，精密播种用种应进行精选分级和处理，保证种子发芽率和出苗能力，并防止病虫草害。

二、播种作业的技术要求

1. 播种作业的农业技术要求　播种的农业技术要求，包括播种期、播量、播种均匀度、行距、株距、播种深度和压实程度等。

作物的播种期不同，对出苗、分蘖、发育生长及产量都有显著影响。不同的作物有不同的适播期；即使同一种作物，不同地区的适播期也相差很大。因此，必须根据作物的种类和当地条件，确定适宜播种期。

播量决定单位面积内的苗数、分蘖数和穗数；行距、株距和播种均匀度确定了田间作物的群体与个体关系。确定上述指标时，应根据当地的耕作制度、土壤条件、气候条件和作物种类综合考虑。

播深是保证作物发芽生长的主要因素之一。播得过深，种子发芽时所需的空气不足，幼芽不易出土。但覆土过浅，会造成水分不足而影响种子发芽。

播后压实可增加土壤紧实程度，使下层水分上升，使种子紧密接触土壤，有利于种子发芽出苗。适度压实在干旱地区及多风地区是保证全苗的有效措施。我国几种主要作物播种的农业技术要求见表1-1。

表1-1　几种主要作物播种的农业技术要求

作物名称	小麦	谷子	玉米		大豆	高粱	甜菜	棉花
播种方法	条播	条播	穴播	精播	精播	穴播	精播	穴播
行距（cm）	12～25	15～30	50～70	50～70	50～70	30～70	45～70	40～70
播量（kg/hm²）	105～300	4.5～12	30～45	12～18	30～45	4.5～15	4.5～15①	52.5～7②
播深（cm）	3～5	3～5	4～8	4～8	3～5	4～6	2～4	3～5
株（穴）距（cm）	—	—	25～50	15～40	3～10	12～30	3～5	18～24
穴粒数	—	—	3±1	1	1	5±1	1	5±2

① 单芽丸粒化种子，直径2.5～3 mm，千粒重20 g左右。

② 浸种拌灰后的质量，棉籽单位容积质量为591 g/L左右。

2. 播种机的性能要求　对播种机的性能要求可分为农业技术要求和使用要求。

对播种机的农业技术要求有：保证作物的播种量；种子在田间分布均匀合理；保证行距株距要求；种子播在湿土层中且用湿土覆盖；播深一致；种子损伤率低；施肥时要求肥料分施于种子的下方或侧下方。

对播种机的使用要求有：能播多种种子；开沟深度可调且能保证调整后的位置；种箱清扫容易便于更换种子。

播种机的播种质量常用如下性能指标来评价：

（1）排置稳定性　指排种器的排种量不随时间变化而保持稳定的程度，可用于评价条播机播量的稳定性。

（2）各行排量一致性　指一台播种机上各个排种器在相同条件下排种量的一致程度。

（3）排种均匀性　指从排种器排种口排出种子的均匀程度。

（4）播种均匀性　指播种时种子在种沟内分布的均匀程度。

（5）播深稳定性　指种子上面覆土层厚度的稳定程度。亦可用播深合格率作评价指标。

（6）种子破碎率　指排种器排出种子中受机械损伤的种子量占排出种子量的百分比。

（7）穴粒数合格率　是指合格穴数占取样总穴数的百分比。

三、播种机的分类

播种机的类型很多，有多种分类方法。

1. 按播种方式分　按播种方式不同，播种机可分为撒播机、条播机、穴播机和精量播种机，如图1-2所示。

(a) 撒播机　　　　　　　　　　　(b) 条播机

(c) 穴播机　　　　　　　　　　　(d) 精量播种机

图1-2　播种机的类型

（1）撒播机 撒播是将种子漫撒于地表，再用其他工具进行覆土的播种方式。撒播的生产率很高，但种子分布不均匀，覆土深浅不一致。常用的机型为离心式撒播机，附装在农用运输车后部。由种子箱和撒播轮构成，种子由种子箱落到撒播轮上，在离心力的作用下沿切线方向播出，播幅能达 8～12 m。也可撒播粉状或粒状肥料。目前多用于牧草播种和航空播种。

（2）条播机 条播是将种子成条状地播入土中，在每条中，种子分布的宽度称为苗幅，条与条之间的中心距叫做行距。条播是最常用的一种播种方式。主要用于谷物、蔬菜、牧草等小粒种子的播种作业。

常用的谷物条播机，作业时，由行走轮带动排种轮旋转，种子按要求由种子箱排入输种管并经开沟器落入沟槽内，然后由覆土镇压装置将种子覆盖压实。单机播幅为 6～7 m，播速一般为 10～12 km/h。

（3）穴播机 穴播机是一种按一定行距和穴距，将种子成穴播种的播种机械。主要用于玉米、棉花、甜菜、向日葵、豆类等中耕作物，又称中耕作物播种机。每个播种机单体可完成开沟、排种、覆土、镇压等整个作业过程。穴播机有精位穴播机、手推穴播机、玉米穴播机、施肥穴播机、大豆穴播机等。

（4）精量播种机 精密播种是以确定数量的种子，按照要求的行距和粒距准确地播种到湿土中，并控制播种深度，以便为种子创造均匀一致的发芽环境。按种子在行内分布方式的不同，精密播种又可分为以下几种。

① 精密穴播。精密穴播是每穴播 2～3 粒种子，用于播种幼苗破土较难的棉花、甜菜和蔬菜等。

② 精密点播。每穴只播 1 粒种子，粒距均匀准确。主要用于播种玉米、大豆。

③ 精密条播。与传统的普通条播相比，一是播量减少，仅为传统播量的一半；二是种子在行内分布均匀；三是较传统条播的行距大。

采用精量播种机，除一般要求整地良好和种子需要进行加工处理外，还要求播种机能提供均匀的种子流而不损伤种子，达到定量排种；开出深浅适宜的种沟，投种准确，种子着地产生位移小，达到定位下种；播种同时施肥；整机工作可靠，下种自动监视达到保种；有较高的劳动生产率。

2. 按播种作物分 按播种作物种子的不同，播种机分为谷物播种机、玉米播种机、棉花播种机、水稻直播机、牧草播种机、蔬菜播种机、花生播种机、马铃薯播种机等，如图 1-3 所示。

(a)谷物播种机

(b)玉米播种机

(c)棉花播种机

(d)水稻直播机

(e)牧草播种机

(f)蔬菜播种机

(g)花生播种机

(h)马铃薯播种机

图1-3 播种机的类型（按播种作物分）

3. 按牵引动力分　按牵引动力不同，可分为畜力播种机和机引播种机，如图1-4所示。

(a) 畜力播种机　　　　　　　　　(b) 机引播种机

图1-4　播种机的分类（按牵引动力分）

在机引播种机中，又可根据与配套拖拉机挂接方式的不同，分为牵引式、悬挂式和半悬挂式。

4. 按作业管理分　为便于农业机械化管理中对农业机械的分类和统计，农业部于2008年制定并发布了农业行业标准NY/T1640—2008《农业机械分类》，农业机械共分14个大类，57个小类，276个品目，其中，将播种机械分为条播机、穴播机、异型种子播种机、小粒种子播种机、根茎类种子播种机、水稻（水、旱）直播机、撒播机、免耕播种机和其他播种机械，见表1-2。

表1-2　播种施肥机的分类及代码表

大 类		小 类		品 目	
代码	名称	代码	名称	代码	名称
02	种植施肥机械	0201	播种机械	020101	条播机
				020102	穴播机
				020103	异型种子播种机
				020104	小粒种子播种机
				020105	根茎类种子播种机
				020106	水稻（水、旱）直播机
				020107	撒播机
				020108	免耕播种机
				020199	其他播种机械

（续）

大　类		小　类		品　目	
代码	名称	代码	名称	代码	名称
02	种植施肥机械	0202	育苗机械设备	020201	秧盘播种成套设备（含床土设备）
				020202	秧田播种机
				020203	种子处理设备（浮选、催芽、脱芒等）
				020204	营养钵压制机
				020205	起苗机
				020299	其他育苗机械设备
		0203	栽植机械	020301	蔬菜移栽机
				020302	油菜栽植机
				020303	水稻插秧机
				020304	水稻抛秧机
				020305	水稻摆秧机
				020306	甘蔗种植机
				020307	草皮栽补机
				020308	树木移栽机
				020399	其他栽植机械
		0204	施肥机械	020401	施肥机（化肥）
				020402	撒肥机（厩肥）
				020403	追肥机（液肥）
				020404	中耕追肥机
				020499	其他施肥机
		0205	地膜机械	020501	地膜覆盖机
				020502	残膜回收机
				020599	其他地膜机械
		0299	其他种植施肥机械	029999	—

四、播种机的基本组成

播种机类型很多，结构形式不尽相同，但其基本构成是相同的，一般都由以下几部分组成：种肥箱、排种器、排肥器、输种管、输肥管、开沟器、地轮、机架、覆土器、镇压轮、传动机构、起落机构、离合机构以及划行器等。播种机的结构如图1-5所示。

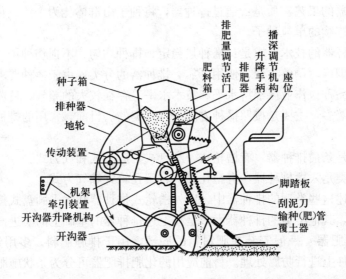

种子箱
排种器
地轮
传动装置

机架
牵引装置
开沟器升降机构
开沟器

排肥量调节活门
肥料箱
升降手柄
排肥器
播深调节机构
座位

脚踏板
刮泥刀
输种(肥)管
覆土器

图 1-5　播种机的总体结构

1. 种肥箱　谷物播种机上多采用整体式种肥箱，即由一个种肥箱将种子和肥料供给全部排种器和排肥器，多用薄钢板制造。一般肥料箱置于种子箱之前，中间用隔板分开。

2. 排种器　一般安装在种箱底部，用来把种箱内的种子按要求的播种方式，分离成种子流，并连续均匀地排出。

排种器是播种机的核心工作部件。对于任何一种播种机来说，核心部件就是排种器，它是决定播种机工作质量和工作性能优劣的重要因素，播种机能否满足农业技术的要求和满足程度如何，在很大程度上主要取决于排种器的工作状况。

排种器的工艺实质是：通过排种器，将种子由群体化为个体，化为均匀的种子流或连续的单粒种子。

对排种器的技术要求是：播种量稳定、排种均匀、不损伤种子、通用性好且使用范围广、调整方便、使用可靠。排种器的分类：由于播种要求、作物种类、作物品种、作业区经济水平和技术水平等存在较大的差异，目前使用的排种器种类繁多，主要是按照播种方法进行分类的。目前，常用的排种器总共分为两大类：

一类是条播排种器，有槽轮式、磨盘式、离心式和气力式。

另一类是穴播排种器，有型孔盘式、型孔轮式和气力式。

在上述这些类型的排种器中，以外槽轮式排种器和水平圆盘式排种器最具有代表性，其他类型的排种器大多是在上述排种器的基础上的演进产物。

3. 排肥器 一般安装在肥料箱的底部，用于排施肥料。多用塑料制作，或在金属件上进行防腐处理。目前应用的化肥排肥器可分为条状施肥器和撒肥器两大类。

4. 输种管与输肥管 输种管和输肥管的上端分别挂接在排种器和排肥器上，下端插入开沟器内。

要求输肥管具有一定的通过断面，且内壁光滑，以便使肥料流动畅通，不破坏肥料流的均匀性。

输种管用来将排种器排出的种子导入种沟器或直接导入种沟。对输种管的要求是：对种子流的干扰小；有足够的伸缩性并能随意挠曲，以适应开沟器升降、地面仿形和行距调整的需要。在谷物条播机上，排种器排出的均匀种子流因输种管的阻滞均匀度变差。在精量播种机上，输种管及开沟器上的种子通道往往是影响株距合格率的主要因素。

为了减少输种管对播种质量的影响，有的输种管设计成与前进方向相反的抛物线形状，平衡机车的前进速度。

输种管可采用金属、橡胶或塑料制成，都具有一定的伸缩性（图1-6）。金属蛇形管对种子下落的阻碍较小，但成本较高，质量较大。目前以使用塑料管最为普遍。

5. 开沟器 开沟器的功用主要是在播种机工作时，开出种沟，引导种子和肥料进入种沟，并使湿土覆盖种沟。

对开沟器的技术要求是：沟深一致、沟形整齐；不乱土层；种子在沟内分布均匀；有一定的覆土能力；入土能力强，不缠草、不堵塞；结构简单，工作阻力小；能调节开沟深度。

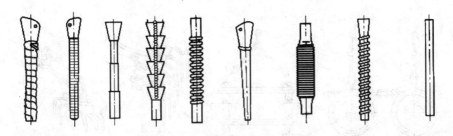

卷片管　卷丝管　套筒管　漏斗管　蛇皮管　硬橡皮管　橡胶褶皱管　波形塑料管　直筒塑料管

图 1-6　各种输种管的形状

播种机的开沟器主要有锄铲式、双圆盘式、单圆盘式、芯铧式、滑刀式、波纹圆盘式、凿形齿式、驱动式、斜圆盘式等类型。其中锄铲式和双圆盘式开沟器应用较广。

6. 地轮　用于支撑机器质量，还常作为排种器和排肥器的动力源。播种机的地轮多为充气橡胶轮胎。

7. 机架　机架是安装连接各工作部件的基础。谷物播种机多采用框架式机架，中耕作物播种机一般为单梁式机架。机架前固定牵引架或悬挂架。

8. 覆土器　覆土器的作用是为播入种沟的种子盖土，镇压轮的作用是使种子与土壤贴合紧密。开沟器只能使少量湿土覆盖种子，不能满足覆土厚度的要求。通常还需要在开沟器后面安装覆土器。对覆土器的要求是覆土深度一致、在覆土时不改变种子在种沟内的位置（图 1-7）。

播种机上常用的覆土器有链环式、拖杆式、弹齿式、爪盘式、圆盘式、刮板式、双圆盘式等（图 1-8）。

链环式、拖杆式、弹齿式、爪盘式为全幅覆盖，常用于行距较窄的谷物条播机。圆盘式和刮板式覆土器，则用于行距较宽、所需覆土量大、要求覆土严密并有一定起垄作用的中耕作物播种机。

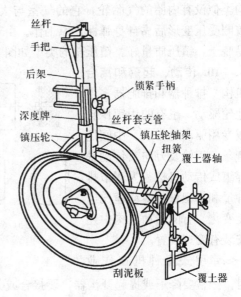

图 1-7　镇压覆土装置

丝杆
手把
后架
深度牌
镇压轮
锁紧手柄
丝杆套支管
镇压轮轴架
扭簧
覆土器轴
刮泥板
覆土器

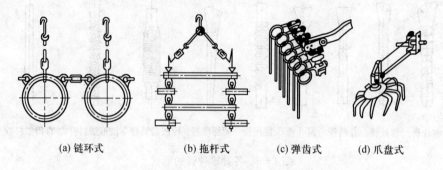

(a) 链环式　　　　　(b) 拖杆式　　　　(c) 弹齿式　　　　(d) 爪盘式

图 1-8　覆土器的类型

9. 镇压轮　镇压轮用来压紧土壤，减少水分蒸发，使种子与湿土严密接触，有利于种子发芽和生长。压强要求为 $3\sim5\ N/cm^2$，压紧后的土壤容重一般为 $0.8\sim1.2\ g/cm^3$。有些镇压轮还被用作开沟器的仿形轮或排种器的驱动轮。

平面和凸面镇压轮的轮辋较窄，主要用于沟内镇压。凹面镇压轮从两侧将土壤压向种子，种子上方部位土层较松，有利于幼芽出土。空心橡胶轮，其结构类似没有内胎的气胎轮，它的气室与大气相通（零压），又称零压镇压轮。胶圈受压变形后靠自身弹性复原工作。由于橡胶轮变形与复原反复交替，由此易脱土，镇压质量好。镇压轮的类型如图 1-9 所示。

10. 传动、起落和离合机构　排种器和排肥器多由地轮驱动，也有的用镇压轮或专用驱动轮带动。中间用链条、齿轮及万向节传动轴等组成传动机构。为调节排种量和排肥量，传动速比应能变化。有的传动机构中还安装有变速装置。

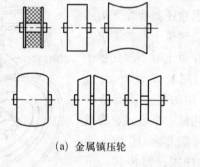

(a) 金属镇压轮　　　　　(b) 橡胶镇压轮

图 1-9　镇压轮的类型

牵引式播种机在作业时。经常要降下或提起开沟器，要接合或分离排种器和排肥器的传动机构。因此，播种机有一套起落离合机构。旧式播种机常采用机械式起落离合机构，新型播种机有的用液压式起落机构。

11. 划行器　划行器的作用是作业时在地表划出印痕，用来指示拖拉机下一行程的行走位置，以保证与邻接播行的行距准确无误，做到不漏播、不重播。划行器的工作部件为球面圆盘或锄铲，装在划行器臂上。划行器臂铰连在播种机机架上，可根据需要升降。播种机两侧各有一划行器臂，划行部件伸出长度可以调整。

播种时应使未播地一侧的划行器工作，另一侧的划行器应升起离开地面。到地头转弯时，两个划行器都应该离开地面。因播种方法的不同，每一行程所用的划行器也各不相同。采用梭式播法时划行器升降顺序为：

左降（右划行器在升起位置）→左升→右降→右升→左降

也就是说播种机每一行程要升降一次划行器。所以在播种机上设有划行器升降机构。机构有人力操作式、机械自动式、液压自动式及电动式等。

12. 其他装置 近年来，国外许多精量播种机上广泛采用各种监测装置，以及时发现和排除故障，确保播种质量。目前，精量播种机上所采用的监测和报警装置，有机械式报警器、机电式报警器和电子仪器式监控系统。

五、播种机的工作过程

播种机工作时，开沟器在地上开出种沟，由行走轮通过传动装置使排种器旋转，盛放在种子箱内的种子被排种器连续均匀地排出，通过输种管落入种沟内，由覆土器覆盖土。有的播种机还同时进行施肥作业。播种机的工作过程如图1-10所示。

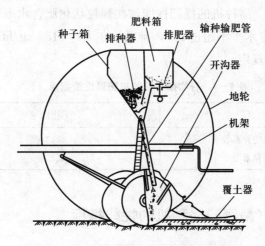

图1-10 谷物条播机工作过程示意图

第二节 播种机的主要性能指标

一、谷物播种机的性能指标

1. 排种性能 在规定排量，即小麦 $150\sim180$ kg/hm²、大豆 $60\sim$ 75 kg/hm²、谷子 $6\sim9$ kg/hm² 的条件下，应符合表 $1-3$ 中的规定。

表 $1-3$ 谷物播种机的排种性能指标（％）

项 目	小麦	谷子	大豆
各行排量一致性变异系数	≤3.9	≤5.2	≤6.5
总排量稳定性变异系数	≤1.3	≤2.6	≤3.9
种子破损率	≤0.5	—	≤1.0

2. 播种均匀性 播种机按规定播量 $150\sim180$ kg/hm²，作业行距 15 cm，以 $4\sim6$ km/h 的作业速度播种小麦时，播种均匀性变异系数应不大于 45％。

3. 播种深度合格率 在整地质量符合播种要求时，播种深度合格率不小于 75％。以当地农艺要求播深为 h，则

当 $h\geqslant3$ cm 时，$h\pm1$ cm 为合格；

当 $h<3$ cm 时，$h\pm0.5$ cm 为合格。

4. 排肥性能 播种机的排肥性能，在颗粒状化肥含水率不超过 12％、小结晶粉末状化肥含水率不超过 2％，排肥量在 $150\sim180$ kg/hm² 的条件下，应符合表 $1-4$ 中的规定。

表 $1-4$ 谷物播种机的排肥量性能指标（％）

项 目	指标
各行排肥量一致性变异系数	≤13.0
总排肥量稳定性变异系数	≤7.8

二、单粒（精密）播种机的性能指标

1. 种子破损率 单粒（精密）播种机的种子破损率指标要求见表$1-5$。

表 1-5 单粒播种机的种子破损率指标（％）

项　　目	指标	
种子破损率	Ⅰ（机械式）	≤1.5
	Ⅱ（气力式）	≤0.5

注：Ⅰ型——播种经分级种子，用机械式排种器的机械单粒（精密）播种机。

　　Ⅱ型——播种经分级和不分级种子，用气力式排种器的气力单粒（精密）播种机。

2. 作业性能指标　在种子、整地质量符合精密播种农业技术要求时，精密播种机的作业性能指标应符合表 1-6 中的要求。

表 1-6 单粒播种机的作业性能指标（％）

项　　目	种子粒距≤10 cm	种子粒距＝10～20 cm	种子粒距＝20～30 cm
粒距合格指数	≥60	≥75	≥80
重播指数	≤30	≤20	≤15
漏播指数	≤15	≤10	≤8
合格粒距变异系数	≤40	≤35	≤30

3. 排肥性能　单粒（精密）播种机的排肥性能指标同谷物播种机的排肥性能指标。

4. 播种深度合格率　在整地质量符合精密播种农业技术要求时，播种深度合格率不小于 80％，以当地农业要求播种深度值为 h，$h\pm1$ cm 为合格播种深度。

三、小麦免耕播种机的性能指标

1. 播种作业通过性能　在满足残茬覆盖率不小于 40％，秸秆粉碎长度合格率不小于 85％，残茬覆盖量 0.3～0.6 kg/m²，秸秆含水率不大于 25％ 的条件下，能按使用说明书规定的作业速度作业，不允许发生重度堵塞。

2. 排种和排肥性能　小麦免耕播种机的排种性能在规定的排种量 150～180 kg/hm²，排肥性能在颗粒状化肥含水率不大于 12％，小结晶粉束状化肥含水率不大于 2％，排肥量 150～180 kg/hm² 的条件下，其性能指标应符合表 1-7 中的规定。

表 1-7 小麦免耕播种机的排种和排肥性能指标（％）

项　目	指标
各行排种量一致性变异系数	≤3.9
总排量稳定性变异系数	≤1.3
种子破损率	≤0.5
播种均匀性变异系数	≤45
各行排肥量一致性变异系数	≤13.0
总排肥量稳定性变异系数	≤7.8

3. 播种深度合格率　小麦免耕施播机作业时，播种深度合格率不小于70％（以当地农艺要求播种深度为 h，$h\pm1\,cm$ 为合格）。

4. 种肥间距合格率　小麦免耕施播机在施肥作业时，种肥间距合格率不小于90％（种肥间距大于3 cm 为合格）。

四、玉米免耕播种机的性能指标

1. 播种作业通过性能　在满足残茬覆盖率不小于40％，秸秆粉碎长度合格率不小于85％，残茬覆盖量 0.8～1.5 kg/m²，秸秆含水率不大于25％的条件下，能按使用说明书规定的作业速度作业，不允许发生重度堵塞。

2. 排种和排肥性能　在地表质量符合免耕作业要求，土壤含水率在10％～25％，种子播量在 22.5～52.5 kg/hm²，颗粒状化肥含水率不大于12％，小结晶粉末状化肥含水率不大于2％，排肥量按 150～300 kg/hm² 的条件下，种子段粒数合格率、空段率及排肥性能应符合表 1-8 中的规定（种子每测试段的粒数应不小于1）。

表 1-8 玉米免耕播种机的种子段粒数合格率、空段率及排肥性能指标（％）

项　目		指标
段粒数合格率		≥90
空段率		≤5
种子破损率	金属材料排种器	≤1.5
	非金属材料排种器	≤0.5
排肥性能	各行排肥量一致性变异系数	≤13.0
	总排肥量稳定性变异系数	≤7.8

3. 播种深度合格率　玉米免耕播种机作业时，播种深度合格率不小于70％（以当地农艺要求播种深度为 h，$h\pm1\,cm$ 为合格）。

4. 种肥间距合格率 玉米免耕播种机在施肥作业时，种肥间距合格率应不小于 90%（种肥间距大于 3 cm 为合格）。

五、旋耕播种机的性能指标

在正常工作速度和规定排量的条件下，小麦为 150～180 kg/hm²；玉米为 30～40 kg/hm²；大豆为 60～75 kg/hm²；谷子为 6～9 kg/hm²；化肥为 150～180 kg/hm²；颗粒状化肥含水率不超过 12%；小结晶粉末状化肥含水率不超过 2%，旋耕播种机的作业性能应符合表 1-9 中的规定。

表 1-9 旋耕播种机的作业性能指标

项 目		质量评定指标			
		小麦	大豆	玉米	谷子
耕深（cm）	正常耕作时	≥8			
	保护性耕作时	≤8			
耕深稳定性（%）		≥85			
植被覆盖率（%）		≥55			
碎土质量（%）		≥60			
各行排种量一致性变异系数（%）		≤3.9	≤6.5	≤6.5	≤5.2
总排种量稳定性变异系数（%）		≤1.3	≤3.9	≤5.2	≤2.6
种子破损率（%）		≤0.5	≤1.0	≤1.2	—
（田间）播种均匀性变异系数（%）		≤45	—	≤45	
播深合格率（%）		≥75			
各行排肥量一致性变异系数（%）		≤13			
总排肥量稳定性变异系数（%）		≤7.8			

注：1. 以当地农艺要求的播深为 h，当 h≥3 cm 时，h±1 cm 为合格，当 h<3 cm 时，h±0.5 cm 为合格。

2. 植被覆盖率：带状旋耕时，测定区域为旋耕带。

第三节 播种机的故障诊断与排除

一、播种机的失效形式及其类型

任何机械设备或机械零件都具有一定的功能。衡量机械设备或机械零件的优劣，是看它能否很好地实现规定的功能。机械设备或机械零件丧失其规定功能的现象称为失效。机械产品究竟在何时、以何种方式失效，有时是无法预料的。但如果能准确掌握机械设备及其零部件的运行状况，准确掌握其失效方式及失效过程，并采取有效监督措施，失效是可以预防的。

1. 播种机的失效形式 播种机的失效可归纳为以下 3 种形式。

（1）完全不能工作，即不能进行播种或排肥作业。

（2）虽然能工作，但性能恶劣，超过规定指标，如总排量稳定性下降、各行排量一致性下降等。

（3）严重损伤，失去安全工作能力，开沟器损坏，不能开沟等。

究竟哪一种情况判断为失效，要看播种机的工作原理、技术要求、失效的类型、失效造成的后果来确定。

2. 播种机的失效类型 根据播种机零件丧失功能的原因，可将播种机失效的类型分为表面损伤失效、断裂失效、变形失效、材质变化失效等 4 种。

（1）表面损伤失效 零件在长期工作中，由于磨损、腐蚀、磨蚀等原因造成零件尺寸变化超过了允许值而失效，或者由于腐蚀、冲刷、汽蚀等而使零件表面损伤失效。如排种传动轴颈因磨损尺寸减小而失效，变速传动齿轮表面由于接触疲劳产生麻点剥落而失效等。

（2）断裂失效 由于超载、超温、腐蚀、疲劳、氢脆、应力腐蚀、蠕变等原因，造成播种机零件断裂失效，断裂失效造成的危害最大。

（3）变形失效 由于弹性变形、塑性变形、蠕变变形造成零件失效。如排种器调节螺栓发生蠕变变形使初应力松弛失去紧固作用，从而导致排种量失控。

（4）材质变化失效 由于冶金因素、化学作用、辐射效应、高温长时间作用等引起材质变化，使材料性能降低发生失效。

同批次生产的播种机零件，在使用中一部分在短期内发生失效，而另一部分要经过相当长时间后才失效，特别是在超过使用寿命期以后，失效将加速发生。

播种机的失效率与使用时间的关系如图 1-11 所示。纵坐标是失效率（单位时间内失效数与总件数的比例），也可是失效次数。由图中曲线可看出，失效率按使用时间可分为三个阶段：早期失效期、偶然失效期和耗损失效期。

早期失效是播种机使用初期的失效，失效率较高，但以很快的速度下降。早期失效问题大多与设计、制造、安装或使用不当有关。偶然失效期的失效率低而稳定，是播种机的最佳工作时期。若想降低这一时期的失效率，必须从选材、设计、制造工艺和正确地使用和维护方面进行改进。

偶然失效期以后，失效率急剧上升，说明播种机使用期已超过使用寿命期限。在此阶段，重要的零部件虽然还没有失效，但应根据相应的判断进行更换或修理，以防止重大事故的发生。

随着运行时间的增长，由设计和制造工艺不当引起的失效率逐渐下降，到偶然失效期趋于稳定，管理不当引起的失效逐渐升高，如图 1-12 所示。

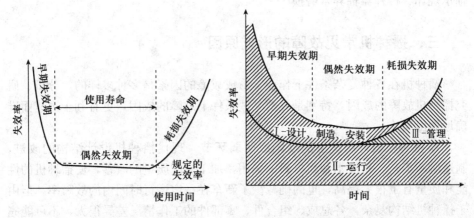

图 1-11　播种机的失效率与使　　　图 1-12　播种机设计、制造、运行和
　　　用时间的关系　　　　　　　　　　　管理与失效的关系

二、播种机的常见故障现象

播种机的故障现象多种多样，表现不一，但有其代表性。当播种机发生故障时，常出现以下几种现象。

1. 异响　随着播种机使用时间的增长、操作不当、维修质量和自然环境的影响，各个零部件因磨损、破损、松动、老化、接触不良、短路和断路等原因，使其在工作中产生异常响声。如排种器擦碰声、排肥器擦碰声、传动齿轮打齿声等。

播种机绝大部分的故障都是通过异响表现出来的。因此，能从这种最直观的表现形式中找出故障的一般规律和特点，就会给播种机故障诊断带来极大的方便。

2. 工作性能异常　播种机工作性能异常是较常见的故障现象。如发动机启动困难、挂挡困难、排种困难、排肥失灵、漏播等。

3. 消耗异常　消耗异常是一种故障症状。如种子、肥料异常消耗。消耗异常是播种机技术状况不良的一个重要标志。

4. 异味　在行驶过程中，播种机会出现一些异常气味现象。如离合器摩擦片、橡胶或绝缘材料发出的烧焦味等。在播种作业中，一旦闻到这些异常气味，应停机查明故障所在。

5. 过热 过热现象通常表现在播种机的变速器、传动轴等总成上。在正常情况下，无论播种机工作多长时间，这些总成应保持在一定工作温度。当用手触试时，感到烫疼难忍，即表明该处过热。过热会造成恶性事故，使变速箱轴承烧坏、排种器轴异常磨损。

三、播种机常见故障的形成原因

播种机在各种复杂条件下作业，形成故障的因素是多种多样的。分析、研究播种机故障的成因，特别是弄清某些条件下故障的成因，更有利于迅速而准确地做出结论。

1. 播种机设计制造上的缺陷或薄弱环节 现代播种机设计结构的改进，制造时新工艺、新技术和新材料的采用，加工装配质量的改善，使播种机的性能和质量有了很大提高，也的确减少了新车在一定运行时间内的故障率。但由于播种机结构复杂，各总成、组合件、零部件的工作情况差异很大，不可能完全适应各种运行条件，使用中就会暴露出某些薄弱环节。积累播种机各部位故障的资料，熟悉和掌握其特殊性，将有利于故障诊断。

2. 配件制造的质量问题 随着播种机工业的迅猛发展，全国涌现了一大批播种机制造企业，产生了一大批国产名牌产品，但由于各企业的设备条件、技术水平有所不同，制造和装配质量上会有所差异，还存在一些不尽如人意的地方。这些问题同样会给播种机的使用和维修带来不便，因此在故障诊断时，不可忽视由于制造和装配质量不合要求而产生的问题。

3. 润滑油品质的影响 合理选用播种机润料是播种机正常运行的必要条件。因此，使用不符合各厂牌车型要求的润料，也是故障的一个成因。

4. 田间道路条件及气温、湿度等环境的影响 播种机在不同的环境中运行，其薄弱环节最容易出现故障。例如播种机经常在凹凸不平的田间进行播种施肥作业，机架就易出现问题，连接部分易产生松动。在阴雨和湿度较大的天气时，一些排种、排肥监控装置易产生漏电和短路现象，风沙和尘土飞扬，易造成发动机空气滤清器的堵塞，排种器传动链过早损坏。

5. 管理、使用不当的影响 播种机在使用过程中，由于使用不当而引起的故障占相当的比重。如不按期进行走合保养，地头转弯时不按要求升起开沟器，使开沟器、排种管、排肥管损坏等。

6. 调整不当 播种机各配件的装配和调整不当，会影响或严重影响播种机的工作性能。如排种量调整不当，会出现不排种、排种量过大或过小等故障；开沟器调整不当，会出现播深过浅或过深故障；尤其是经过修理的播种机，其配合零件的间隙调整不当，会造成配合零件的再次磨损。因此，若需要对各配合零件进行调整时，应严格按照修理调整的参数规定。

7. 零件由于磨损、腐蚀和疲劳而产生缺陷　相互摩擦的零件，在工作过程中，摩擦表面产生的尺寸、形状和表面质量的变化，叫做磨损。磨损不但改变了零件的尺寸形状和表面质量，还改变了零件的配合性质，有些零件的相对位置也会发生改变。在正常情况下，工作时间越长，零件因磨损而产生的缺陷越多，故障也会增多。由此可见，磨损是产生故障的一个重要因素。

腐蚀主要由金属和外部介质起了化学作用或电化学作用所造成，其结果使金属成分和性质发生了变化。播种机上常见的腐蚀现象是锈蚀、酸类或碱类的腐蚀及高温高压下的氧化穴蚀等。氧化主要是指橡胶、塑料类零部件，由于受油类或光、热的作用，而失去弹性、变脆、破裂。

零件在交变载荷的作用下，会产生微量的裂纹。这些裂纹逐渐加深和扩大，致使零件表面出现剥落、麻点或使整个零件折断，这种现象称为疲劳损坏。播种机中的某些零件，主要就是因疲劳而损坏的，如齿轮、滚动轴承和轴类等。

由慢性原因（如磨损、疲劳等）引起的故障，一般是在较长时间内缓慢形成，其工作能力逐渐下降，不易立即察觉。由急性原因（如安装错误、堵塞等）引起的故障，往往是在很短时间内形成的，其工作能力很快或突然丧失。

四、播种机常见故障的诊断与排除方法

播种机使用过程中，其零部件发生磨损、腐蚀、氧化、松动甚至损坏，使播种机的性能指标下降，导致播种机不能工作。判断播种机故障一般采用直观诊断法，该方法的特点是不需要什么专用设备，不管在什么场合都可以进行。但是，这种诊断方法速度较慢，诊断的准确性在很大程度上取决于工作人员的技术水平和工作经验。在判断故障部位和故障性质时，应遵循"从简到繁，由表及里，由易到难"的原则，按系统分段进行检查诊断。检查时，可采用先查两头，后检中间，逐渐逼近的方法，最后得出正确的诊断。

下面介绍几种常用的诊断方法。

1. 隔除法　部分地隔除或隔断某系统、某部件的工作，通过观察征象变化来确定故障范围的方法，称为"隔除法"。一般地说，隔除、隔断某部位后，若故障征象立即消除，即说明故障发生在该处；若故障征象依然存在，说明故

障在其他处。

2. 试探法 对故障范围内的某些部位，通过试探性的排除或调整措施，来判别其是否正常的方法，称为"试探法"。进行试探性调整时，必须考虑到恢复原状的可能性，并确认不至因此而产生不良后果，还应避免同时进行几个部位或同一部位的几项试探性调整，以防止互相混淆，引起错觉。

3. 比较法 将怀疑有问题的零部件与正常工作的相同件对换，根据征象变化来判断其是否有故障的方法，称为"比较法"。

换件比较是在不能准确地判定各部技术状态的情况下所采取的措施。实际上，在各种诊断方法中都包含着一定的比较成分，而不急于换件比较。因此，应尽量减少盲目拆卸对换。

4. 经验法 主要凭操作者耳、眼、鼻、身等器官的感觉来确定各部技术状态好坏的方法，称为"经验法"。此方法对复杂故障诊断速度较慢，且诊断准确性受检修人员的技术水平和工作经验影响较大。经验法可概括为四个字，即：听、看、嗅、摸。

（1）听诊 根据播种机运转时产生的声音特点（如音调、音量和变化的周期性等），来判断配合件技术状态的好坏，称为听诊。播种机正常工作时，发出的声音有其特殊的规律性。有经验的维修人员，能从各部件工作时所发出的声音，大致辨别其工作是否正常。

（2）观察 即用肉眼观察一切可见的现象，如运动部件运动有无异常，连接件有无松动，有无漏油现象，排种、排肥是否正常等，以便及时发现问题。

（3）嗅闻 即通过嗅辨排气烟味或烧焦味等，及时发觉和判别某些部位的故障。这种方法对判断播种机的电气系统短路和离合器摩擦衬片烧蚀特别有效。

（4）触摸 即用手触摸或扳动机件，凭手的感觉来判断其工作温度或间隙等是否正常。负荷工作一段时间后，触摸各轴承相应部件的温度，可以发现是否过热。一般地说，手感到机件发热时，温度在 40 ℃左右；感到烫手但能触摸几分钟，则在 50～60 ℃；若一触及就烫得不能忍受，则机件温度已达到80～90 ℃。

5. 仪表法 使用轻便的仪器、仪表，在不拆卸或少拆卸的情况下，比较准确地了解播种机内部状态好坏的方法，称为"仪表法"。

五、播种机零部件的修理方法

播种机零件修理就是在较短的时间内、以较小的经济代价，恢复其技术性能。播种机零部件常用的修理方法主要有调整换位法、附加零件法、修理尺寸法、恢复尺寸法、更换零件法等几种。

1. 调整、换位法　调整法是某些配合部位因零件磨损而间隙增大时，可以用调整螺钉或增减调整垫片等补偿办法，来恢复正常配合关系，例如，排种器间隙的调整。换位法是配合件磨损后，把偏磨的零件调换位置或转动一个方向，利用未磨损部位继续工作，以恢复正常的配合关系。

2. 附加零件法　附加零件法是用一特制零件镶配在磨损零件的磨损部位上，以补偿磨损零件的磨损量，恢复其配合关系。

3. 修理尺寸法　修理尺寸法是对于磨损后影响正常工作的配合件，将其中一个零件进行机加工，使其达到规定尺寸、几何形状和表面精度，而将与其配合的零件更换，以恢复正确的配合关系。一般是对比较贵重、复杂的零件进行加工，加工后零件的实际尺寸称为修理尺寸。为了使修理尺寸的零件具有互换性，国家规定了统一的修理尺寸。

4. 恢复尺寸法　恢复尺寸法是采用某种恢复工艺来恢复磨损零件的原始尺寸、形状或使用性能的方法。常用的恢复工艺有焊修、电镀、喷涂、粘接等。例如，排种轴轴颈磨损后，通过金属喷涂加大尺寸后，再利用机加工恢复其尺寸、形状和精度。

5. 更换零件法　更换零件法是用新零件或修复的零件（总成），代替出现故障的零件（总成）的方法。

第四节　播种机的安全使用与管理

一、播种机的安全技术要求

1. 播种机的结构应合理，保证操作人员按制造厂提供的使用说明书操作和保养时没有危险，其安全技术要求应符合 GB10395.9—2006《农林拖拉机和机械——安全技术要求》第 9 部分：播种、栽种和施肥机械和 GB10396—2006《农林拖拉机和机械、草坪和园艺动力机械——安全标志和危险图形》的规定。

2. 外露齿轮、链轮传动装置应有牢固、可靠的防护罩。防护罩应便于机器的维护、保养和观察，防护罩的涂漆颜色应区别于播种机的整机涂色。

3. 工作时需要有人在上面操作的播种机应装有宽度不小于 300 mm 的防

滑脚踏板，其前端有高度不小于 75 mm 的安全挡板。脚踏板距地面的高度不大于 300 mm。扶手应装在种子箱上，脚踏板和扶手的长度应与种子箱相适应。

4. 种肥箱的装载高度不应大于 1 000 mm。

5. 种肥箱盖开启时应有固定装置，作业时不应由于振动颠簸或风吹而自行打开。

6. 在道路运输中划行器不应超出机具的规定宽度。在运输状态划行器应能锁定。

7. 在有危险的运动部位，如播种机升降、划行器升降和齿轮啮合部位，链轮、链条啮合部位，种肥箱内的运动部件（搅拌器、搅刀）等部位应在其附近固定安全警示标志。

8. 播种机单独停放时应能保持稳定、安全。

9. 每台播种机应在驾驶员可视的明显位置标上"注意"及"播种时不可倒退"的标志。

二、播种机的安全警示标志

安全标志的作用在于提醒人们存在危险或有潜在危险、指示危险、描述危险的性质、解释危险可能造成潜在伤害的后果以及指示人们如何避免危险。

为了实现上述作用，安全标志应鲜明、醒目、清晰，应位于易见的位置，应最大程度地予以保护，防止其损坏和磨损。

播种机械常用的安全警示标志及其描述见表 1-10。

表 1-10　播种机械常用的安全警示标志及其描述

安全警示标志	标志描述	安全警示标志	标志描述
	万向节传动轴可能缠绕身体部位，万向节传动轴转动或作业时，人与机器保持安全距离，避免缠绕危险		机器作业时，身体接触旋转刀齿会造成伤害，远离旋转刀齿，避免切割危险

（续）

安全警示标志	标志描述	安全警示标志	标志描述
	旋耕播种机作业时，后部有可能飞出物体冲击人的身体，作业时人与旋耕机保持安全距离，避免冲击危险		播种作业时，不可倒退
	使用前请详细阅读使用说明书		机器运转时，安全防护罩应安装到位，避免缠绕危险
	进行保养或维修前，发动机应熄火并拔下钥匙，切断动力		使用前必须检查旋耕刀的紧固状况；齿轮箱及轴承座加注润滑油
	禁止乘坐工作台，避免跌落危险		机器运转时，不得打开或拆下安全防护罩，避免缠绕危险

（续）

安全警示标志	标志描述	安全警示标志	标志描述
	进行保养或维修前，可靠支撑机器，避免挤压危险		

第五节 播种机修理的常用工具

播种机修理工常需要使用的工具主要有：扳手、螺丝刀、手锤、手钳、拉器、钢直尺、卡钳、角尺、厚薄规、游标卡尺、百分表、千分尺、万用表等。

一、扳手

1. 扳手的种类 播种机修理工常使用的扳手主要有：开口扳手、梅花扳手、活动扳手、套筒扳手、扭力扳手、内六角扳手等。

（1）开口扳手 开口扳手是最常见的一种扳手，又称呆扳手，如图1-13所示。其开口的中心与本体中心成15°角，这样既能适应人手的操作方向。又可降低对操作空间的要求。其规格是以两端开口的宽度（mm）来表示的，如8～10、12～14等；通常是成套装备，有8件一套、10件一套等；通常用45号、50号钢锻造，并经热处理。

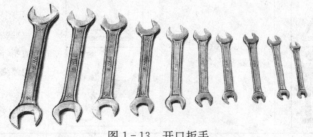

图1-13 开口扳手

（2）梅花扳手　梅花扳手其两端是环状的，环的内孔由两个正六边形互相同心错转30°而成，如图1－14所示。使用时，扳动30°后，即可换位再套，因而适用于狭窄场合操作，与开口扳手相比，梅花扳手强度高，使用时不易滑脱，但套上、取下不方便。其规格是以闭口尺寸（mm）来表示，如8～10、12～14等，通常是成套装备，有8件一套、10件一套等，通常用45号、50号钢锻造，并经热处理。

（3）套筒扳手　套筒扳手的材料、环孔形状与梅花扳手相同，适用于拆装位置狭窄或需要一定扭矩的螺栓或螺母，如图1－15所示。套筒扳手主要由套筒头、手柄、棘轮手柄、快速摇柄、接头和接杆等组成，各种手柄适用于各种不同的场合，操作方便。常用套筒扳手的规格是10～32 mm。在播种机维修中还采用了许多专用套筒扳手，如火花塞套筒、轮毂套筒、轮胎螺母套筒等。

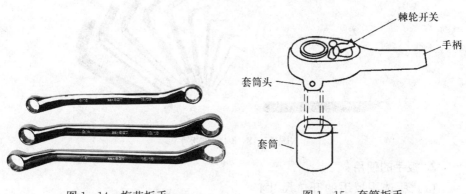

图1－14　梅花扳手　　　　　　　　图1－15　套筒扳手

（4）活动扳手　活动扳手的开口尺寸能在一定的范围内任意调整，使用场合与开口扳手相同，但活动扳手操作起来不太灵活，如图1－16所示。其规格是以最大开口宽度（mm）来表示的，常用有150 mm、300 mm等，通常由碳素钢（T）或铬钢（Cr）制成。

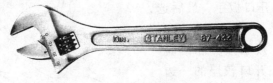

图1－16　活动扳手

（5）扭力扳手　扭力扳手是一种可读出所施扭矩大小的专用工具，如图1－17所示。其规格是以最大可测扭矩来划分的，常用的有294 N·m、

490 N·m两种。扭力扳手除用来控制螺纹件旋紧力矩外，还可以用来测量旋转件的启动扭矩，以检查配合、装配情况。

（6）内六角扳手　内六角扳手是用来拆装内六角螺栓（螺塞）用的，如图1-18所示。规格以六角形对边尺寸 S 表示，有 3～27 mm 各种规格，播种机维修作业中使用成套内六角扳手拆装 M4～M30 的内六角螺栓。

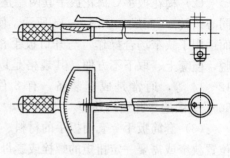

图1-17　扭力扳手

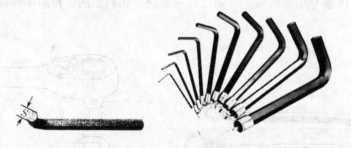

图1-18　内六脚扳手

2. 扳手的使用

（1）所选用扳手的开口尺寸必须与螺栓或螺母的尺寸相符合，扳手开口过大易滑脱并损伤螺件。在进口播种机维修中，应注意扳手公英制的选择。各类扳手的选用原则，一般优先选用套筒扳手，其次为梅花扳手，再次为开口扳手，最后选活动扳手。

（2）为防止扳手损坏和滑脱，应使拉力作用在开口较厚的一边，如图1-19所示，这一点对受力较大的活动扳手尤其应该注意，以防开口出现"八"字形，损坏螺母和

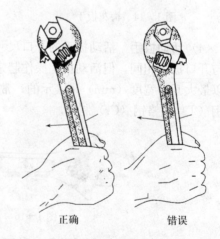

正确　　　　　　错误

图1-19　扳手的正确使用方法

扳手。

（3）普通扳手是按人手的力量来设计的，遇到较紧的螺纹件时，不能用锤击打扳手；除套筒扳手外，其他扳手都不能套装加力杆，以防损坏扳手或螺纹连接件。

（4）梅花扳手使用时应使扳手开口与被旋拧件配合好后再用力，如接触不好时就用力容易滑脱，使作业者身体失衡。

（5）单头的扳手只能旋拧一种尺寸的螺钉头或螺母，双头的扳手也只可旋拧两种尺寸的螺钉头或螺母。

（6）套筒扳手在使用时也需接触好后再用力，发现梅花套筒及扳手柄变形或有裂纹时，应停止使用，要注意随时清除套筒内的尘垢和油污。

（7）内六角扳手使用时要注意选择合适的规格、型号，以防滑脱伤手。

二、螺丝刀

1. 螺丝刀的种类 螺丝刀也称螺钉旋具、改锥、起子或解刀，用来紧固或拆卸螺钉。它的种类很多，按照头部的形状的不同，可分为一字和十字两种；按照手柄的材料和结构的不同，可分为木柄、塑料柄、夹柄和金属柄等4种；按照操作形式可分为自动、电动和风动等形式。

常用的螺丝刀主要有一字螺丝刀和十字螺丝刀两种（图1-20）。

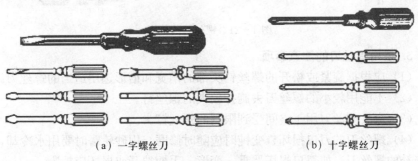

（a）一字螺丝刀　　　　　　　　　（b）十字螺丝刀

图1-20　螺丝刀

一字螺丝刀又称一字形螺钉旋具、平口改锥，用于旋紧或松开头部开一字槽的螺钉。一般工作部分用碳素工具钢制成，并经淬火处理。一字螺丝刀由柄、刀体、和刃口组成；其规格以刀体部分的长度表示，常用的规格有100 mm、150 mm、200 mm和300 mm等几种，使用时，应根据螺钉沟槽的宽度选用相应的规格。

十字螺丝刀又称十字槽螺钉旋具、十字改锥，主要用来旋转十字槽形的螺钉、木螺丝和自攻螺丝等。材料和规格与一字螺丝刀相同。

2. 螺丝刀的使用　用右手握持螺丝刀，手心抵住螺丝刀柄端，让螺丝刀口端与螺栓（钉）槽口处于垂直吻合状态；当开始拧松或最后拧紧时，应用力将螺丝刀压紧后再用手腕力按需要的力矩扭转螺丝刀。当螺栓（钉）松动后，即可使手心轻压住螺丝刀柄，用拇指、中指、和食指快速扭转。

使用较长的螺丝刀时，可用右手压紧、旋转螺丝刀柄，左手握在螺丝刀柄中部，防止螺丝刀滑脱，以保证操作安全。

根据规格标准，顺时针方向旋转为旋进；逆时针方向旋转则为松出（图1-21）。

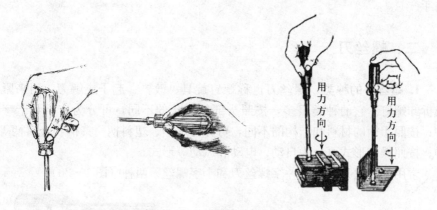

图1-21　螺丝刀的使用

3. 使用螺丝刀的注意事项

（1）应根据旋紧或松开的螺丝钉头部的槽宽和槽形选用适当的螺丝刀。

（2）不能用较小的螺丝刀去旋拧较大的螺丝钉。

（3）弯头螺丝刀用于空间受到限制的螺丝钉头。

（4）螺丝刀的刀口损坏、变钝时应随时修磨，用砂轮磨时要用水冷却，无法修补的螺丝刀，如刀口损坏严重、变形、手柄裂开或损坏应报废。

（5）不要用螺丝刀旋紧或松开握在手中工件上的螺丝钉，应将工件夹固在夹具内，以防伤人。

（6）不可用锤击螺丝刀手柄端部的方法撬开缝隙或剔除金属毛刺及其他物体。

三、手锤和手钳

1. 手锤

（1）手锤的种类 又称圆顶锤，如图 1－22 所示。其锤头一端平面略有弧形，是基本工作面，另一端是球面，用来敲击凹凸形状的工件。规格以锤头质量来表示，以 0.5～0.75 kg 的最为常用，锤头用 45 号、50 号钢锻造，两端工作面热处理后硬度一般为 HRC50～57。

（2）手锤的使用 使用手锤时，切记要仔细检查锤头和锤把是否楔塞牢固，握锤应握住锤把后部。挥锤的方法有手腕挥、小臂挥和大臂挥 3 种，手腕挥锤只有手腕运动，锤击力小，但准、快、省力，大臂挥是大臂和小臂一起运动，锤击力最大。

图 1－22 手 锤

正确的握锤和挥锤方法如图 1－23 所示。

(a) 手腕挥锤 　(b) 小臂挥锤 　(c) 大臂挥锤 　(d) 错误握锤 　(e) 正确握锤

图 1－23 手锤的使用方法

2. 手钳

（1）手钳的种类 播种机修理工常用的手钳主要有鲤鱼钳、钢丝钳、尖嘴钳、剥线钳等，如图 1－24 所示。

鲤鱼钳钳头的前部是平口细齿，适用于夹捏一般小零件，中部凹口粗长，用于夹持圆柱形零件，也可以代替扳手旋小螺栓、小螺母，钳口后部的刃口可剪切金属丝，由于一片钳体上有两个互相贯通的孔，又有一个特殊的销子，所以操作时钳口的张开度可很方便地变化，以适应夹持不同大小的零件，是播种机维修作业中使用最多的手钳，规格以钳长来表示，一般有 165 mm、200 mm 两种，用 50 号钢制造。

钢丝钳是一种夹钳和剪切工具，由钳头和钳柄组成，钳头包括齿口、刃口

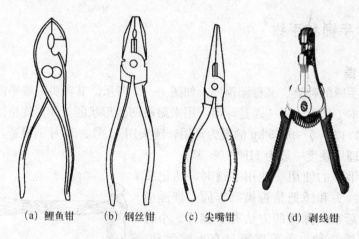

(a) 鲤鱼钳　　(b) 钢丝钳　　(c) 尖嘴钳　　(d) 剥线钳

图 1-24　手　钳

和铡口。齿口可用来紧固或拧松螺母；刃口可用来剖切软电线的橡皮或塑料绝缘层，也可用来剪切电线；铡口可以用来切断电线、钢丝等较硬的金属线。钢丝钳的支销相对于两片钳体是固定的，故使用时不如鲤鱼钳灵活，但剪断金属丝的效果比鲤鱼钳要好，常用的规格主要有 150 mm、175 mm、200 mm 3 种。

尖嘴钳又叫修口钳，因其头部细长，所以能在较小的空间工作，带刃口的能剪切细小零件，使用时不能用力过大，否则钳口头部会变形或断裂，规格以钳长来表示，常用的规格有 160 mm 一种。

剥线钳适用于塑料、橡胶绝缘电线、电缆芯线的剥皮，由刃口、压线口和钳柄组成。剥线钳的钳柄上套有额定工作电压 500 V 的绝缘套管。

（2）手钳的使用　使用手钳是用右手操作。将钳口朝内侧，便于控制钳切部位，用小指伸在两钳柄中间来抵住钳柄，张开钳头，这样分开钳柄灵活。

拔出零件时，用钳口的中间夹住被拔的零件，然后捏住手钳，以钳尖为支点往上用力，或者用钳尖夹住被拔的零件，捏住手钳往固定零件相反的方向用力旋转即可。

弯折零件时，直接用钳口或者钳尖捏住，用力拧就可以。

剥线钳的使用方法是：将待剥皮的线头置于钳头的刃口中，用手将两钳柄一捏，然后一松，绝缘皮便与芯线脱开。

（3）手钳使用的注意事项

① 一般情况下，手钳的强度有限，所以不能够用它操作一般手的力量所

达不到的工作。特别是型号较小的或者普通尖嘴钳，用它弯折强度大的棒料板材时都可能将钳口损坏。

②用正确的角度进行剪切，不能敲击手钳的手柄与钳头，或用钳刃卷曲钢丝。

③不要用轻型的手钳当作锤子使用，否则，手钳会开裂、折断，钳刃会崩口。

④不要用轻型的手钳卷曲硬钢丝，如果用尖嘴钳头部弯曲太粗的钢丝，手钳会损坏。

⑤不要用延长手柄长度的方法去获得更大的剪切力。

⑥手钳不能使用在螺母或螺钉上，以免损坏螺母或螺钉。

⑦经常给手钳上润滑油，既可延长使用寿命又可确保使用省力。

⑧剪切电线时应该配戴护目镜保护眼睛。

⑨除非是特定的绝缘手柄，手柄上的普通胶套是不能防电的，也不能用于带电作业。

⑩不要把手钳放在过热的地方，否则会引起退火而损坏工具。

四、拉器与安装器

1. 拉器　拉器用来完成 3 种工作：将部件从轴上拉出；将部件从孔中拉出；将轴从部件中拉出，如图 1-25 所示。

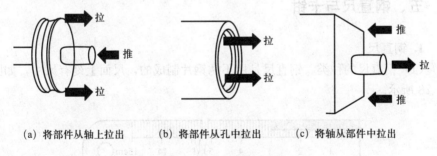

　(a) 将部件从轴上拉出　　　(b) 将部件从孔中拉出　　　(c) 将轴从部件中拉出

图 1-25　拉器的功用

两种常见的拉器如图 1-26 所示。

2. 安装器　安装器用于安装衬套、轴承和密封圈。在安装过程中，这些部件必须正确定位，且需施加一定的压力。安装器的使用方法如图 1-27 所示。

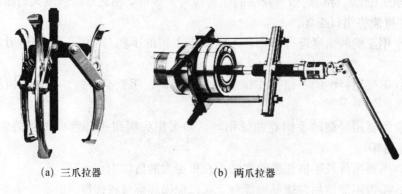

(a) 三爪拉器   (b) 两爪拉器

图 1-26   两种常见的拉器

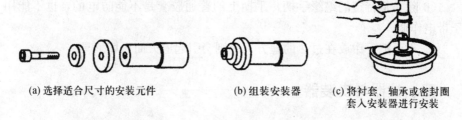

(a) 选择适合尺寸的安装元件   (b) 组装安装器   (c) 将衬套、轴承或密封圈
                                                            套入安装器进行安装

图 1-27   安装器的使用方法

五、钢直尺与卡钳

1. 钢直尺

（1）钢直尺的种类   钢直尺是用不锈钢片制成的，尺面上刻有尺寸，如图 1-28 所示。

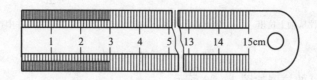

图 1-28   钢直尺

钢直尺的长度规格一般有 150 mm、200 mm、300 mm、500 mm、1 000 mm等，其测量精度一般只能达到 0.2～0.5 mm。如果要用钢直尺测量

工件的外径或内径尺寸，则必须与卡钳配合使用。

（2）钢直尺的使用 钢直尺必须经常保持良好的状态，不能损伤和弯曲，钢直尺的短边和长边应相互垂直，应根据零件形状灵活使用钢直尺。例如，测量方形工件，要使钢直尺与工件的一边垂直，与工件的另一边平行，如图1-29a所示。测量圆柱形工件的长度时，要使钢直尺和圆柱的中心轴线平行，如图1-29b所示。测量圆柱形工件端面的外径和孔径时，要用尺靠着工件端面移动，直到读得最大数值，才是正确的直径尺寸。

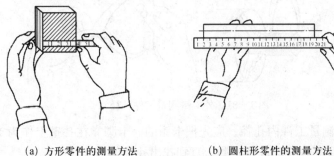

（a）方形零件的测量方法　　　（b）圆柱形零件的测量方法

图1-29 钢直尺的使用方法

用钢直尺测量工件时，可能由于尺上的刻线粗细不匀、尺在工件上的方位不对或测量者的视差等原因产生测量误差，因此，钢直尺的测量精度较低。

2. 卡钳

（1）卡钳的种类 卡钳有测外径尺寸和测内径尺寸的两种，如图1-30所示。测外径尺寸的卡钳可用于测量工件的厚度、宽度和外径等，叫做外卡钳。测内径尺寸的卡钳用于测量孔径及沟槽宽等，叫做内卡钳。卡钳一般用工具钢或不锈钢制成。

（2）卡钳的使用

① 外卡钳测量工件外径。使工件与卡钳成直角位置，用中指挑着股部叉处，并用大拇指和食指支持卡钳。测量的松紧程度，以不加外力、卡钳自重下垂的状态为适宜，但也应结合工件的大小来决定。

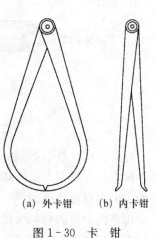

（a）外卡钳　（b）内卡钳

图1-30 卡 钳

外卡钳所测得的尺寸须在钢直尺上校量后才能知道。从钢直尺上读取尺寸时，应将卡钳的一卡脚靠在钢直尺的端面上，另一卡脚顺着钢直尺边缘平行地置于尺面上，并用眼睛正对钳口所指刻线，才能读得正确尺寸，如图1-31所示。

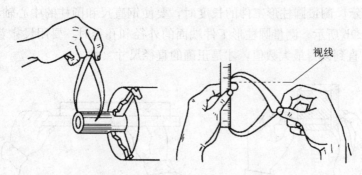

图1-31 外卡钳测量工件外径

② 内卡钳测量工件内孔径。应先把卡钳的一卡脚靠在孔壁上作为支承点，用另一卡脚前后左右移动进行试测，直到找出孔径的最大尺寸。

用内卡钳从钢直尺上读取尺寸的方法，如图1-32所示。先将钢直尺一端靠在平面上，然后将内卡钳的一只卡脚靠在平面上，观察另一只卡脚在钢直尺刻线上的位置，读出尺寸。

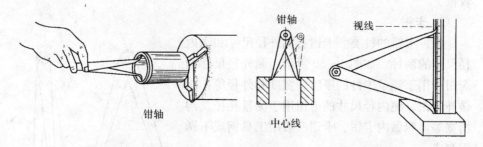

图1-32 内卡钳测量工件内径

有时将内、外卡钳同时使用，目的是核对轴径和孔径的偏差。先用外卡钳测轴的直径，再用内卡钳测孔的直径，然后，将内卡钳移到外卡钳上，把内卡钳的一卡脚靠在外卡钳的一卡脚，用手指尖支持着，不使两卡脚的接触处离开，再把内卡钳的另一卡脚接触外卡钳的另卡脚，如图1-33所示。

在实际工作中，多用内卡钳和游标卡尺或外径千分尺配合使用，来测量内

径的实际尺寸。在使用内卡钳和外径
千分尺配合测量内径实际尺寸时，要
求卡钳的张开松紧程度，在外径千分
尺尺寸加大 0.01 mm 时，卡钳脚碰不
到外径千分尺的测量面；当外径千分
尺尺寸缩小 0.01 mm 时，钳脚与外径
千分尺测量面的接触感觉紧，此时说
明卡钳的松紧适当。测量时，只需用
内卡钳量得摆动量就可以判断孔径的
实际偏差。

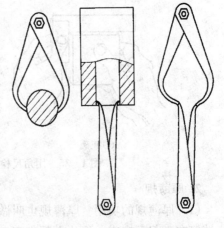

图 1-33 内、外卡钳同时使用方法

六、角尺与厚薄规

1. 角尺

（1）角尺的种类 角尺也叫做弯尺，有普通角尺和宽座角尺之分，如图
1-34 所示，它的内、外角两个面互相垂直。角尺用于检验直角、划线及安装
定位。角尺的规格，是用长边和短边的尺寸来表示的。例如 250 mm×160 mm
的角尺，就是指长边为 250 mm，短边为 160 mm 的角尺。

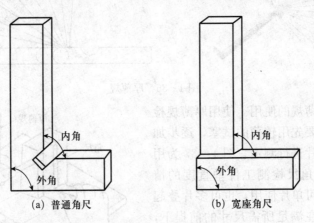

（a）普通角尺　　　　　　　　　　（b）宽座角尺

图 1-34 角 尺

（2）角尺的使用 检验时，先使一个尺边紧贴被测工件的基准面，根据另
一尺边的透光情况来判断垂直度的误差。要注意角尺不能歪斜（图 1-35），
否则会影响检验效果。

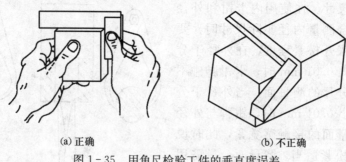

(a) 正确　　　　　　　　　　　(b) 不正确

图 1-35　用角尺检验工件的垂直度误差

2. 厚薄规

（1）厚薄规的功用　厚薄规也叫做塞尺或间隙规，它是由一组薄钢片，将一端钉在一起而构成。每片上都刻有自身厚度的尺寸，如图 1-36 所示。常用它测量配合零件间的间隙大小，或用它与平尺、等高垫块配合，检验工作台台面的平面度误差。它的工作尺寸一般为 0.02 mm、0.03 mm、……、1.0 mm，测量精度为 0.01 mm。

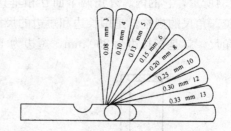

图 1-36　厚薄规

（2）厚薄规的使用　使用厚薄规检测间隙时，要先用较薄的试塞，逐步加厚或组合数片进行测定。图 1-37 为用厚薄规配合角尺检测工件垂直度的情况。厚薄规可单片使用，也可多片叠起来使用，但在满足所需尺寸的前提下，片数越少越好。厚薄规容易弯曲和折断，测量时不能用力过大，也不能测量温度较高的工件，用完后要擦拭干净，及时合到夹板中。

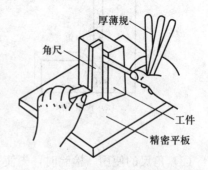

图 1-37　厚薄规配合角尺检测工件垂直度

七、游标卡尺

1. 游标卡尺的种类　游标卡尺是一种比较精密的量具，其结构简单，可以直接测量出工件的内径、外径、长度和深度等，游标卡尺按测量精度可分为 0.10 mm、0.05 mm、0.02 mm 3 个量级。按测量尺寸范围有 0～125 mm、0～150 mm、0～200 mm、0～300 mm 等多种规格，使用时根据零件精度要求及零件尺寸大小进行选择。

游标卡尺的结构如图 1-38 所示，它由主尺、副尺和卡爪及止动螺钉组成。内、外固定卡爪与主尺制成一整体，而内、外活动卡爪与副尺（即游标）制成一体，并可在主尺上滑动。主尺上的刻度，公制的每格为 1 mm，副尺上的刻度，每格不足 1 mm。当两个卡爪合拢时，主、副尺上的零线应相对齐。在两卡爪分开时，主、副尺刻线即相对错动。测量时，根据主、副尺错动位置，即可在主尺上读出毫米整数，在副尺上读出毫米小数。紧固螺钉可使副尺

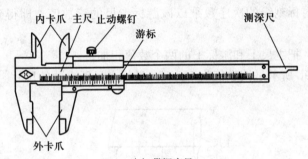

(a) 带深度尺

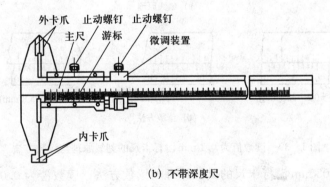

(b) 不带深度尺

图 1-38　游标卡尺

固定在主尺某一位置，以便读数。

2. 游标卡尺的刻线原理与读数方法 游标卡尺按其计数值不同，一般分为 0.1 mm、0.05 mm 和 0.02 mm 3 种。

(1) 0.1 mm 游标卡尺的刻线原理与读数方法 读数值为 0.1 mm 游标卡尺的主尺上每小格为 1 mm，当两量爪合并时，主尺上 9 mm 相对游标上 10 格，如图 1-39a 所示，则游标每格为 9 mm÷10＝0.9 mm，主尺与游标每格相差 1 mm－0.9 mm＝0.1 mm。

读数值为 0.1 mm 的另一种刻线原理是主尺上的 19 mm 对准游标上的 10 格，则游标每格为 19 mm÷10＝1.9 mm，主尺上的 2 格与游标上的 1 格相差 2 mm－1.9 mm＝0.1 mm。这种刻线方法的优点是游标卡尺的刻度放大，线条清晰，容易看准。

用游标卡尺测量工件时，读数分 3 个步骤：

第 1 步，读出主尺上的毫米整数值。

第 2 步，读出游标上的毫米小数值，即找出游标上某条与主尺上刻线对齐的刻线，该游标刻线的次序数乘以该游标卡尺的读数值，即得到毫米内的小数值。

第 3 步，把主尺上和游标上的两个数值相加。

图 1-39b 所示是读数值为 0.1 mm 游标卡尺所表示的尺寸。

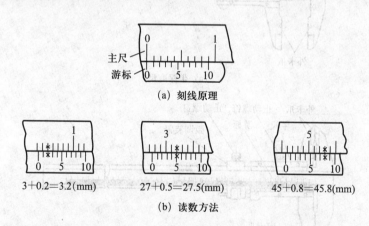

(a) 刻线原理

3＋0.2＝3.2(mm)   27＋0.5＝27.5(mm)   45＋0.8＝45.8(mm)

(b) 读数方法

图 1-39 读数值为 0.1 mm 游标卡尺的刻线原理与读数方法

(2) 0.05 mm 游标卡尺的刻线原理与读数方法 读数值为 0.05 mm 游标卡尺的主尺上每小格为 1 mm，当两量爪合并时，主尺上的 19 mm 刚好相对游标上的 20 格，如图 1-40a 所示，则游标上每格为 19 mm÷20＝0.95 mm，主尺上与游标上每格相差 1 mm－0.95 mm＝0.05 mm。图 1-40b 所示是读数值为 0.05 mm 游标卡尺所表示的尺寸。

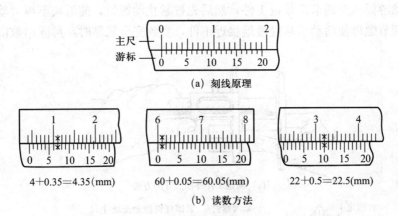

(a) 刻线原理

4＋0.35＝4.35(mm)　　　60＋0.05＝60.05(mm)　　　22＋0.5＝22.5(mm)

(b) 读数方法

图 1-40　读数值为 0.05 mm 游标卡尺的刻线原理与读数方法

(3) 0.02 mm 游标卡尺的刻线原理与读数方法　读数值为 0.02 mm 游标卡尺的主尺上每小格为 1 mm，当两量爪合并时，尺身上的 49 mm 刚好相对游标上的 50 格，如图 1-41a 所示，则游标上每格为 49 mm÷50＝0.98 mm，主尺上与游标上每格相差 1 mm－0.98 mm＝0.02 mm。图 1-41b 是读数值为 0.02 mm 游标卡尺所表示的尺寸。

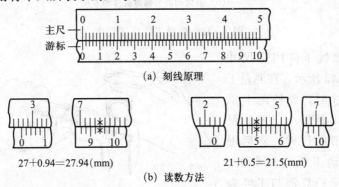

(a) 刻线原理

27＋0.94＝27.94(mm)　　　21＋0.5＝21.5(mm)

(b) 读数方法

图 1-41　读数值为 0.02 mm 游标卡尺的刻线原理与读数方法

3. 游标卡尺的使用方法

(1) 测量工件外部尺寸　测量工件外部尺寸时，先把工件放在两个张开的卡爪内，贴靠在固定卡爪上，然后用轻微的压力，把活动卡爪推过去(指没有微动调节螺母的卡尺)，当两个卡爪的测量面与工件表面紧靠时，即可从卡尺上读出工件的尺寸，如图 1-42a 所示。

如图 1-42b 所示，使用带有微动调节螺母的卡尺时，工件放入后，先轻推滑动游标框至两卡爪接近工件，然后先拧紧止动螺钉，使滑块不再滑动，再转动调节螺母使活动卡爪慢慢地接近工件，直到完全紧靠时，再读出数值。

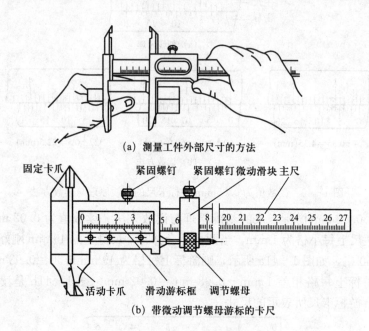

(a) 测量工件外部尺寸的方法

(b) 带微动调节螺母游标的卡尺

图 1-42 测量工件外部尺寸

（2）测量工件内部尺寸

如图 1-43 所示，在测量工件内部尺寸时，要使两卡爪的测量刃口距离小于所测量的孔径或槽的尺寸，然后慢慢地使活动卡爪向外分开，当两个测量刃口都与工件表面接触后，须把止动螺钉拧

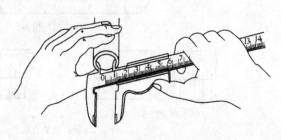

图 1-43 用游标卡尺测量工件内部尺寸的方法

紧再取出卡尺，读取数值，还要加上两个内卡爪的厚度，才是工件的实际尺寸，两个卡爪的厚度一般为 10 mm。

从孔内或槽内取出卡尺时，要顺着内壁滑出，不可歪斜。否则会使卡爪损伤变形或造成磨损，同时还容易使已经固定好的游标框移动，影响读数的准确性。

（3）测量工件深度 如图 1-44 所示，用带有测深杆的游标卡尺测量工件深度时，卡尺要与工件孔（或槽）的顶平面保持垂直，再向下移动活动卡爪，使测深尺和孔（或槽）底部轻轻地接触，然后拧紧止动螺钉，取出卡尺读取数值。

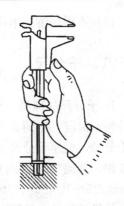

4. 使用游标卡尺的注意事项

（1）检查零线。使用前应先擦净卡尺，合拢卡爪，检查主尺和游标的零线是否对齐。如不齐，应到计量部门检修。

图 1-44 用游标卡尺测量零件深度的方法

（2）在测量工件外径、孔径或沟槽时，卡爪要放正，不能歪斜。应当在垂直于工件轴线的平面内进行测量，否则测量值误差较大。

（3）用力适当。当卡爪与工件被测量面接触时，用力不能过大，否则会使卡爪变形，加速卡爪的磨损，使测量精度下降。

（4）防止松动。在未读出读数之前必须先将游标卡尺上的止动螺钉拧紧，再使游标卡尺离开工件表面。

（5）读取数值时，应把卡尺拿平朝向光亮，如图 1-45 所示，使视线尽可能地与刻线垂直，以免因视线歪斜造成读数误差。为了减少读数的误差，最好在工件的同一位置上多测量几次，取平均读数值。

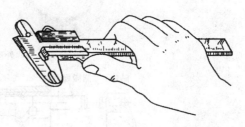

图 1-45 读取数值时游标卡尺的拿法

（6）用大卡尺测量大工件时，须用两手拿住卡尺，如图 1-46 所示。

图 1-46 测量较大零件时游标卡尺的拿法

（7）不得用游标卡尺测量毛坯表面和正在运动的工件。

八、千分尺

1. 千分尺的种类　千分尺是利用螺旋原理制成的精密量具，其测量精度比游标卡尺高，达到 0.01 mm。按照用途可分为外径千分尺、内径千分尺、深度千分尺、壁厚千分尺、杠杆千分尺、公法线千分尺等多种，其中外径千分尺最常用。其规格是按测量范围表示的，分有 0～25 mm、25～50 mm、50～75 mm、5～100 mm、100～125 mm、125～150 mm 等多种规格。

外径千分尺由弓架、砧座、测微螺杆、固定套筒、活动套筒（微分套筒）、棘轮和锁紧装置等组成，如图 1-47 所示。螺杆是右旋螺纹，螺距为 0.5 mm，也有 1 mm 螺距的螺杆，螺杆的一端是圆柱（称为测微螺杆），经淬硬并磨光，装在弓架上的固定套管内，它的端面和砧座量面平行。

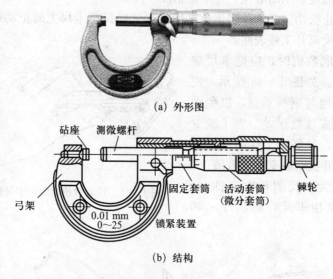

(a) 外形图

(b) 结构

图 1-47　外径千分尺

固定套管一端与弓架相连，另一端有内螺纹，可与螺杆相配合。使螺杆在旋转过程中能同时轴向移动。固定套管外面有尺寸刻线，刻线间距为 1 mm，中间两侧的刻线相错半格（0.5 mm）。

活动套管套在固定套管上，并与测微螺杆相连，当螺杆旋转时，活动套管可在固定套管上移动。在活动套管的锥面上有圆周等分刻线。当螺杆螺距是

0.5 mm 时，成 50 等分；当螺杆螺距是 1 mm 时，成 100 等分，所以活动套管每转一格，螺杆轴向移动 0.01 mm。

在螺杆的另一端装有摩擦棘轮，棘轮旋转时，带动螺杆转动，直到螺杆的测量面紧贴工件，螺杆停止转动，如再旋转棘轮就会发出响声，此时表示，已与测量面接触并达到适当的测量力。

2. 千分尺的读数方法 千分尺的固定套筒上每格为 0.5 mm，而微分筒上每格为 0.01 mm，千分尺的具体读数方法可分如下三步。

（1）读出固定套管上露出刻线的毫米数及半毫米数。

（2）看微分筒上哪一格与固定套管上基准线对齐，并估读出不足半毫米的小数部分。

（3）将两个读数相加，即为测得的实际尺寸（图 1-48）。

7.0+37.4×0.01=7.374(mm)（4是估读的）　　29.5+35.0×0.01=29.85(mm)

图 1-48　千分尺的读数方法

3. 千分尺的使用

（1）测量前应检查零位的准确性。

（2）测量时，千分尺的测量面和工件的被测量表面应擦拭干净，以保证测量准确。

（3）可单手或双手握持千分尺对工件进行测量，如图 1-49 所示。单手测量时旋转力要适当，控制好测量力。双手测量时，先转动微分筒，当测量面刚接触工件表面时再改用棘轮。

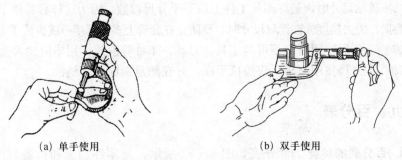

　　（a）单手使用　　　　　　　　（b）双手使用

图 1-49　千分尺的握法

（4）测量平面尺寸时，一般测量工件四角和中间五点，狭长平面测两头和中间三点，如图 1 - 50 所示。

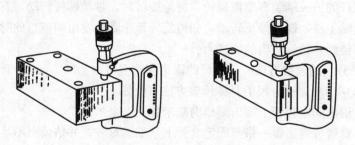

图 1 - 50　千分尺的正确测量位置

（5）测量时，千分尺的测轴中心线，要与工件的被测长度方向相互平行，不要歪斜。当测量小工件时，必须使用左手握着工件进行测量，用右手单独操作，如图 1 - 51a 所示。测量较大工件时，要把工件适当安放后，再进行测量，如图 1 - 51b 所示。不允许用千分尺测量正在旋转着的工件，须等工件转动完全停止后，才能进行测量。

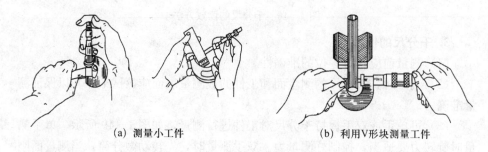

　　　（a）测量小工件　　　　　　　　（b）利用V形块测量工件

图 1 - 51　千分尺的使用方法

（6）读取尺寸时，最好不从工件上取下千分尺读数，因为这样容易使千分尺量面磨损，失去精度。在读取尺寸时，要防止在套管上多读了半格或少读了半格。

（7）千分尺使用时，不可与工具、刀具、工件等混放，用毕应放入盒内。

（8）千分尺使用完毕后应擦拭干净，并在测量面涂上防锈油。

九、百分表

1. 百分表的种类　百分表如图 1 - 52 所示，是零件加工和机器装配中，检查零件尺寸和几何形状偏差的主要量具，它常被用来测量零件表面的平面度、直线度、零件两平行面间的平行度和圆形零件的圆度、圆跳动等。百分表的测量范围有 0～3 mm、0～5 mm、0～10 mm 3 种规格。

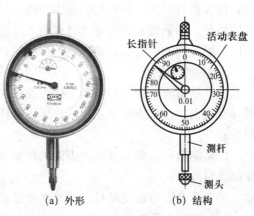

测轴的下端装有测头测量时，当测头触及零件被测表面后，测杆能上下移动。测杆每移动1 mm，长指针转 1 周，表盘上的刻线把圆周分成 100 等分，因此，长指针每摆动 1 格，测杆移动 0.01 mm，所以百分表的测量精度为 0.01 mm。

(a) 外形　　　　　　(b) 结构

图 1-52　百分表

如果表盘的刻度为 1 000，则每一分度值为 0.001 mm，就称为千分表。

2. 百分表的使用　如图 1-53 所示，用百分表夹持架夹持百分表，把工件放在平板上，使百分表的测头压到被测工件的表面上，再转动表盘，使长指针对准零位，然后移动百分表（或工件），来检验工件的平面度或平行度。

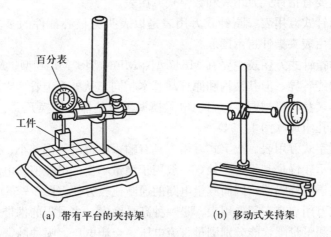

(a) 带有平台的夹持架　　　　　(b) 移动式夹持架

图 1-53　百分表的夹持架

检验轴时，将需要检验的轴，装在检验架上或 V 形铁上，使百分表的测头压到轴的表面上，用手转动轴，就可读出轴的圆跳动量。

用百分表和块规对工件的尺寸进行比较检测时，被检测的工件和块规，都要放在检验平板上，将块规组放在百分表测头下面，使测头触及块规并转动表盘，使长指针对准零位，然后移去块规，放上工件，再使百分表的测头与工件表面接触，如果读数还是零，就说明工件的尺寸与块规组的尺寸相同，如果不相同，则工件的尺寸就是块规组的尺寸与百分表读数值的代数和。

3. 注意事项

（1）测量时，测头与被测工件表面接触并使测头向表内压缩 $1\sim2$ mm，然后转动表盘，使长指针对正零线，再将测杆上下提几次，待表针稳定后再进行测量。

（2）测量时，测头和被测表面的接触尽量呈垂直位置，这样能减少误差，保证测量准确。

（3）百分表是精密量具，严禁在粗糙表面上进行测量。

（4）测杆上不要加油，油液进入表面会形成污垢，而影响表的灵敏度。

（5）要轻拿稳放，尽量减少震动，并防止某一种物体撞击测杆。

十、万用表

1. 万用表的种类 万用表用于播种机电器设备的性能检测。万用表有很多类型，主要有指针式万用表和数字式万用表。

（1）指针式万用表 指针式万用表是以表头为核心部件的多功能测量仪表，测量值由表头指针指示读取。

常见的指针式万用表主要有 MF47 型、MF64 型、MF50 型、MF15 型等，它们虽然功能各异，但其结构和原理却基本相同。从外观上看，它们一般由外壳、表头、表盘、机械调零螺钉、电阻挡调零电位器、转换开关、专用插座、表笔及其插孔组成（图 1-54）。

（2）数字式万用表 数字式万用表具有输入阻抗高、误差小、读数直观的优点，但显示较慢是其不足之处，一般用于测量不变的电流值、电压值。数字式万用表由于有蜂鸣器，因而测量电路的通断比较方便（图 1-55）。

数字式万用表有车用专用表，是一种高灵敏度、多量限的携带式整流系仪表，有多个测量量限，能分别测量直流电压、交流电压、喷油脉宽、二极管判断、电阻、电流、频率、转速、闭合角、百分比、故障码等。

2. 万用表的使用

（1）指针式万用表的使用

① 使用前，检查指针是否在刻度盘左端的零位上，若不是则应调整机械调零电位器使指针指在零位。

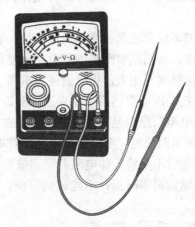

图 1-54　指针式万用表

　　② 直流电压的测量。将万用表红表笔插入"＋"插口，黑表笔插入"＊"插口，转换两旋钮至合适的直流电压挡，然后将两表笔并联接到被测电路两端，根据刻度盘上的"～"刻度就可读出电压值。选直流电压挡时注意，当不能预计被测直流电压大约数值时，须先选最大量程，然后根据指示值之大约数值，再选择适当的量程，使指针的偏转角度最大（但不能满偏）；当指针反偏时，说明所测电压为负值，这时将表笔互换就可测出数值。读数时注意，所选量程数为指针

图 1-55　数字式万用表

刚好满偏时的读数，未满偏时的读数可根据占刻度的几分之几来读数。

　　③ 交流电压测量。因为交流电压无正负之分，所以红黑两表笔插"＋"插口还是"＊"插口均可。测量方法及注意事项和测直流电压类似。有一点需要注意的是当选交流 10 V 挡时，读数应看"10 V"专用刻度。

　　④ 直流电流测量。将两旋钮调到合适的直流电流挡，然后将万用表两表笔按"＋""－"极性串联接到被测电路上，根据刻度的"～"刻度就可读出电流值。注意事项同测直流电压。

⑤ 电阻测量。将两旋钮调到合适的电阻挡后，要先进行欧姆调零才可以测电阻值。

欧姆调零的方法是：将两表笔短接，看一看指针是否指在刻度盘右端的电阻刻度零位，否则调节欧姆调零电位器使指针指在电阻刻度零位。

（2）指针式万用表使用时的注意事项

① 每换一次电阻挡后都要先进行欧姆调零。

② 选电阻挡原则是尽可能使指针指在刻度的 20%～80%弧度范围内；测量电路中的电阻值时，要求被测电路不带电。

③ 测量时不要将人体电阻并联到被测电阻上。

④ 当欧姆调零时指针不能调到零位，表示万用表内电池电压不足，应更换电池。

（3）数字式万用表的使用

① 使用前，应认真阅读有关的使用说明书，熟悉电源开关、量程开关、插孔、特殊插口的作用。

② 将电源开关置于 ON 位置。

③ 交直流电压的测量。根据需要将量程开关拨至 DCV（直流）或 ACV（交流）的合适量程，红表笔插入 V/Ω 孔，黑表笔插入 COM 孔，并将表笔与被测线路并联，读数即显示。

④ 交直流电流的测量。将量程开关拨至 DCA（直流）或 ACA（交流）的合适量程，红表笔插入 mA 孔（＜200 mA 时）或 10A 孔（＞200 mA 时），黑表笔插入 COM 孔，并将万用表串联在被测电路中即可。测量直流量时，数字万用表能自动显示极性。

⑤ 电阻的测量。将量程开关拨至 Ω 的合适量程，红表笔插入 V/Ω 孔，黑表笔插入 COM 孔。如果被测电阻值超出所选择量程的最大值，万用表将显示"1"，这时应选择更高的量程。测量电阻时，红表笔为正极，黑表笔为负极，这与指针式万用表正好相反。因此，测量晶体管、电解电容器等有极性的元器件时，必须注意表笔的极性。

（4）使用数字式万用表时的注意事项

① 如果无法预先估计被测电压或电流的大小，则应先拨至最高量程挡测量一次，再视情况逐渐把量程减小到合适位置。测量完毕，应将量程开关拨到最高电压挡，并关闭电源。

② 满量程时，仪表仅在最高位显示数字"1"，其他位均消失，这时应选择更高的量程。

③ 测量电压时，应将数字万用表与被测电路并联。测电流时应与被测电路串联，测直流量时不必考虑正、负极性。

④ 当误用交流电压挡去测量直流电压，或者误用直流电压挡去测量交流电压时，显示屏将显示"000"，或低位上的数字出现跳动。

⑤ 禁止在测量高电压（220 V 以上）或大电流（0.5 A 以上）时换量程，以防止产生电弧，烧毁开关触点。

⑥ 当显示"BATT"或"LOW-BAT"时，表示电池电压低于工作电压。

小麦播种机的使用与维修

第一节 小麦播种机的类型

一、按播种量控制方式分

小麦播种机均采用条播方式，按其播种量控制方式不同可分为常量小麦播种机、少量小麦播种机和精量小麦播种机。

常量小麦播种机是采用普通直槽轮式排种器，其排种量和株距（一行内麦粒之间的距离叫株距）都不是很准确；少量播种机多用小密齿型直外槽轮或螺旋细槽轮，这些排种器的排种量小于常量播种机的排种量，但排种的均匀性有了较大改善，也就是说种子在行内分布比较均匀，株距比较一致，适合于播量较小的小麦播种；精量小麦播种机多采用锥盘式排种器，能达到单粒等距播种，使行距、株距和播种量都很精确。

二、按配套动力分

按配套动力不同，小麦播种机可分为微型小麦播种机、小型小麦播种机、中型小麦播种机和大型小麦播种机。

微型小麦播种机是指人力或畜力牵引的小麦播种机。

小型小麦播种机是指由小型拖拉机牵引的小麦播种机，一般配套的拖拉机动力小于 14.7 kW(20 马力)。

中型小麦播种机是指由中型拖拉机牵引的小麦播种机，一般配套的拖拉机动力为 14.7 kW(20 马力) 至 36.8 kW(50 马力)。

大型小麦播种机是指由大型拖拉机牵引的小麦播种机，一般配套的拖拉机动力大于 36.8 kW(50 马力)。

三、按联合作业分

按联合作业不同，小麦播种机可分为旋耕播种机、整地播种机、铺膜播种机、免耕播种机等。

1. 旋耕播种机 图 2-1 是一种适用于在未耕地上作业的旋耕播种机示意图。该机具有除草、耕整地、播种、施肥、覆土及镇压功能。播种施肥装置位于旋耕机上方，旋耕机由拖拉机动力输出轴驱动。排种器和排肥器由地轮传动。输种管末端为开沟器。播下的种子覆土后由镇压轮压实。旋耕机前面还可以安装松土除草铲。

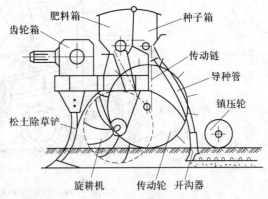

图 2-1 旋耕播种机示意图

一种在旋耕机后方加装播种机的旋耕播种机组如图 2-2 所示。加装时卸下旋耕机上的拖板，将拖板与播种机铰接。在旋耕机罩壳后边的加强型钢上设有两个锥销（左右各一个），播种机机架上相应的锥套与锥销形成动配合。排种器和排肥器由地轮传动。工作时，拖拉机动力输出轴驱动旋耕机进行播

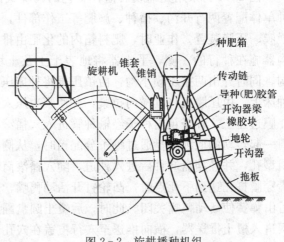

图 2-2 旋耕播种机组

前整地，排种器排出的种子通过导种管和开沟器落入土中。旋耕刀片甩出的土粒在开沟器两侧和下面形成向后土流。两侧的土流将种子挤压成一束，而下层土流则造成良好的种床。由旋耕机罩壳和播种机下盖板反弹回来的土粒覆盖在种子上，拖板后缘将覆土压实并刮平。

2. 整地播种机 图 2-3 是一种适用于已耕地上作业的整地播种机。该机具可一次完成松土、碎土、播种等作业。排种器采用气力式集中排种装置，排种轮由传动轮驱动。

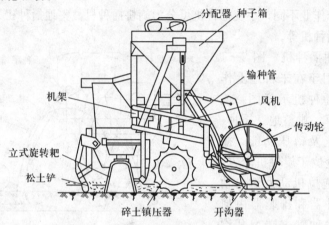

图 2-3 整地播种机

3. 铺膜播种机 按工艺特点可分为先铺膜后播种和先播种后铺膜两大类。图 2-4 为采用先铺膜后播种工艺的鸭嘴式铺膜播种机。该机具每个播种单体配置两行开沟、播种、施肥等工作部件，并设一塑料薄膜卷和相应的展膜、压膜装置。作业时，肥料箱内的化肥由排肥器送入输肥管，经施肥开沟器施在种行的一侧，平土器将地表干土及土块推出种床外，并填平肥料沟，同时开出两条压膜小沟，由镇压辊将种床压平。塑料薄膜经展膜辊铺到种床上，由压膜辊将其横向拉紧，并使膜边压入两侧的小沟内，由覆土圆盘在膜边盖土。种子箱内种子经输种管进入穴播滚筒的种子分配箱，随穴播滚筒一起转动的取种圆盘通过种子分配箱时，从侧面接受种子进入取种盘的倾斜型孔，并经挡盘卸种后进入种道，随穴播滚筒转动而落入鸭嘴端部。当鸭嘴穿膜打孔达到下死点时，凸轮打开活动鸭嘴，使种子落入穴孔，鸭嘴出土后由弹簧使活动鸭嘴关闭。此时，后覆土圆盘翻起的碎土，小部分经锥形滤网进入覆土推送器，横向推送至穴行覆盖在穴孔上，其余大部分碎土压在膜边上。

4. 免耕播种机 免耕播种机是在未耕整的茬地上直接播种的机具，亦称直接播种机。免耕播种机的多数部件与传统播种机相同。不同的是由于未耕翻地土壤坚硬，地表还有残茬，因此，必须配置能切断残茬和破土开种沟的破茬部件。常用的破茬工作部件有波纹圆盘刀、凿形齿、窄锄铲式或斜圆盘式开沟器、驱动式窄形旋耕刀（图2-5）。波纹圆盘刀具有5 cm波深的波纹，能开出5 cm宽的小沟，然后由双圆盘式开沟器加深。其特点是适应性广，在湿度较大的土壤中作业时，也能保证良好的工作质量，能适应较高的作业速度。凿形齿或窄锄铲式开沟器结构简单，入土性能好，

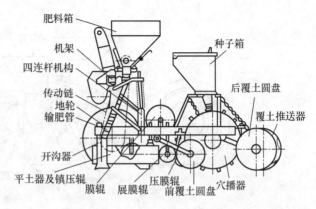

图2-4 鸭嘴式铺膜播种机

但容易堵塞，当土壤太干而板结时，容易翻出大土块，破坏种沟，作业后地表平整度较差。驱动式窄形旋耕刀有较好的松土、碎土性能，但需由动力输出轴带动，结构较复杂。

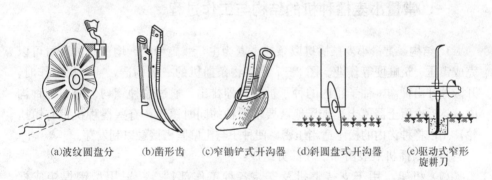

(a)波纹圆盘分　(b)凿形齿　(c)窄锄铲式开沟器　(d)斜圆盘式开沟器　(e)驱动式窄形旋耕刀

图2-5 破茬工作部件

图2-6为2BQM-6A型气吸式免耕播种机简图。该机具与中型拖拉机三点挂结，适用于玉米、大豆等作物在前茬地上直接播种。工作时，破茬松土器开出8～12 cm的沟，外槽轮式排肥器将肥料箱中的化肥排入输肥管，肥料经输肥管落入沟内，破茬松土器后方的回土将肥料覆盖。气吸式排种器排出的种子经输种管落入双圆盘式开沟器开出的种沟内，随后，靠V形覆土镇压轮覆土并适度压实。

通常免耕播种的同时应喷施除草剂和杀虫剂。若播种机无上述功能，则需将种子拌药包衣，以防虫害。

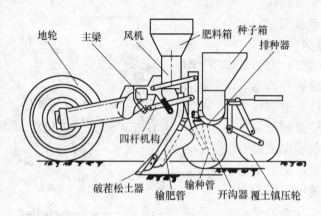

地轮　主梁　风机　肥料箱　种子箱　排种器　四杆机构　破茬松土器　输肥管　输种管　开沟器　覆土镇压轮

图 2-6　2BQM-6A 型气吸式免耕播种机

第二节　常量小麦播种机的使用与维修

一、常量小麦播种机的结构与工作过程

1. 结构　常量小麦条播机以条播小麦为主，兼施种肥。增设附加装置可以完成镇压、筑畦埂等作业。图 2-7 是谷物条播机的一般构造。播种机工作时，开沟器开出种沟，种子箱内的种子被排种器排出，通过输种管均匀分布到种沟内，然后由覆土器覆土。干旱地区要求播种的同时镇压，有些播种机带有镇压轮，用以将种沟内的松土适当压密，使种子与土壤紧密接触以利发芽。

谷物条播机一般由如下几部分组成：

（1）机架　用于支持整机及安装各种工作部件。一般用型钢焊接成框架式。

（2）排种、排肥部分　包括种子箱、肥料箱、排种器、排肥器、输种管和输肥管等。

谷物条播机播行多而行距小，故种子箱和肥料箱多采用整体式结构，用薄钢板压制成型，并与机架连成框架，以增加其刚度。当种肥间的比例关系常需要改变时，可采用组合式种肥箱（图 2-8）。

通常谷物条播机每米工作幅宽的种子箱容积为 45～100 L，肥料箱容积为 45～90 L。前后箱壁的倾角 β 应大于种子或肥料与箱壁的摩擦角（β 一般在 55°～60°），保证种、肥顺利流入排种器或排肥器内。

(a) 外形

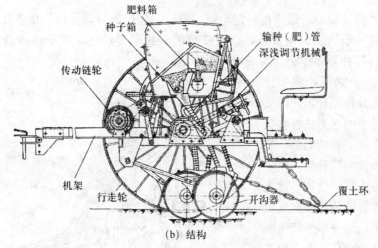

(b) 结构

图 2-7　2BF-24A 型播种机

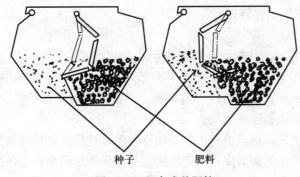

种子　　　　肥料

图 2-8　组台式种肥箱

（3）开沟覆土部分　包括开沟器、覆土器和开沟器升降调节机构。开沟器将土壤切开，形成种沟，种子落入沟底后，覆土器以适量细湿土覆盖，达到要求的覆土深度。

谷物条播机上常用的覆土器有链环式、拖杆式、弹齿式、爪盘式和刮板式。其中，链环式和拖杆式结构简单，能满足条播机覆土要求，因此，我国生产的谷物条播机多采用这两种覆土器。

（4）划印器　划印器的作用是播种作业行程中按规定距离在机组旁边的地上划出一条沟痕，用来指示机组下一行程的行走路线以保证准确的邻接行距。划印器安装在播种机的机架上，两侧各有一个。一侧工作时，另一侧升起，交替更换。小型播种机的划印器由人力换向，大型的则由机力、液力或电力换向。

（5）传动部分　通常用行走轮通过链轮、齿轮等驱动排种、排肥部件。链轮或齿轮一般均能调换安装，以改变排种、排肥传动比，调节播种量或播肥量。各行排种器和排肥器均采用同轴传动。

图 2-9 为采用集中排种和气流分种原理，并用气流输送种子的气力式谷物条播机。在种子箱的底部，装有直径较大的排种轮，用来将种子排入气流管道。进入垂直气流管道的种子在气流的作用下均匀分布于管道断面并被气流输送到分配器处，分配器将种子分成 6~8路，然后通过气流输种管送至种沟。

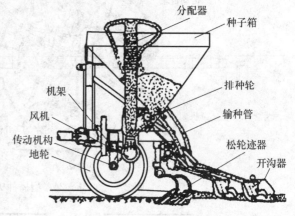

图 2-9　气力式谷物条播机

2. 工作过程　工作时，拖拉机牵引播种机行进，开沟器在土壤里开出种沟，地轮通过传动机构带动排种器和排肥器转动，将种子和肥料排出，并沿输种（肥）管落入开沟器开出的沟内，随后由覆土器覆土盖种，依据土壤墒情，确定是否使用镇压器压实土壤。

谷物条播机常用机具的行走轮驱动排种器，这样可使排种器排出的种子量始终与行走轮所走的距离保持一定比例，从而保证单位面积上的播种量。谷物条播机的行走轮直径较大，这是由于小麦、谷子等谷物条播的行距较窄，在一台播种机上有多行播种时，排种器常采用通轴传动，故需要较大的传动力矩；另外，直径较大的轮子可以减少转动时的滑移现象，使排种均匀度较好。

二、常量小麦播种机的主要工作部件

小麦播种机的主要工作部件包括：排种器、排肥器、开沟器、输种管、输肥管、覆土器和镇压器等。

1. 排种器 排种器是播种机的核心工作部件，是影响播种质量的主要因素。因此，对排种器的要求是排量稳定、排种均匀、不伤种子、调整简便可靠、适应性好。

（1）排种器的类型 常量小麦条播排种器有外槽轮式、内槽轮式、滚齿式、磨盘式、摆杆式、离心式及气力式等。几种常量小麦条播排种器的工作原理及特点见表 2-1。

表 2-1 常量小麦条播排种器的类型、工作原理及特点

类型	简图	工作原理	特点和使用范围
外槽轮式排种器	外槽轮 排种盒	工作时外槽轮旋转，种子靠自重充满排种盒及槽轮凹槽，槽轮凹槽将种子带出实现排种。从槽轮下面被带出的方法称为下排法。改变槽轮转动方向，使种子从槽轮上面带出排种盒的方法称上排法	槽轮每转排量基本稳定，其排量与工作长度呈直线关系。主要靠改变槽轮工作长度来调节播量。一般只需 2~3 种速比即可满足各种作物的播量要求。结构简单，制造容易，国内外已标准化。对大、小粒种子有较好的适应性，广泛用于谷物条播机，亦可用于颗粒化肥、固体杀虫剂、除草剂的排施
内槽轮式排种器	种子箱 内槽轮	凹槽在槽轮内圆上，槽轮分左右两部分，可排不同的种子。工作时槽轮旋转，种子靠内槽和摩擦力被槽轮内环向上拖带一定高度，然后在自重作用下跌落下来，由槽轮外侧开口处排出	主要靠内槽和摩擦力刮起种子，靠重力实现连续排种，其排种均匀性比外槽轮好。但易受震动等外界因素影响，适于播麦类、谷子、高粱、牧草等小粒种子，排种量主要靠改变转速来调节，传动机构较复杂

（续）

类型	简图	工作原理	特点和使用范围
滚齿式排种器	种子箱 滚齿轮	是一种固定工作长度的滚齿轮排种器。滚齿轮位于种子箱下面排种口的外侧。滚齿轮轮齿拨动种子，从排种舌外端排出	主要靠滚齿对种子的正压力和摩擦力来排种，工作长度固定，靠改变转速来调节播量，因而需要有几十个速比的变速机构。更换不同的滚齿轮可播大、中、小粒种子，亦可用于排施化肥
磨盘式排种器	种子箱 磨盘 播量调节板 传动轴	在排种磨盘和播量调节板或底座之间保持一定的间隙，间隙中充满种子。工作时弧纹形磨盘旋转，带动种子向外圆周运动，到排种口的种子靠自重下落排出	既可作为单独的条播排种器，亦可与水平圆盘排种器组成通用排种器，用于中、小粒种子的条播。对流动性较好的种子排种均匀性较好
摆杆式排种器	摆杆 副摆杆 种子箱 导针	工作时曲柄连杆机构带动摆杆往复摆动，来回搅动种子，导针和排种口作上、下往复运动，可清除种子堵塞和架空现象，保证排种的连续性	根据耧的原理改进而成，结构简单，制造容易。对小麦、谷子、高粱、玉米等种子的适应性较好，排种均匀性较好。但播量调节较困难，排种口大小对播量影响较大
离心式排种器	叶片 分配头 输种管 进种口 种子箱 排种锥筒 外锥筒	属于集排式排种器。工作时排种锥筒带动种子高速旋转，在离心力的作用下，种子被甩出排种口实现排种	一个排种器可排 10 多行，通用性好，大小粒种子都能播，亦可用于种子、化肥混播，播量的调节主要靠改变进种口的大小，亦可改变排种锥筒的转速来调节

　　（2）外槽轮式排种器　外槽轮式排种器由排种杯、排种轴、外槽轮、阻塞套、花形挡圈及排种舌等组成（图 2-10）。排种杯装在种子箱下面，种子通过箱底开口流入排种杯。排种轴转动时，外槽轮和花形挡圈随轴一起转动，而阻塞套则不转动。阻塞套与花形挡圈可防止种子从槽轮两侧流出。

　　外槽轮式排种器工作时，种子靠重力充满槽轮凹槽，并被槽轮带着一起旋转进行强制排种；处于槽轮外面的一层种子在槽轮外圆的拨动和种子粒间的摩擦力作用下也被带动，这一层种子称为带动层（图 2-11）。带动层内的种子

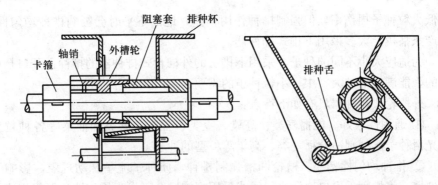

图 2－10　外槽轮式排种器

运动速度不等，位于槽轮圆周界面上的速度最大，但仍低于槽轮速度，距槽轮中心愈远，速度愈小，直至为零。在带动层外的种子不受外槽轮作用，为相对静止层，该层内的种子仅靠重力作用而自流。由槽轮强制带出和带动层带出的种子从排种舌上掉入输种管，然后经开沟器而落入种沟内。

　　外槽轮式排种器的播量，取决于槽轮的有效工作长度和转速。转动的槽轮和不转动的阻塞套可以在排种盒内随排种轴左右移动，轴向移动排种轴，即可改变槽轮的工作长度，用以调节播量。当槽轮的工作长度不能满足要求时，改变槽轮转速即可扩大播量的调节范围。固定式槽轮排种器的槽轮在排种盒内不能左右移动，只能靠改变槽轮的转速来调节播量。

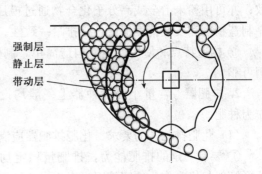

图 2－11　种子运动状态

　　槽轮旋转方向可变的排种器，称为上、下排式排种器。下排时用于排中、小粒种子（排种间隙不变）；槽轮反转时，种子从上面排出，称为上排，适于播玉米、大豆等大粒种子（图 2－12）。上排时可

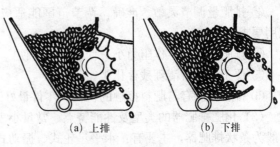

(a) 上排　　　　(b) 下排

图 2－12　排种方式

降低大粒种子损伤率，但强制排种作用稍差，地面不平时会影响排种均匀性。国产条播机上大多采用下排式排种器。

为适应大小不同的种子，采用下排法的外槽轮式排种器的排种舌开口是可调的，能满足播种大、中、小粒种子的需要。

外槽轮式排种器具有如下特点：

① 通用性较好。能播麦类、高粱、豆类、玉米、粟类和油菜等各种粒型的光滑种子。特别适合播麦类、高粱等粒型的种子。

② 排种均匀性稍差。槽轮凹槽强制排种，使种子流呈脉动现象，影响了均匀性。将排种舌出口边做成斜线或采用螺旋槽，可提高均匀性，但仍不能从根本上消除排种脉动性。

③ 强制排种，播量稳定。播麦类、高粱等中等粒型的种子能做到强制排种，播量不受地块不平度、作业速度及种子箱充满程度的影响而保持稳定。但对大粒种子损伤率稍高；对小粒种子播量稳定性稍差。

④ 各行排量一致性较好。可分别调整槽轮的工作长度使各行排量基本一致；亦可用粉末冶金或高分子化合物通过模压或注塑成型来制造排种器零件，靠制造精度和安装精度保证各行排量一致性。

⑤ 构造特点和使用性能。构造简单，制作容易，成本低，调节方便，使用可靠。

2. 排肥器 常量小麦播种器上一般均设有排肥机构，主要是施加化肥，作为种肥。

（1）化肥排肥器的要求 化肥排肥器应满足以下要求：

① 要有一定的排肥能力，排肥量稳定均匀，不受肥料箱里肥料的多少、地形倾斜起伏及作业速度等因素影响。

② 能施播多种肥料，通用性好。即要求排肥器除了能排施流动性好的晶、粒状化肥和复合颗粒化肥外，也能排施流动性差的粉状化肥。

③ 排肥量调节灵敏、准确，调节范围能适应不同化肥品种与不同作物的施用要求。

④ 排肥可靠，工作阻力小，使用调节方便。

⑤ 便于作业后清理残存化肥。

⑥ 排肥器所有与肥料接触的机构、零件最好采用防腐耐磨材料制造。

（2）化肥排肥器的类型及性能特点 常量小麦播种机上采用的化肥排肥器一般为条状排肥器，主要有：水平星轮式、振动式、摆抖式、螺旋式、水平刮板式、搅刀拨轮式、钉齿式、外槽轮式等类型。各种条状排肥器的工作原理及性能特点见表2-2。

表2-2　常量小麦播种机上几种条状排肥器的工作原理与性能特点

类型	简图	工作原理	性能特点
水平星轮式	肥料箱 星轮	主要工作部件为绕垂直轴转动的水平星轮。工作时，通过传动机构带动排肥星轮转动，肥料箱内的肥料被星轮齿槽及星轮表面带动，经肥量调节活门后，输送到椭圆形的排肥口，肥料靠自重或打肥锤的作用落入输肥管内。常采用相邻两个星轮对转以消除肥料架空和锥齿轮的轴向力	排肥量用改变排肥活门开度和星轮转速来调节。适合排晶状化肥和复合颗粒肥，也可以排施干燥粉状化肥。排施含水量高的粉状化肥时，排肥星轮易被化肥黏结，发生架空和堵塞。主要用于谷物条播机上，中耕作物播种机上也有采用
振动式	振动板 凸轮	工作时，旋转的排肥凸轮使排肥振动板不停地振动，肥料在振动力和重力的作用下在肥料箱内循环运动，可消除肥料箱内化肥架空。化肥沿振动板斜面下滑，经排肥口排出	排肥量大小用调节板调节，一般振动板倾角为60°，振幅为18～20 mm，振动频率为250～280 次/min。既能排施粒状和晶状化肥，也能排施吸湿性强的粉状化肥，施肥量适应范围大，结构较简单。多用于中耕作物播种机和中耕追肥机上
摆抖式	搅拌器 摆盘和刮条	工作时，摆抖体绕轴线在60°范围内左右摆动，摆抖体上部的刮条和搅拌器破碎结块肥料并将肥料从肥料箱内输送出来，摆抖体下部的刮条则把化肥排出摆肥孔	摆抖体摆幅通过调节摆杆长度来改变，排施流动性好的肥料或排施量最小时用较小摆幅，排施流动性差的粉状易潮解化肥时，则选用较大摆幅。摆动频率通过变速箱改变传动轴转速来调节，频率提高则排肥量增大，排肥均匀性和稳定性改善。排肥量主要通过改变肥量调节板来调节

（续）

类型	简图	工作原理	性能特点
螺旋式		主要工作部件是水平配置的排肥螺旋，工作时随着排肥螺旋的旋转，肥料箱底部的肥料均匀地输进到排肥口，被强制排出，通过输肥管落入沟内。排肥螺旋有叶片式、中空叶片式和钢丝弹簧式三种	排肥量由排肥口插板调节。可以排施晶状化肥、复合颗粒化肥和干燥粉状化肥，施肥量较大
水平刮板式		此排肥器是我国为解决碳酸氢铵排肥问题而研制的一种排肥器。利用水平回转的排肥刮板将化肥排出，排肥刮板有曲面刮板和弹击刮板两种	其优点是能可靠地排施碳酸氢铵等流动性差的化肥，排肥稳定性较好；但不适于排施流动性好的颗粒状化肥，且排肥阻力较大
搅刀拨轮式		工作时，搅刀筒在动力驱动下，在肥料箱内作回转运动。具有侧刃和横刃的搅刀，搅动箱内化肥，并切碎肥块和刮除黏在箱壁上的肥料。搅刀筒中部的喂肥叶片依次向箱底排肥口喂送化肥。在排肥口下方拨肥轮上的拨齿通过密封胶垫的缝隙进入肥箱，在转出排肥口时将化肥排出	排肥量用装在排肥口下面的活门调节。其突出特点是能有效地消除肥料的架空，可靠地排施含水量很大（达 9%）的碳酸氢铵，排肥稳定性与均匀性良好，可通用于排施颗粒状化肥，还可用于播种玉米、大豆等流动性好的种子。缺点是清肥不便
钉齿式		其主要工作部件为排肥钉轮，排肥钉轮上有均匀分布的钉齿。钉轮转动时，钉齿将肥料箱中肥料拨出落入导肥管	适用于排施流动性好的松散化肥和复合颗粒肥；对于流动性差、吸湿性大的粉状化肥不适用

（续）

类型	简图	工作原理	性能特点
外槽轮式	肥料箱　槽轮	工作原理和结构与外槽轮式排种器相似，但槽轮直径稍大，齿数减少，使齿槽容量增大	结构较简单，适于排施流动性好的松散化肥和复合颗粒肥。对吸湿性强的粉状化肥易黏结槽轮，引起架空堵塞，不宜采用

3. 开沟器

（1）开沟器的功用与要求　开沟器的功用主要是在播种机工作时，开出种沟，引导种子和肥料进入种沟内，并使湿土覆盖种子和肥料。一个良好的开沟器必须符合下列要求：

① 开出的种沟要深度一致，沟形整齐、平直，开沟深度能在一定范围内调节，以适应不同作物的播深要求。

② 开沟时不乱土层，不应将下层湿土翻至地面，也不可使干土落入沟底，应将种子至湿土上。

③ 种子在行内分布均匀、位置准确，种子不飞散而应落到沟底。

④ 应有一定的回土作用，使细湿土将种子全部覆盖，以利种子发芽。

⑤ 要有良好的入土性能和切土能力，工作可靠，不易被杂草、残茬和土块堵塞。

⑥ 结构简单，阻力小，调整、维护方便。

（2）开沟机的类型与特点　由于各种作物的播种要求不同，地区气候和土壤条件各异，播种机配备相应的开沟器。开沟器按其入土角不同，可分为锐角开沟器和钝角开沟器两大类（图 2-13）。

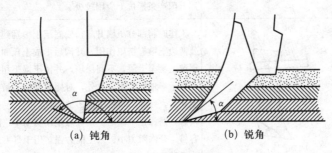

(a) 钝角　　　　　　(b) 锐角

图 2-13　开沟器的类型

锐角开沟器的开沟工作面与地面的夹角即入土角 $\alpha < 90°$，锐角开沟器有锄铲式、双翼铲式、船形铲式和芯铧式等多种。

钝角开沟器的入土角 $\alpha > 90°$，它有靴鞋式、滑刀式、单圆盘式和双圆盘式等多种。

另外，也可将开沟器分为滚动式和移动式两大类，双圆盘式和单圆盘式属滚动式，上述其他形式均属移动式。

开沟器用仿形机构与机架连接。开沟器的仿形、受力分析、深浅调节等与中耕机相同。常用开沟器的特点及适用范围见表 2-3。

表 2-3 常用开沟器的特点和适用范围

类型	简图	特点和适用范围
双圆盘开沟器		双圆盘开沟器两盘盘刃口在前下方相交于一点，形成一夹角。工作时，靠自重及附加弹簧压力入土，两圆盘滚动前进，将土切开并推向两侧而形成种沟。输种管将种子导入种沟，然后靠回土及沟壁塌下的土壤覆土。圆盘周边的刃口在滚动时可切断根茎和残茬。工作较稳定，能适用于较高速作业。开沟时不搅乱土层，且能用下层湿土覆盖种子。缺点是结构复杂、质量大、造价高、开沟阻力较大。目前广泛用于谷物播种机上，也用于中耕作物精量播种机上
单圆盘开沟器		采用球面圆盘，圆盘与播种机前进方向有一偏角为 $3° \sim 8°$。其开沟原理同圆盘耙片，在圆盘凸面一侧，有输种管将种子导入种沟内。与双圆盘开沟器相比，单圆盘开沟器质量较轻，入土能力强，结构也较简单。但开沟时土壤沿圆盘凹面升起后抛向一侧，部分湿土被掀起，干湿土层略有相混，容易跑墒，且有干土覆盖种子现象，不利于种子发芽。适用于各种播种机上，适于在墒情较好的地区选用。国产条播机上应用较少
锄铲式开沟器		工作时将部分土壤升起，使底层土壤翻到上层，对前端及两边土壤有挤压作用，开沟后形成土丘和沟痕。由于下层湿土翻至上层，不利保墒，并使干湿土相混，因此，不宜在干旱地区使用。此外，对播前整地质量要求较高，在土块大，残茬、草根多的田地上作业时，易缠草、壅土和堵塞，播深也不稳定。其优点是结构简单、质量轻、制造容易、开沟阻力小、入土能力强。用于畜力或小型机力谷物播种机上

（续）

类型	简图	特点和适用范围
芯铧式开沟器		是一种锐角入土的开沟器。工作时，它的前棱和两侧对称的曲面使土壤沿曲面上升，并将残茬、表层干土块及杂草向两侧抛出翻倒而开沟，两侧板将土壤挡在两边，种子由输种管经散种板散落于沟底，然后土壤由侧板后部落回沟内盖种。芯铧式开沟器开沟宽度大，开沟深度深，沟底平整，苗幅宽，适于东北垄作地区使用。其缺点是开沟阻力大，不适于高速播种
滑刀式开沟器		工作时，刀形前刃向前滑动切开土壤，随后由两侧壁将土壤挤开，形成种沟，种子从两翼侧板中间落入沟底，开沟宽度取决于后部两侧板相距大小。侧板尾部呈阶梯形或斜边缺口，可使下层湿土先落入沟内覆盖种子。V形底板压实种沟，使种成V形，能有效地限制种子在沟底的弹跳。滑刀式开沟器开沟深度稳定，不乱土层，播后地表起伏较小。其缺点是入土性能较差，适合于整地质量较好、土壤细碎松软情况下作业

（3）开沟器适用的行距 开沟器工作时，将部分土壤升起、抛翻、推挤或挤压，使开沟器前方形成前丘和播后地表形成沟痕。特别是在整地条件差、土块大、杂草和残茬多的情况下，前丘凸起较大。为了不使相邻两开沟器的前丘连片，它们之间必须要有足够的间距。若该间距大于农业技术要求的行距时，常使相邻两开沟器排成前后两列，同时前后列开沟器的距离必须保证后列在已稳定的土壤中工作，以保证后列开沟器的开沟质量。各种类型开沟器的适用行距及前后列距离见表2-4。

表2-4 开沟器适用行距及前后列距离

开沟器类型	锄铲式	双圆盘式	双圆盘式	单圆盘式	靴鞋式
最小相邻距离（cm）	20	25～26	30	20	15
适用行距（cm）	13～15	15	15	13～15	10～12
前后列距离（cm）	30	15	40	15	35
列数（列）	2	2	2	2	2

4. 输种管与输肥管 输种管和输肥管的作用是将排种器和排肥器排出的种子、肥料引导到开沟器开的沟内，其上端与排种器、排肥器连接，下端插入开沟器内。由于开沟器在工作中需经常升起和降落，因此要求输种管和输肥管

能自由弯曲和伸缩，下部能前后摆动，并有足够大的内径面积，以保证种、肥畅通无阻。

常用的输种（肥）管有漏斗管、卷片管、波纹管和直胶管 4 种，如图 2-14所示。

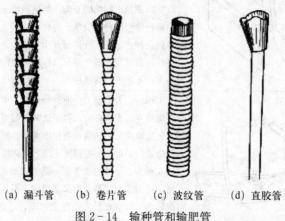

(a) 漏斗管　　(b) 卷片管　　(c) 波纹管　　(d) 直胶管

图 2-14　输种管和输肥管

① 漏斗管。由一些金属漏斗用链条连接而成，结构复杂，但伸缩性能好，工作时各漏斗间可相对摆动，不易堵塞，主要用于输肥。

② 卷片管。用弹簧钢带卷辗而成，结构简单，质量轻，弯曲和伸缩性能好，但造价较高，过度拉伸后难以恢复，会形成局部的漏缝。

③ 波纹管。在两层橡胶或两层塑料之间夹有螺旋性弹簧钢丝，其弹性、伸缩性和弯曲性较好，下种可靠，但造价高。

④ 直胶管。结构简单，多用橡胶制作，成本较低，内壁光滑，但伸缩性较差，弯曲时容易折扁。

5. 覆土器　覆土器的主要作用是，开沟器过后进行覆土。对覆土器的要求是，覆土严密、深度一致，并能调整；干湿土不混，使种子只与湿土接触；不破坏种子的分布。

常用的覆土器有覆土链、覆土板和覆土镇压轮等。

覆土链由几个链环组成，挂在开沟器的后面，用链环拖拉土壤进行覆土。图 2-15为覆土链的一种结构，覆土环之间用连接环连在一起，并用链条挂到后列开沟器上。最外侧两覆土环上还各有一链条，挂到播种机踏板支架上，以防工作时摆动。这种覆土器没有压实作用，土块较大时，覆土不完全。

覆土板由刮板组成，它利用土壤沿刮板侧向滑移进行覆土。常见的覆土板有"一"字形和"八"字形两种。

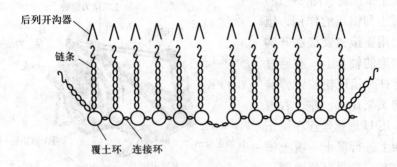

图 2-15 链环式覆土器

图 2-16 为"八"字形板式覆土器，它主要由左右两块覆土板组成。覆土板铰接在单组工作部件的仿形架上，随地面起伏仿形。调节覆土板与地面的倾角，可调节覆土量大小。工作时，两块覆土板自两侧向种行进行覆土。这种覆土器虽然结构复杂，但覆土量大、覆盖严密，覆土深度均匀稳定。

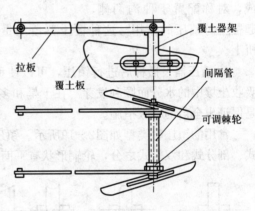

图 2-16 "八"字形板式覆土器

图 2-17 为 2BL-12 型播种机上采用的"一"字形覆土板，主要由"一"字形覆土板、左右拉杆和弹簧压杆等组成。覆土板前部用两根拉杆与机架的开沟器梁连接，上部用弹簧压杆与左右脚踏板连接，拉杆的长度和两拉杆的距离均能调节。改变弹簧压杆上弹簧的压力，可调节覆土深度。

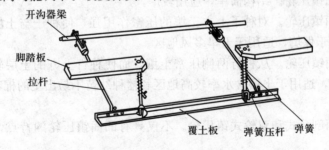

图 2-17 "一"字形覆土板

覆土镇压轮（图 2-18）
兼有覆土和镇压的作用。镇
压轮架用连接销铰接在开沟
器弹簧架的轴套上，并通过
调节螺杆和镇压轮拉力弹簧
挂在弹簧架尾部。左、右覆
土板，用 U 形螺丝连在镇压
器轮架上进行覆土。覆土镇
压轮由左、右两个与地面呈
一定倾角的覆土镇压轮组
成，对称配置于种沟两侧，

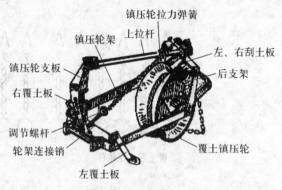

图 2-18　覆土镇压轮

起覆土与镇压的作用。这种覆土器覆土量较小，一般用在蔬菜或棉花播种
机上。

6. 镇压器　播种后进行镇压，可以使种子与土壤紧密接触，有利于种子
吸收土壤中的水分而顺利发芽。在干旱和多风地区，在播种后进行及时镇压，
是保证出全苗的有效措施。

常用的镇压轮类型如图 2-19 所示。镇压轮可以用钢或橡胶制成，有整体
式、剖分式和双轮式之分，轮辋形状有平面、凸面和凹面 3 种类型。

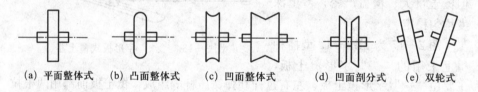

(a) 平面整体式　(b) 凸面整体式　(c) 凹面整体式　(d) 凹面剖分式　(e) 双轮式

图 2-19　常用的镇压轮类型

① 平面镇压轮。结构简单，应用较广。

② 凸面镇压轮。对种子上方土壤的压密作用强，使种子与土壤密接，防
止透风。利于保墒，适用于干旱多风地区。

③ 凹面镇压轮。从种行两侧压密土壤，而使种行上方的土层较松，以利
于种子出苗，适用于土壤含水率较高地区和播种幼苗不易出土的棉花、花生等
作物。

④ 凹面剖分式和双轮式镇压轮。不仅具有凹面镇压轮的特点，而且工作
中不易粘土。

有的播种机上，常将覆土器和镇压轮连成一体，成为覆土镇压器。

三、常量小麦播种机的主要辅助部件

常量小麦播种机的主要辅助部件有：机架、传动装置、离合装置、起落机构、划印器、报警器等。

1. 机架　播种机的机架多用钢管制成，其结构形式有框架式和单梁式两种。框架式机架多用于谷物条播机，如图 2-20 所示。单梁式机架多用于播种中耕通用机，如图 2-21 所示。

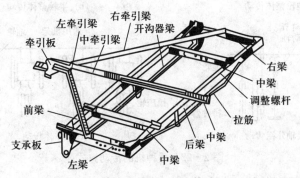

图 2-20　框架式机架

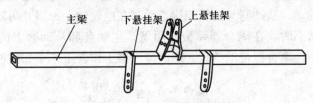

图 2-21　单梁式机架

2. 动力传动装置　播种机传动装置的作用是将动力传给排种器和排肥器，并通过速比变换，调整排种量和排肥量。一般用地轮驱动，也有的用镇压轮或仿形轮驱动，并有地轮整体传动、地轮半轴整体传动、地轮半轴分组传动和单体传动等形式，如图 2-22 所示。

幅宽较小的谷物条播机常采用地轮整体传动的形式。一般谷物条播机多采用地轮半轴整体传动的形式。播种中耕通用机多采用地轮半轴分组传动的形式。也有的播种机，采用单体传动的形式。

3. 传动离合装置　传动离合装置的作用是：当开沟器升起时切断地轮动力，停止排种、排肥工作，当开沟器降落时结合动力，传动排种器、排肥器工作。

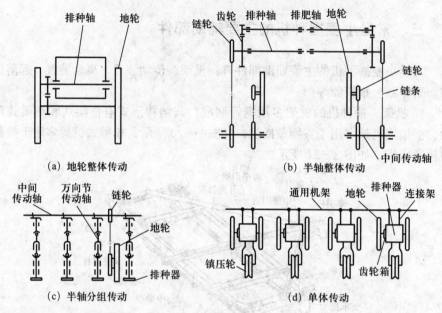

(a) 地轮整体传动

(b) 半轴整体传动

(c) 半轴分组传动

(d) 单体传动

图 2-22 播种机的传动方式

播种机上常用的传动离合装置为牙嵌式单向离合器,如图 2-23 所示。它主要由带有单向齿形的主动套和从动套组成。主动套用键与地轮轴相连,并可在轴上横向移动,从动套与链轮相接,活套在地轮轴上。当开沟器降落,播种机处于工作状态时,在离合器弹簧作用下,主动套和从动套上的齿牙互相嵌合,地轮动力经离合器带动链轮,驱动排种器工作。工作中如播种机倒退,主

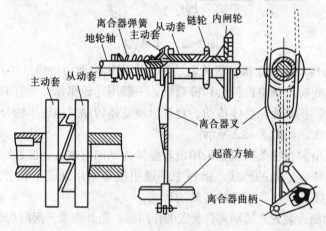

图 2-23 传动离合装置

动套倒转，离合器齿牙打滑，动力切断。当开沟器升起，起落机构带动离合器叉前移，叉上较宽的部分插入主动套和从动套之间，侧推主动套，压缩弹簧，使主、从动套的齿牙互相脱离，动力被切断，停止排种。

4. 起落机构　机引播种机常采用机械式起落机构，也有的播种机采用液压式起落机构。

(1) 机械式起落机构　机械式起落机构如图 2−24 所示。它主要由内闸轮式自动离合器、起落曲柄、连杆、转臂、方轴、升降臂和开沟器吊杆等组成。

需升起开沟器时，扳动起落操纵手柄，外滚轮从自动离合器双口盘的缺口中滑出，自动离合器结合，地轮动力带动起落曲柄转动 180°，通过连杆推动转臂，使

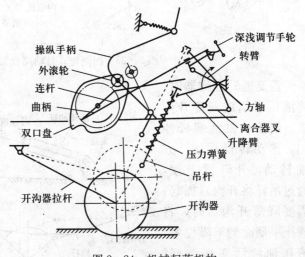

图 2−24　机械起落机构

方轴转动一定角度，固定在方轴上的升降臂上摆，通过吊杆将开沟器升起。需降落开沟器时，再扳动起落操纵手柄，曲柄再转动 180°，连杆拉动转臂使方轴回转，升降臂下摆，开沟器降落至工作状态。开沟器起、落时，方轴通过转臂，带动传动离合器叉，使传动离合器同步分离和结合。

深浅调节可通过深浅调节手轮进行。顺时针转动手轮，丝杆推动转臂使方轴转动，升降臂下压弹簧，弹簧压力加大，开沟器开沟深度增大。反之，逆时针转动手轮，开沟深度减小。当各开沟器深度不一致时，可改变开沟器弹簧的预紧度，进行调整。

内闸轮式自动离合器的构造如图 2−25 所示。内闸轮为主动件，固装在地轮轴上。双口盘与曲柄连成一体，从动部件、月牙卡铁销装在双口盘上，其下装有内滚轮。当内滚轮嵌入内伸闸轮的凹槽时，动力结合，内滚轮离开凹槽时动力分离。

(2) 液压式起落机构　液压式起落机构如图 2−26 所示。它主要由液压油缸、转臂、方轴、升降臂、弹簧和吊杆等组成。

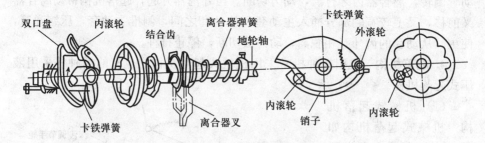

双口盘　内滚轮　结合齿　离合器弹簧　卡铁弹簧　外滚轮　地轮轴

卡铁弹簧　离合器叉　内滚轮　销子　内滚轮

图 2-25　内闸轮式自动离合器

需要提升开沟器时，将液压手柄放到提升位置，液压油缸活塞杆伸出，推动转臂后摆，方轴转动，升降臂上摆，通过吊杆将开沟器提起。需要降落开沟器时，将液压手柄放到下降位置，液压油缸活塞杆缩回，方轴回转，开沟器降落。开沟器入土深度由活塞杆上的限位板控制。当活塞杆缩回至限位板顶

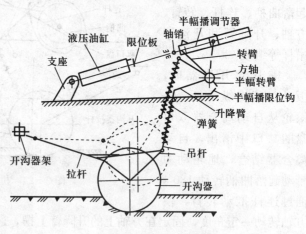

半幅播调节器
液压油缸　限位板　轴销
支座　转臂
方轴
半幅转臂
半幅播限位钩
升降臂
弹簧
开沟器架
拉杆　吊杆
开沟器

图 2-26　液压式起落机构

住限位阀时，油缸油路封闭，活塞杆定位，开沟器就限定在一定的工作深度。改变限位板在活塞杆上的位置，即可调节开沟器的工作深度。

5. 划印器　划印器的作用是在未播地面划出印痕，用以指示拖拉机下一行程的行走的位置，确保相接播行的行距准确一致，防止重播和漏播。

播种机两侧各有一个划印器，其工作元件是一凹面圆盘，装在划印器臂的外端，划印器臂铰装在机架上，可根据需要升起和降落，划印器伸出长度可以调节。

播种机工作中，每一行程都需要操纵划印器的升降，并进行左、右划印器工作的转换，因此，划印器都设有升降机构。划印器升降机构一般有人力操纵式、机械自动式和液压自动式三种。

（1）人力操纵式划印器升降机构　人力操纵式划印器升降机构如图 2-27

所示。左右两个划印器臂铰接在机架两侧，通过钢丝绳和滑轮系统与操纵手柄相连。手柄在中间位置时，左右划印器都离开地面，手柄扳到左边位置，左划印器落地工作，右划印器离开地面，手柄扳到右边位置则右划印器工作，左划印器离地。长距离运输时需将划印器扳到竖立位置。这种升降机构结构简单，但使用操作不太方便。

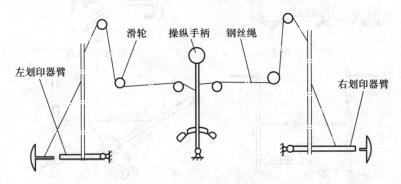

图2-27　人力操纵式划印器升降机构

（2）机械式划印器自动升降机构　机械式划印器自动升降机构利用悬挂播种机升降过程中与拖拉机相对位置的变化，通过钢丝绳带动提升器工作，控制划印器的升降和转换。升降机构和提升器的工作过程如图2-28和图2-29所示。

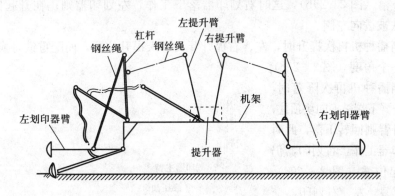

图2-28　机械式划印器自动升降机构

当播种机升起时，播种机相对于拖拉机向上移动，拉紧连接拖拉机与提升臂的钢丝绳，使左、右提升臂都处于提升位置（图2-29a），这时两个划印器都升离地面。

当播种机降落时，连接拖拉机与播种机的钢丝绳松弛，提升臂在划印器重

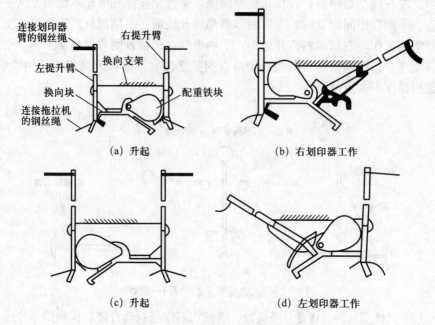

(a) 升起 (b) 右划印器工作

(c) 升起 (d) 左划印器工作

图 2-29 自动提升器的工作过程

力作用下有向外转落的趋势，但左提升臂的下端被换向块顶住，右提升臂则可回转下落（图 2-29b），这时右划印器落下工作，左划印器则仍在升起位置，配重铁被拨向左侧。

当播种机再次提升时，左、右提升臂又进入提升位置，而配重铁将换向块压转一个角度（图 2-29c）。

当播种机再次降落时，右提升臂下端被换向块顶住，左提升臂则回转下落，此时左划印器工作，右划印器仍在升起位置（图 2-29d）。如此反复，左、右划印器交替工作。

（3）液压式划印器自动升降机构　液压式划印器自动升降机构如图 2-30 所示。

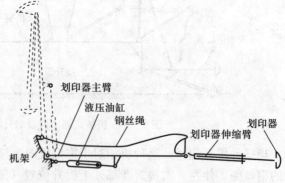

图 2-30 液压式划印器自动升降机构

左、右划印器上都装有液压油缸，油缸活塞杆伸出，划印器升起，活塞杆缩回，划印器落地工作。划印器不工作时，应升起并呈直立状态，为减少高度，划印器臂可自动折叠。在播种机上还装有机械式换向器和液压换向阀，当播种机升降时，通过机械式换向器操纵换向阀，控制左、右油缸，使左、右划印器交替工作。

四、常量小麦播种机的产品规格

1. 农哈哈牌常量小麦播种机　"农哈哈"商标为中国驰名商标，农哈哈牌常量小麦播种机由河北农哈哈机械集团有限公司生产，主要有 2BXF - 24 型小麦播种机、2BXF - 9 型小麦圆盘播种机、2BXF - 12 型小麦圆盘播种机、驱动圆盘免耕覆盖播种机、免耕覆盖播种机等。主要机型如图 2 - 31 所示。

（1）2BXF - 24 型小麦播种机　2BXF - 24 型小麦播种机主要用于麦类作物的条播。播种时同时施播化肥。播种量、施肥量、行距、播种深度均可根据当地农业栽培技术要求进行调整。2BXF - 24 型小麦播种机主要适用于我国东北、华北和西北广大旱作地区的大型农场。也适合土地集中、地块较大的广大农村使用。

2BXF - 24 型小麦播种机的主要技术参数见表 2 - 5。

|(a) 2BXF-24 型小麦播种机|(b) 小麦圆盘播种机|
|(c) 驱动圆盘免耕覆盖播种机|(d) 免耕覆盖播种机|

图 2 - 31　农哈哈牌常量小麦播种机

表 2 - 5 2BXF - 24 型小麦播种机的主要技术参数

参数名称	参数值
外形尺寸（长×宽×高）(mm)	1 955×3 886×1 500
整机质量（kg）	850
配套动力（kW）	55～74
播种行数（行）	24
工作速度（km/h）	4～6
开沟器形式	双圆盘式
基本行距（mm）	150（可调）
播幅（mm）	3 600

（2）小麦圆盘播种机 小麦圆盘播种机适用于在秸秆还田地上进行播种小麦，一次作业完成平地、开沟、播种、施肥、镇压、覆土、打竖畦等工序。农哈哈新一代圆盘开沟器采用锰钢淬火的先进工艺生产，硬度高、强度大、入土性好，并设有刮土装置，能很好地在黏土中作业。筑埂器上下左右可调，既可筑埂，也能填车沟，调整时无须停机。

小麦圆盘播种机有两种型号，即：2BXF - 9 和 2BXF - 12。其主要技术参数见表 2 - 6。

表 2 - 6 小麦圆盘播种机的主要技术参数

参数名称	参数值	
	2BXF - 9 型、2BXF - 9（J）型	2BXF - 12 型、2BXF - 12（J）型
外形尺寸（长×宽×高）(mm)	1 560×1 780×980	1 560×2 180×980
配套动力（kW）	8.8～13.2	11.0～13.2
整机质量（kg）	220	273
播种行数（行）	9（可调）	12
行距（mm）	160（可调）	160
最大排肥量（kg/hm²）	225（可调）	225（可调）
最大播种量（kg/hm²）	450（可调）	450（可调）

（3）驱动圆盘免耕覆盖播种机 驱动圆盘免耕覆盖播种机可在秸秆粉碎还

田地的播种小麦或在麦茬地中条播玉米,一次完成开沟、灭茬、施肥、播种、镇压等作业。减少拖拉机进地次数,减轻了农民的劳动强度。2BDPM－12型驱动平播免耕覆盖播种机集保护性耕作、植被覆盖、化肥深施和小麦平播四大先进技术为一体,是保护性耕作技术理想的配套播种机具。

2BDPM－12型驱动圆盘免耕覆盖播种机的主要技术参数见表2－7。

表2－7 2BDPM－12型驱动圆盘免耕覆盖播种机的主要技术参数

参数名称	参数值
外形尺寸(长×宽×高)(mm)	1 410×2 900×1 310
整机质量(kg)	650
行距(mm)	180(小麦);545(玉米)
工作幅宽(mm)	2 160
作业速度(km/h)	2～4
耕深(mm)	80～100
播种深度(mm)	30±10
施肥深度(mm)	种子侧下60

(4)免耕覆盖播种机 免耕覆盖播种机适用于直立玉米秸秆或秸秆还田地直接播种小麦,也可以播种玉米。一次作业可完成碎秆、灭茬、开沟、施肥、播种、镇压等工序,是我国小麦免耕播种机的主要机型。

2BMGF－7/14型免耕覆盖播种机的主要技术参数见表2－8。

表2－8 2BMGF－7/14型免耕覆盖播种机的主要技术参数

参数名称	参数值
外形尺寸(长×宽×高)(mm)	1 650×2 440×1 195
配套动力(kW)	51.5～66.2
整机质量(kg)	630
行距(mm)	小麦:窄100,宽220;化肥:320
行数(行)	14(小麦);7(化肥)
耕深(mm)	80～100
播种深度(mm)	40±10
种肥间距(mm)	种子侧下50

2. 豪丰牌常量小麦播种机 豪丰牌常量小麦播种机由河南豪丰机械制造有限公司生产，主要生产免耕播种机、智能免耕施肥覆盖旋播机等，主要机型如图 2-32 所示。

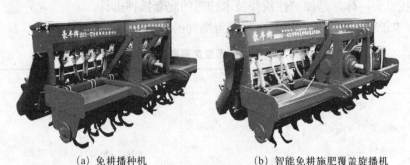

(a) 免耕播种机   (b) 智能免耕施肥覆盖旋播机

图 2-32　豪丰牌常量小麦播种机

（1）免耕播种机　免耕播种机是一机多用，分别与 9.4～58.8kW 轮式拖拉机配套作业，采用后置液压全悬挂连接方式，工作运行平稳、作业质量好、工作效率高、适应性强、安全可靠。主要型号有：2BXS-9 型、2BXS-10 型、2BXS-12 型、2BXS-14 型、2BXS-16 型等。

豪丰牌免耕播种机的主要技术参数见表 2-9。

表 2-9　豪丰牌免耕播种机的主要技术参数

参数名称		参数值		
		2BXS-9 型	2BXS-10 型	2BXS-12 型
外形尺寸（长×宽×高）(mm)		1 530×2 030×1 300	1 530×2 160×1 300	1 530×2 350×1 300
配套动力（kW）		36.8～44.1	40.4～51.5	51.5～58.8
工作幅宽（mm）		1 650	1 800	2 000
播种行数	小麦（行）	9	10	12
	玉米（行）	3	3	4
工作效率（hm²/h）		0.26～0.46	0.33～0.53	0.40～0.67

（2）智能免耕施肥覆盖旋播机　智能免耕施肥覆盖旋播机综合应用了信息技术，传感技术和自动化技术，首创将农机具智能化，提高了机具的作业质量、作业效率和适用性。

豪丰牌智能免耕施肥覆盖旋播机的主要技术参数见表 2-10。

表 2 - 10　豪丰牌智能免耕施肥覆盖旋播机的主要技术参数

参数名称	参数值	
	2BMXS - 3/10 型	2BMXS - 4/12 型
外形尺寸（长×宽×高）（mm）	1 520×2 160×1 330	1 520×2 550×1 330
配套动力（kW）	36.8～44.1	44.1～58.8
播种行数（行）	10（小麦）；3（玉米）	12（小麦）；4（玉米）
施肥行数（行）	5（小麦）；3（玉米）	6（小麦）；4（玉米）
旋耕幅宽（mm）	1 800	2 200
工作效率（hm²/h）	0.47～0.6	0.6～0.73

3. 布谷牌常量小麦播种机　布谷牌常量小麦播种机由石家庄农业机械股份有限公司生产，播种行数为 2～48 行，配套拖拉机动力为 11～103 kW，可以满足用户的不同需求。主要生产的常量小麦播种机有：2BF - 24 谷物播种机、液压播种机、悬挂式谷物播种机、2BFG - 14 旋耕播种机等，主要机型如图 2 - 33 所示。

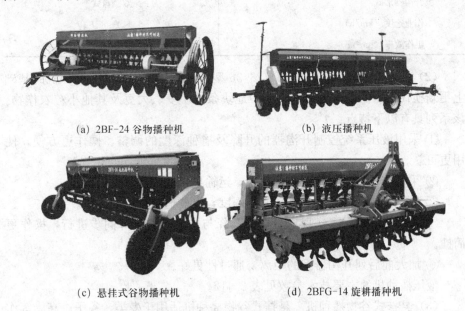

(a) 2BF-24 谷物播种机　　　　　　(b) 液压播种机

(c) 悬挂式谷物播种机　　　　　　(d) 2BFG-14 旋耕播种机

图 2 - 33　布谷牌常量小麦播种机

（1）2BF - 24 谷物播种机　2BF - 24 谷物播种机与 29.4～73.5 kW 拖拉机配套，牵引式作业。适用于麦类、谷子、高粱等作物的条播。播种的同时可施化肥，一次作业可完成播种、施肥、覆土、镇压等工序。该机可单机作业，也可多台组合作业。

2BF-24 谷物播种机的主要技术参数见表 2-11。

表 2-11　2BF-24 型谷物播种机的主要技术参数

参数名称	参数值
配套动力（kW）	29.4～73.5
外形尺寸（长×宽×高）（mm）	3 485×4 280×1 440
整机质量（kg）	1 370
工作幅宽（mm）	3 600
播种行数（行）	24
基本行距（mm）	150
播种深度（mm）	40～80
种箱容积（L）	300
肥箱容积（L）	390
开沟器形式	双圆盘式
作业速度（km/h）	4～8
工作效率（hm²/h）	1.6～2.7

（2）液压播种机　2BFY-24/28/36 型播种机是在传统牵引播种机的基础上更新换代的产品，比较适合于大中地块条播小麦、大豆及其他小粒农作物。该系列具有以下特点：

① 采用液压系统控制开沟器的升降及播种深度的调整，操作更方便，使用更可靠。

② 采用胶轮作为行走轮和驱动轮，运输更快捷，播量更精确。

③ 采用钢制开沟器，具有较好的强度，更能适应较硬的土壤。

④ 采用联动装置，实现划行器的升降与开沟器的升降同步进行，操作更简捷。

⑤ 加大前后列开沟器间的距离，通过性更好。

液压播种机的主要技术参数见表 2-12。

（3）悬挂式谷物播种机　悬挂式谷物播种机适用于麦类、谷子、高粱等作物的条播。2BFX-16、2BFX-18 和 2BFX-24 型在播种的同时可施化肥，一次作业可完成播种、施肥、覆土、镇压等工序。

悬挂式谷物播种机的主要技术参数见表 2-13。

表 2-12　2BFY-36 型液压播种机的主要技术参数

参数名称	参数值
外形尺寸（长×宽×高）(mm)	6 170×4 030×1 650
整机质量（kg）	1 900
工作幅宽（mm）	5 400
播种深度（mm）	30～80
配套动力（kW）	48～74
传动方式	链条传动
肥箱容积（L）	320×2（个）
种箱容积（L）	350×2（个）
排种器形式	铁制外槽轮
工作效率（hm²/h）	3～4.3
基本行距（mm）	150（可调）
作业速度（km/h）	7～10
开沟器形式	双圆盘式
前后开沟器距离（mm）	260
离合器结构	牙嵌式

表2-13　悬挂式谷物播种机的主要技术参数

参数名称	参数值				
	2BFX-16 型	2BX-18 型	2BFX-18 型	2BX-24 型	2BFX-24 型
配套动力（kW）	40～59	40～59	40～59	40～59	51～59
外形尺寸（长×宽×高）(mm)	1 800×2 500×1 420	1 840×2 800×1 220	2 000×2 800×1 220	1 800×3 800×1 420	1 800×3 800×1 420
整机质量（kg）	500	500	600	650	850
作业幅宽（mm）	2 400	2 700	2 700	3 600	3 600
播种行数（行）	16	18	18	24	24
基本行距（mm）	150	150	150	150	150
播种深度（mm）	40～80	40～80	40～80	40～80	40～80
种（肥）箱容积（L）	200（170）	245	225（200）	370	370（265）
作业速度（km/h）	4～6	4～6	4～6	4～8	4～8
作业效率（hm²/h）	1.1～1.6	1.2～1.6	1.2～1.6	1.2～2.7	1.6～2.7

（4）2BFG－14 型旋耕播种机　2BFG－14 型旋耕播种机一次作业可完成旋耕、播种、施肥、镇压等工序。

2BFG－14 型旋耕播种机的主要技术参数见表 2－14。

表 2－14　2BFG－14 型旋耕播种机的主要技术参数

参数名称	参数值
配套旋耕机	1GQN－200
配套动力（kW）	40～59
整机质量（kg）	305
作业幅宽（mm）	2 150
作业行数（行）	12/14（小麦）；5（玉米）
基本行距（mm）	155
播种深度（mm）	30～80
种（肥）箱容积（L）	77（72）
作业效率（hm²/h）	0.6～0.8

五、常量小麦播种机的使用与调整

1. 行距的调整　播种行距由农业技术要求决定。各种播种机的行距均可调整，以满足农业技术要求。一般按开沟器梁长度 L 及行距 b 来确定行数 n。

$$n=L/b+1$$

n 一般取整数，开沟器应对称于机组中心线配置。常量小麦播种机前后开沟器应互相错开，当播种行数为原机的一半以下时，可全部装后列开沟器。开沟器固定后，必须检查实际行距，并进行校正。

2. 开沟器的安装与调整　根据行距的要求，从播种机的中心线开始，依次分两排安装前、后开沟器，并调整好开沟深浅调节装置，保证各开沟器开沟深度一致。可以通过田间的试播来验证开沟深度是否符合要求。具体的检查方法是：在已播种覆土的行上，扒开覆土直到露出种子，然后用尺子测量种子到地表面的距离，测量每个开沟器行内的 5 个点，以确定播深是否符合要求。

当规定播深为 3～4 cm 时，实际播深的偏差不应超过±0.5 cm。

当规定播深为 4～6 cm 时，实际播深的偏差不应超过±0.7 cm。

当规定播深为 6～8 cm 时，实际播深的偏差不应超过±1 cm。

3. 播种量的调整 播种机必须按规定的播种量播种。播种量过小或过大，都会影响产量。所以在播种前应按规定调好播种量，并在试播中进行校核。采用外槽轮式排种器的谷物条播机播种量的调整方法如下。

将播种机支架垫平，选好适宜的传动比和槽轮工作长度，装上种子，转动地轮使排种器充满种子，装上接种袋，然后检查调整各排种器的排种均匀性和播种机的总播量。

（1）各排种器的排种均匀性的调整 以接近播种机作业时的行走速度转动地轮 10～20 圈，称量每个排种器的实际排种量，称量精度为 0.5 g，计算出每个排种器排种量的平均值，比较各排种器实际排量与平均值的偏差，一般不得超过 2%～3%，若超过要求，应对单个槽轮的工作长度进行调整。

（2）总播量的调整 通常在机库或院场进行播前调整。首先选定排种间隙，初选排种传动比及槽轮工作长度。再将机器水平架起，使地轮悬空。在种子箱内加入种子，转动地轮数圈，使排种杯内充满种子，然后在输种管下放好盛接种子的容器，以 20～30 r/min 的转速，均匀转动地轮 n 圈（30 圈左右）。这时各排种器排出的种子总量应与根据播种量算得的排种量 G 一致，若误差超过 2%，应调整槽轮工作长度或传动比后重试，直到符合要求为止。试验时应排种量 G 可按下式计算：

$$G = QB\pi D(1+\delta)n/10\ 000$$

式中 G——全部排种器应排种量（kg）；

$\quad Q$——要求播量（kg/hm^2）；

$\quad B$——播种机工作幅宽（m）；

$\quad D$——地轮直径（m）；

$\quad \delta$——地轮滑移率；

$\quad n$——试验时地轮转动圈数。

（3）田间试播与校正 播种机工作时，因滑移率的变化、机器的振动、地形的变化等，实际播种量可能与室内试验不同，故应进行田间校核。校核方法如下：

① 选一已知长度的地块。

② 在种子箱内装入不少于种子箱容积 1/3 的种子，刮平后在种子箱内壁种子表面处做上记号。

③ 计算播种机播一趟的播种量 G_L，并将质量为 G_L 的种子加入种子箱。

$$G_L = QBL/10\ 000$$

式中　Q——播种量（kg/hm²）；

　　　B——播种机工作幅宽（m）；

　　　L——地块长度（m）。

④ 试播一趟，再刮平种子箱内种子表面，检查与所做记号是否一致。若不一致，可调整播种量再做试验。

4. 划印器长度的计算　在播种机上安装划印器，是为了保证邻接机组在往返行程中仍然能够使邻接行距准确。划印器多为悬臂式，由一个长度可调的直杆和一个能划出浅沟的球面圆盘构成，可以在未播种的地面上划出一条浅沟，供拖拉机驾驶员在下一行程时作为行进的标记。

划印器的长度与播种机在播种时的行走路线和播种机工作幅宽有关。

播种机作业时的行走路线有梭形播法、套播法、向心播法和离心播法，如图 2-34 所示。

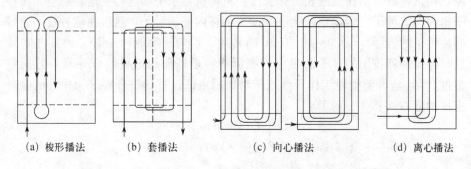

(a) 梭形播法　　(b) 套播法　　(c) 向心播法　　(d) 离心播法

图 2-34　播种机行走路线

（1）梭形播法　机组沿一侧进地，依次往返穿梭到地块的另一侧，最后播地头。这种播法较简单，不易漏播，实际播种中多采用此法，缺点是地头转弯的时间较长。

（2）套播法　播种前将大地块分成双数等宽的播种小区，小区宽度应为播种机工作幅宽的整数倍，然后跨小区进行播种，此法机组不用转小弯，容易操作。

（3）向心播法（同形播法）　机组从地块一侧进入，由外向内一圈一圈绕行，到地块中间播完。机组可以采用顺时针绕行或逆时针绕行。

（4）离心播法　机组从地块中间开始由内向外绕行，可以采用顺时针绕行或逆时针绕行。

向心播法和离心播法地头空行少，但播前需将地块分成宽度为机组工作幅宽整数倍的小区。

　　以拖拉机右前轮中心或右履带内侧对准划印器所划印迹、采用梭形播法时为例，来计算划印器的长度，如图 2-35 所示。

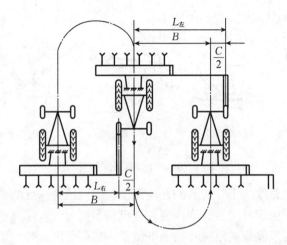

图 2-35　划印器长度的计算

$$L_左 = B - C/2$$
$$L_右 = B + C/2$$

式中　$L_左$——左侧划印器的长度（指左侧划印器划出的印迹到播种机中心线的水平距离，m）；

　　　$L_右$——右侧划印器长度（指右侧划印器划出的印迹到播种机中心线的水平距离，m）；

　　　B——播种机工作幅宽（m）；

　　　C——拖拉机前轮中心距或拖拉机履带内侧距（m）。

　　5. 播种深度的调整　播种深度是农业技术上严格要求的指标之一。过深、过浅或深浅不一，都将使出苗率降低，幼苗生长不均齐、不旺盛。播种深度一致是指种子上面覆盖的土层厚度一致。显然，在地面起伏不平时，播深一致的种子在土中也是高低不一的。因此，要保持播深一致就必须控制各播行的开沟器均能随地起伏而浮动，使它们的入土深度一致，在现有的播种机上控制开沟器入土深度的方法有以下几种（图 2-36）：

　　（1）在双圆盘开沟器上加装限深环（图 2-36a）。

　　（2）在滑刀式开沟器上加装限深板（图 2-36b）。

　　（3）锄铲式开沟器需改变其牵引铰点位置或增加配重（图 2-36c）。

（4）利用弹簧增压机构改变开沟器上的压力（图2-36d）。

（5）利用限深轮控制。

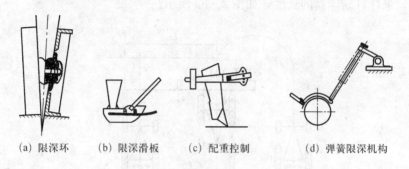

(a) 限深环　　　(b) 限深滑板　　　(c) 配重控制　　　(d) 弹簧限深机构

图2-36　开沟器限深装置

播种深度主要取决于开沟器的开沟深度。因而播种深度的调整主要是指开沟深度的调整。由于开沟器开沟深度调节机构不同，开沟深度的调整方法也不同。一般用改变限深板或限深环的上下位置，或调节限深轮、仿形轮或镇压轮相对于开沟器的上下位置来调节开沟深度。此外，可根据土壤的松软或坚硬程度，调节平行四杆上弹簧压力，或者改变机组的挂接点、增减配重以改变开沟器的入土力的大小来调节开沟深度。

例如，在松软的土壤中工作时，由于地轮下陷，开沟器入土过深时，可尽量减小弹簧压力，甚至当弹簧不起作用时，开沟器依靠自重也能入土。如果要求播种深度小于4 cm时，则应在每一开沟器上附装限深器，如滑板等。其次，覆土量的大小也影响播种深度，可以调节覆土机构（覆土器的长短或覆土板的倾角）来调节覆土量的大小，从而调整播种深度。

播种深度的测量方法有两种：一种是扒开种沟，寻找种子，测量其至地表的距离，即为播种深度；另一种是在苗期测定，拔出幼苗，测定苗根发白部分的长度，即为播种深度。如果测量的播种深度不符合农艺要求，应重新调整。

六、常量小麦播种机的使用与维护

1. 播种机使用前的准备工作

（1）播种机与拖拉机的挂接。播种机在播种作业时应该保持机架前后、左右都水平，从而保证开沟器开沟深度一致、排种（肥）正常。

牵引式播种机可通过改变牵引点的高低位置，保证播种机作业时机架前后是水平的。通过调节播种机左右两地轮的高度，可以使播种机作业时保持左右水平。

悬挂式播种机可通过改变拖拉机悬挂上拉杆的长度，保证播种机前后水平。播种机的左右水平可通过改变拖拉机悬挂右吊杆的长度来调节。

（2）对播种机上需要润滑的部位加注润滑油。检查传动机构的齿轮、链轮啮合情况，确保转动部件运转灵活，无卡滞现象。裸露的齿轮、链轮、链条处禁止涂抹润滑油，以免粘上尘土，导致加剧磨损。

（3）检查紧固件是否紧固牢靠，未拧紧的要拧紧。

（4）检查开沟器的排列、间距、运输间隙是否正确。

（5）种（肥）箱内不能有杂物，以免损坏排种（肥）器。所用的种子和肥料必须清洁，肥料结块应击碎。

（6）按照机具使用说明书的要求，调整各工作部件及结构，使播种机达到良好的技术状态。

2. 播种机作业中的注意事项

（1）根据地块情况选好行走路线。划好地头开沟器的起落线，地头线的宽度一般应取播种机工作幅宽的 3～4 倍，以免最后播地头时重播或漏播。

（2）播种时应保持直线匀速行进，中途尽量避免停车。如必须停车，再次启动时要先将开沟器升起，后退 1 m 左右，方可进行播种作业，以免造成漏播。

（3）农机手在播种作业时，要经常观察播种机各部分的工作是否正常。特别要注意排种（肥）器是否正常工作，输种（肥）管有无堵塞，种（肥）箱内的种子、肥料是否足够，划印器工作是否正常，开沟器有无挂草堵塞等。发现问题，应立即向拖拉机手发出信号，停车进行解决。工作部件和传动部件粘土或缠草过多时，应停车清理。种肥箱内的种子和肥料不要全部播完，至少应保留足以盖满全部排种器、排肥器的量，以防断播。

（4）地头转弯时，要升起开沟器，减速缓行，以免损坏机具。

（5）机具与具有力调节、位调节液压悬挂机构的拖拉机配套时，应注意：作业时禁止使用力调节，以免损坏机具；工作时，使用位调节，必须将力调节手柄置于"提升"位置。机具下降，位调节手柄向下方移动，反之机具上升。机具达到所需深度后，用定位装置将位调节手柄挡住，以利于机具每次下降到同样的深度。

机具与具有分置式悬挂机构的拖拉机配套时，应注意：工作时，分配器手柄置于"浮动"位置。机具入土到适当深度时，定位卡箍挡块固定下来。机具下降后，不可使用"压降"位置，以免损坏机具。下降或提升机具时，手柄向"下降"或"提升"方向移动，达到要求位置。不要在"压降"和"中立"位置停置。

（6）播拌药的种子时，接触种子的人员应戴口罩和手套等防护用具。播后的剩余种子要妥善处理，以防中毒和污染环境。

3. 播种机的班次维护　每班工作（8～16 h）结束后，应进行以下维护。

（1）彻底清除传动机构、排种器、开沟器、机架等部位的泥土、杂草，以便检查各部位的技术状态。

（2）检查各部件是否有变形、损坏等，要及时修复或更换。

（3）检查排种轮卡箍、开沟器拉杆固定螺栓等紧固部位的紧固情况，若有松动应及时拧紧。

（4）检查和润滑所有传动机构和转动部件，必要时进行调整或修理。

（5）及时清理种（肥）箱里的剩余种肥，防止腐蚀机件。

（6）盖严种箱和肥箱，必要时用苫布遮盖，防止杂物进入和受潮。

（7）落下开沟器，将机体支稳。

4. 播种机的保管　播种作业完全结束后，机具要放置很长时间，到下个作业季节时才再使用，做好机具的保管工作，对延长机具的使用寿命有重要意义。为做好机具的保管工作，要注意以下几个方面。

（1）清除机具上的泥土、油污以及种子箱和肥料箱内的种子、肥料。

（2）拆下开沟器、齿轮、链轮等易磨损零件，清除尘土、油污，对损坏零件进行修理或更换。对易锈部位涂上防锈油，然后装复或分类存放。

（3）清洗轴承和转动部件，在各润滑部位加注足够的润滑油。

（4）对脱漆部位要重新涂上防锈漆。

（5）放松链条、带、弹簧等，使之保持自然状态，以免变形。

（6）将开沟器支离地面。将机具停放在干燥通风的库内。塑料和橡胶零件要避免阳光和油污的侵袭，以免加速老化。

七、常量小麦播种机的常见故障诊断与排除

常量小麦播种机的常见故障主要有：漏播、播深不一致、行距不一致、播量不一致、开沟器堵塞等。

1. 漏播（种沟内无种子）　播种机漏播的故障原因与排除方法见表2-15。

表 2 – 15　漏播（种沟内无种子）的故障原因与排除方法

故障原因	排除方法
输种管堵塞脱落	经常检查排除
输种管损坏	修理或更换
土壤湿黏，开沟器堵塞	在适合条件下播种
种子不干净，堵塞排种器	将种子清选干净

2. 播深不一致　播种机播种播深不一致的故障原因与排除方法见表2 - 16。

表 2 – 16　播深不一致的故障原因与排除方法

故障原因	排除方法
播种机机架前后左右不平	与拖拉机正确挂接，调平机架
各开沟器安装位置不一致	调整一致
播种机机架变形，有扭曲	矫正变形

3. 行距不一致　播种行距不一致的故障原因与排除方法：一是开沟器配置不正确，此时应正确配置开沟器；二是开沟器固定螺丝松动，应重新紧固以排除故障。

4. 播量不一致　播量不一致的故障原因与排除方法见表 2 - 17。

表 2 – 17　播量不一致的故障原因与排除方法

故障原因	排除方法
地面不平，土块过多	提高整地质量
排种轮工作长度不一致	正确调整排种轮工作长度
排种舌开度不一致	调整排种舌开度，并使各行保持一致
播量调节手柄固定螺丝松动	重新紧固在合适位置

5. 双圆盘开沟器堵塞、壅土　双圆盘开沟器堵塞、壅土的故障原因与排除方法见表2-18。

表 2 – 18　双圆盘开沟器堵塞、壅土的故障原因与排除方法

故障原因	排除方法
圆盘转动不灵活	增加内外锥体之间的垫片
圆盘左右晃动而张口	减少内外锥体之间的垫片
开沟器内导种板与圆盘的间隙过小	调整间隙
地面不平，作物残茬过多	提高整地质量，消除地面残茬
开沟器未提升前就倒车	提升开沟器后再倒车
土壤湿度过大	控制播种时的土壤湿度

6. 邻接行距不正确 出现邻接行距不正确的故障原因与排除方法：一是划印器臂长度不对，要及时校正划印器臂的长度；二是机组行走不直，应要求驾驶员严格走直。

第三节 精量小麦播种机的使用与维修

精量播种（又称精密播种）是与普通播种机的粗放性相比较来说的，在播种量、行距、株距、播深等方面都比较精确。比普通播种机的播种量要少，在保证个体发育的田间光照及养料充足的前提下，实现个体的健壮成长，使得成穗足且大、果穗粒多而重，从而实现高产。

虽然采用精量播种可以节约用种量，但是精量播种也需要一定的条件，否则会达不到节约成本、增加产量的目的。

一、精量小麦播种机的技术要求

1. 确定地块 地块应满足以下条件：便于机械作业、土层深厚而疏松，一般要求土层深度为 80 cm、活土层 95 cm 以上，总孔隙度 50%～55%，空气孔隙度 12% 以上，耕层容重 1.1～1.3 kg/L；土壤肥力好，要求土壤有机质含量在 1% 以上。

2. 施足底肥 每公顷施土杂肥 4.5 万～6 万 kg。每公顷施用化肥量，标准氮肥 180～225 kg，磷、钾肥 450～750 kg，缺锌的地块每公顷还要施硫酸锌 18 kg。

3. 精细整地 整地深度应达到 20～25 cm，耕后耙细，整平地表，无明暗坷垃，以利于播种。

4. 选用良种 选择适于当地栽培的高产品种，播种前对种子进行加工处理，使其符合播种要求。

5. 减少播量 要求每公顷播量一般为 45～90 kg，基本苗 45 万～180 万株。由于播量减少了，因此播种要均匀，不能出现重播、漏播现象。

6. 扩大行距 常量播种行距一般为 15 cm，小麦精量播种机行距加大到 20～30 cm。要求行距一致，尤其行衔接处，如无把握保持一致，播种机上应安装划印器。

7. 适时播种 小麦精量播种应严格掌握播期，各地在进行精播时要根据当地情况选择最佳播期。其要求是，从播种到越冬，有 0 ℃以上积温 6～7 ℃为宜。适宜的播种深度，根据土质、墒情和种子大小而定，一般以 3～5 cm 为宜。

二、精量小麦播种机的结构原理

与小麦精量播种技术配套的播种机有两类：一类是适用于旱茬地作业的 2BJW 系列锥盘式小麦精量播种机；另一类是适用于稻、麦轮作地区和黏重土壤地区作业的小麦旋耕精量播种机。

1. 锥盘式小麦精量播种机　锥盘式小麦精量播种机已形成 3 行、6 行、9 行、12 行系列产品，为中、小型轮式拖拉机与畜力配套，适用于旱茬地作业。具体可分为 3 行畜力配套和 6 行、9 行轮式拖拉机配套两大类。

（1）结构特点　锥盘式小麦精量播种机系列产品有以下几大结构特点：

① 锥盘式精量排种器"一器三行"，比一般精量排种器多 2 行，结构简化，效率提高。

② 机引小麦精量播种机采用单梁结构和"一器三行"的播种单体形式，变型简便，仿形灵活。

③ 箭铲式开沟器为国内首创，结构精巧，开沟工艺性好，湿土直接覆盖种子，出苗早，出苗齐。

④ 采用自行车链条齿轮传动，平稳可靠，改、换速比简便。

（2）组成　锥盘式小麦精量播种机由平行四连杆仿形机构、排种器、机架、开沟器、镇压轮、传动机构等部分组成，如图 2-37 所示。

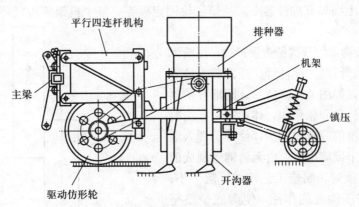

图 2-37　锥盘式小麦精量播种机

① 平行四连杆仿形机构。锥盘式小麦精量播种机采用平行四连杆仿形结构，如图 2-38 所示，以保证每个播种单体中 3 个箭铲式开沟器随地面的起伏，保持入土深度的稳定性和入土角不变。该结构由上拉杆、下拉杆、前支

架、后支架、回转销轴、
仿形轮和悬臂、限位杆等
部分组成。其中仿形驱动
轮具有支承、仿形、驱动
等多种功能，并且在轮缘
上铸有抓地爪，从而增加
了地轮的附着力，减少了
打滑。播种机的地轮，特
别是开沟器的支承轮，随
地面起伏而上下转动，从
而使开沟器工作深度始终
平行于地表面，达到播种
深度的一致性。

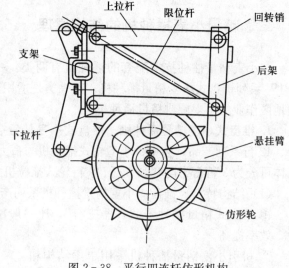

图 2-38　平行四连杆仿形机构

　　② 排种器。锥盘式精
量排种器最突出的结构特点是，一个排种器包容 3 个投种口，即一个排种器同
时播种 3 行，它比一般排种器提高工效 2 倍，结构简单、重量轻，节约钢材。

　　③ 机架。机架是播种单体的骨架，前边与仿形驱动轮或地轮相连，中间
固定开沟器，后面与镇压轮组相连。每个机架实际上构成了一个 3 行播种机。
它由 30 mm×30 mm×3 mm 或 40 mm×40 mm×4 mm 的角钢焊成长方形封闭
框架，其上面焊有排种器支架及镇压轮固定板等。整个机架结构轻巧，刚度、
强度好。

　　④ 开沟器。开沟器为箭铲式，由箭形
开沟器体、后踵、导种管、开沟器立柱等
部分组成，如图 2-39 所示。箭形开沟器
体的铲面外角和张角小，体形窄，开沟时
对干湿土壤的翻转掺和少，使种子埋入湿
土内，利于保墒出苗；由无缝钢管制成的
导种管强度好，制造工艺简单，阻力小；
后踵起挤压沟底的作用，使沟底平整坚
实，利于土壤下层水分上移，并能防止开
沟器腔管的堵塞；开沟器立柱是支承臂，
能满足开沟深度调节的需要。

　　当播种机作业时，箭铲式开沟器扎

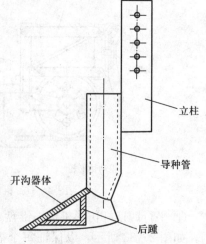

图 2-39　箭铲式开沟器

入土层，潜入地下，随着机组的不断前进，开沟器将土层轻轻抬起，土流绕开沟器导管向后流出，直接覆盖沟底的种子。在开沟器工作过程中，种子完全被湿土掩埋，加之沟底坚实，利于种子发芽，出苗效果好。

⑤镇压轮装置。镇压轮装置主要由镇压轮、拉杆、压杆、弹簧、弹簧压板、镇压轮轴等部分组成，如图 2-40 所示。

当开沟播种后，虽已有覆土盖好种子，但根据精量播种对种床的农艺要求，还必须对种床上部及时镇压，方能达到土种密接和上虚下实的土壤密度要求，以利毛细水分上升和种子发芽。

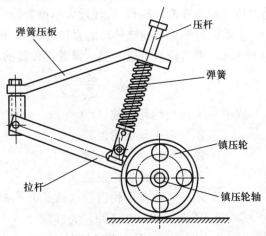

图 2-40　镇压轮组合

⑥传动机构。传动机构是播种机的动力传导和定量装置。该机采用链轮—齿轮传动系统，如图 2-41 所示。由于它采用自行车链传动，结构简单，传动平稳，维修方便，价格便宜。

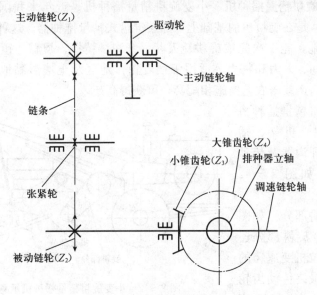

图 2-41　链轮齿轮传动系统

传动机构由驱动轮、主动链轮（Z_1）、被动链轮（Z_2）、链条、张紧轮 7、小锥齿轮（Z_3）、大锥齿轮（Z_4）、排种器立轴等部分组成。

工作时，驱动轮沿地面滚动，主链轮（Z_1）随之一起转动，通过链条将动力传给被动链轮（Z_2），再经过大小锥齿轮，使排种器转动。

主动链轮轴与调速链轮轴的直径均为 16 mm，随机所带 6 个链轮，内径均为 16 mm，两者位置可以互换。锥盘排种器的工作转速 $N_排$ 为：

$$N_排 = \frac{Z_1 \times Z_3}{Z_2 \times Z_4} N_1 = i_1 \times i_2 \times N_1$$

式中　N_1——地轮转速（r/min）；

　　　Z_1——主动链轮齿数；

　　　Z_2——被动链轮齿数；

　　　Z_3——小锥齿轮齿数（12 齿）；

　　　Z_4——大锥齿轮齿数（23 齿）。

$i_2 = Z_3/Z_4 = 12/23 = 0.522$，为常数。

$i_1 = Z_1/Z_2$ 可变，且有两种情况：

当 $Z_1 > Z_2$ 时，排种器增速，播种量增大；

$Z_1 < Z_2$ 时，排种器减速，播种量减少。

根据播种需要，可以适当选择 i_1。

2. 小麦旋耕精量播种机　小麦旋耕精量播种机是近年来我国最新开发研究的新机型，是在旋耕机的基础上，加装锥盘式精量排种器。这种精量播机不需进行耕整地，能一次完成旋耕、灭茬、开沟、精播、覆盖、镇压等多道工序，节约时间、人力和物力，适用于稻麦轮作地区及土壤湿黏地区的精播作业，与精播高产栽培农艺措施相配套，可获得高产。

小麦旋耕精量播种机主要由旋耕、机架、播种、施肥、开沟器及传动部分组成，如图 2-42 所示。

（1）旋耕部分　如图 2-43 所示，旋耕部分连接在手扶拖拉机变速箱的后部，通过最终传动齿轮带动犁刀轴，使犁刀旋

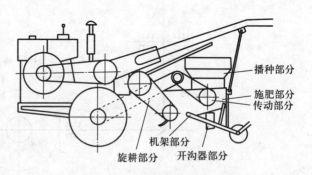

图 2-42　小麦旋耕精量播种机示意图

切，完成灭茬、碎土、覆盖种子的作业。

（2）机架部分　如图2-44所示，支架用4根螺栓连接在旋耕部分两侧板上，其作用是安装种子箱和肥料箱等部件，连接杆前端固定在旋耕部分的犁刀传动箱上，用来连接镇压轮及调节深浅。

（3）播种部分　播种机作业时，通过传动系统使排种器沿顺时针方向转动。种子在锥面型孔盘旋转带动下作相同方向的圆周运动。圆锥斜面盘上的种子不断下滑，充满周围的环带，部分种子囊入型孔之内，随圆盘一起转动，当型孔经过限量刮种器时，多余的种子被推出。型孔内的种子经过投种孔自行下落，或在投种器的作用下掉入输种管内，沿输种管落入旋耕层的下部，再由旋耕刀抛出的土覆盖，完成播种过程。

（4）施肥部分　当排肥拨轮转动时，肥箱内肥料被拨轮板推动，经肥量调节板至排肥口，落入输入漏斗，如图2-45所示。

（5）开沟部分　开沟部分采用箭铲式开沟器。工作时，开沟器向前推移，

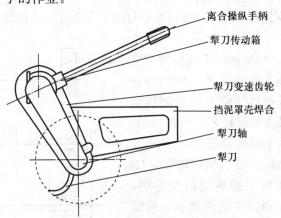

离合操纵手柄
犁刀传动箱
犁刀变速齿轮
挡泥罩壳焊合
犁刀轴
犁刀

图2-43　旋耕部分结构示意图

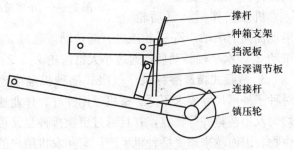

撑杆
种箱支架
挡泥板
旋深调节板
连接杆
镇压轮

图2-44　机架部分结构示意图

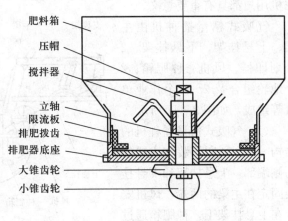

肥料箱
压帽
搅拌器
立轴
限流板
排肥拨齿
排肥器底座
大锥齿轮
小锥齿轮

图2-45　施肥部分结构示意图

对铲面前上方的土层进行挤压而达到开沟的目的。由于其体形较窄，所以对土壤翻转掺混少，能让种子与湿土直接接触，有利于出苗。

（6）传动部分　如图2-46所示，传动机构有半轴主动链轮 Z_1、中间传动轴被动链轮 Z_2、中间传动轴主动链轮 Z_3、排种（肥）水平轴被动链轮 Z_4、小锥齿轮 Z_5、大锥齿轮 Z_6，I轴为手扶拖拉机左半轴，II轴为中间传动轴，III轴为排种（肥）水平轴，IV轴为排种（肥）立轴。

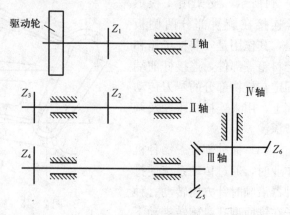

图2-46　小麦旋耕精量播种机传动示意图

机器工作时，驱动轮沿地面向前滚动，Z_1 链轮随之一起转动，通过 Z_1 链条带动 Z_2 转动，再由 Z_3 带动 Z_4，水平轴转动后，通过小大锥齿轮 Z_5、Z_6 使排种（肥）器工作。

3. 气吸式精量播种机　气吸式播种机经生产实践得知，具有不伤种子、对种子外形尺寸要求不严、整机通用性好、作业速度高、种床平整、籽粒分布均匀及出苗整齐等优点，并且通过更换排种盘又可实现播种玉米、大豆等多种作物，因而越来越受播种机生产厂家和农机用户的重视。因此，了解气吸式精量播种机的工作原理，掌握和分析其工作性能影响因素，无论对生产厂家还是农机用户都具有重要意义。

气吸式精量播种机由主梁、上悬挂架、下悬挂架、2个划印器、风机、种肥箱、2个地轮组合及 2～4 个作业单机等组成，如图 2-47 所示。

（1）气吸式精量播种机的结构　2个划印器装在主梁的两侧端部，上悬挂架和下悬挂架固定在主梁的两端，风机安装在上悬挂架上，种肥箱通过支架固定在主梁上，其特征在

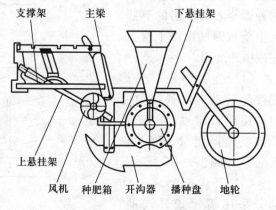

图2-47　气吸式精量播种机

于 2～4 个作业单体及 2 个地轮组合平行并联装配在主梁上，组成 2 行或 4 行联合作业机。

作业单体包括施肥开沟器、仿形机构、排种开沟器、覆土镇压机构。

施肥开沟器安装在主梁上，播种开沟器通过仿形机构安装在主梁上，覆土镇压机构装在排种开沟器的后部。

此机型可在未耕翻的麦茬地上直接进行破茬开沟、施肥、播种，也可以在玉米茬地经秸秆还田后进行圆盘开沟、播种、覆土、镇压等工序。

这种机型不仅可以抢农时、增加土壤的有机质、改善土壤结构，还可以节省大量的工时、种子、能源，增加产量等。

由于气吸式精量播种机投种点低、种床平整、籽粒分布均匀、种深一致以及出苗整齐等符合农艺要求的特点，越来越受到人们的欢迎。在播种机气吸体上更换不同的排种盘和不同传动比的链轮，即可精量播种玉米、大豆、高粱、小豆以及甜菜等多种作物。气吸式播种机可单行、双行作业，通用性强，并能一次完成侧施肥、开沟、播种、覆土和镇压作业。

（2）气吸式精量播种机的工作原理　气吸式播种机工作是由高速风机产生负压，传给排种单体的真空室。排种盘回转时，在真空室负压作用下吸附种子，并随排种盘一起转动。当种子转出真空室后，不再承受负压，靠自重或在刮种器的作用下落在沟内。其工作质量可以用空穴率、重播率来评价。主要影响因素有真空度、吸孔形状、种子大小以及刮种器的构造和调整等。

① 真空度。真空度越大，则吸附种子的能力越强，越不容易产生空穴，但单个吸孔吸附几粒种子的可能性加大，使重播率增高。

② 吸孔直径。吸孔越大，吸孔处对种子的吸力越大，同样可使空穴率减少、重播率增高。

③ 刮种器。它的作用是刮去吸孔吸附的多余种子，降低重播率。在工作中，由于机具的装配质量不好或运动中碰撞，使刮种器与排种盘之间的距离产生变化，或导致碎种，或达不到刮种的目的。刮种器与排种盘之间的距离（L）应该为 $0.5D$（种子平均直径），使种子无法进入刮种器与排种盘之间形成的间隙。此时，刮种器能将多余的种子刮落到吸种区，处于正常刮种状态。

当 $L > D$ 时，种子将通过刮种器与排种盘之间形成的间隙，因而达不到刮种的目的。

当 $0.5D \leqslant L \leqslant D$ 时，种子将在压力和摩擦力作用下随排种盘转动，被挤进刮种器与排种盘形成的间隙中，因而种子将被挤碎或挤扁。这是此种播种机产生碎种的唯一原因。

④ 风机。它是产生负压以供排种器吸附种子的关键部件，风机叶轮高速旋转以产生高的负压，风机风力小、风管漏气或风管直径小均会产生排种器真空室真空度小，吸不上种子而产生漏播现象。

三、精量小麦播种机的排种器

精量小麦播种机一般采用点播排种器，可对小麦进行穴播或单粒精密点播。穴排时排种器将几粒种子成簇地间隔排出，而单粒精密播种时，则按一定的时间间隔排出单粒种子。点播排种器的工作过程包含囊种、清种、护种和投种。囊种是用型孔或气力将种子从种箱中分离出来，并充填入型孔或由气力吹附在吸孔上。型孔或吸孔通过种群时，可能有多余种子充入型孔或吸附在吸孔上，需清除多余的种子才能保证穴粒数。清种之后，每个型孔或吸孔上携带有要求的种子粒数，为保证种子在送往排种口的过程中不掉出，能顺利到达投种处，在输送过程中需对种子进行保护。由型孔或吸孔携带的种子运动到投种口时，应及时将种子投出，否则将影响株距或穴距的精确。

1. 类型与要求　按囊种原理可将点播排种器分为机械式和气力式两大类。机械式点播排种器是根据种子的大小及粒型，用型孔将种子从种箱中分离出来并排列整齐，然后播出。气力式是用气力将种子从种箱中分离出来，种子被吸附并排列在排种盘上，然后播下。过去采用型孔原理的机械式排种器应用较广，近几年来，采用气力式排种器的播种机日益增多，在生产中广泛应用。

几种点播排种器的工作原理及特点见表 2 - 19。

表 2 - 19　几种点播排种器的工作原理及特点

类型	简图	工作原理	特点和适用范围
水平圆盘式排种器		当水平排种圆盘回转时，种子箱内的种子靠自重充入型孔并随型孔转到刮种器处，自刮舌将型孔上的多余种子刮去。留在型孔内的种子运动到排种口时，在自重和推种器的作用下，离开型孔落入种沟，完成排种过程	水平圆盘式排种器结构简单，工作可靠，均匀性好，使用范围广，但对高速播种的适应性较差

（续）

类型	简图	工作原理	特点和适用范围
窝眼轮式排种器	刮种板 护种板 窝眼 窝眼轮	种子箱内的种子靠自重充入窝眼轮的窝眼内，当窝眼轮转动时，经刮种板刮去多余种子后，窝眼内的种子随窝眼沿护种板转到下方一定位置，靠重力或由推种器推入输种管，或直接落入种沟。单粒精播时每个窝眼内要求只容纳一粒种子	窝眼的型孔形状有圆柱形、圆锥形和圆弧形。为了便于种子充填和刮种时减少种子损伤，型孔上带有前槽、尾槽和倒角。充种角越大，充种路程越长，种子进入窝眼内的机会越多，充填性能越好
型孔带式排种器	种子箱 监测器触点 监测器滚轮 驱动轮 清种投种刷 型孔带	种子从种子箱靠自重流入种子室，并在排种型孔带运动时进入型孔内依次排列。充有种子的型孔运动到清种轮下方时，与排种带移动方向相反旋转的清种轮将多余种子清除。排种带型孔内的定量种子离开鼓形托板后，靠重力落入种沟	通用性好，可更换不同型孔的排种带进行单粒点播、穴播和带播；种子损伤率低，粒距均匀性好。但不适于较高速作业，对种子要求较严
气吸式排种器	抽气管 清种器 真空室 排种盘 种子箱	气吸式排种器是利用真空吸引力原理排种的。当排种圆盘回转时，在真空室负压作用下，种子被吸附于吸孔上，随圆盘一起转动。种子转到圆盘下方位置时，附有种子的吸孔处于真空室之外，吸力消失，种子靠重力或推种器下落到种沟内	通用性好，更换具有不同大小吸孔和不同吸孔数的排种盘，便可适应各种不同大小的种子及株距要求。但气室密封要求高，结构较复杂，易磨损

（续）

类型	简图	工作原理	特点和适用范围
气吹式排种器	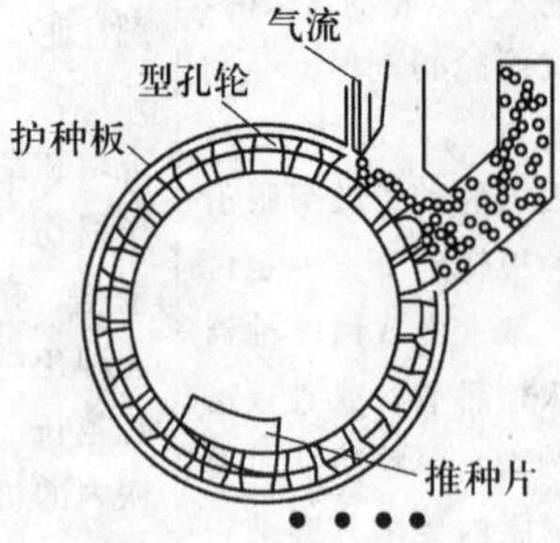	种子在自重作用下充入排种轮窝眼内，当盛满几粒种子的窝眼旋转到气流喷嘴下方时，在喷出气流作用下，窝眼内上部的多余种子被吹回到充种区。而位于窝眼底部的一粒种子在压力差作用下紧附在窝眼孔底。当窝眼进入护种区，种子靠自重从窝眼里滚落	窝眼做成圆锥形，外口直径较大，一个窝眼内可装入几粒种子，提高了充种性能，适于较高速作业播种。可以播种不精选分级的种子，对同一品种不同规格种子的排种可采用气流清种，使清种及排种性能大为提高
气压式排种器	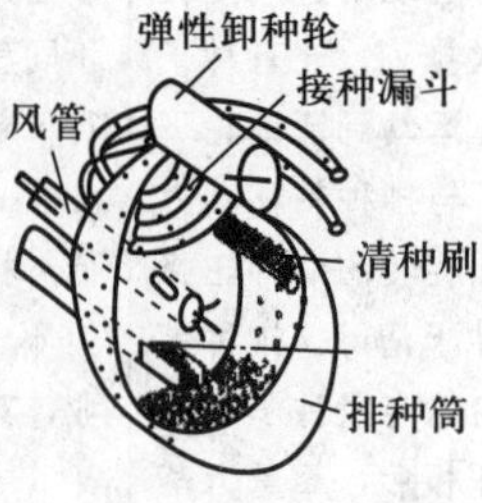	风机气流从进风管进入排种筒，部分气流通过筒壁小孔泄出，在窝眼孔产生压力差，使种子紧贴在窝眼内并随排种筒上升。当排种筒上方的弹性卸种轮阻断窝眼与大气相通的小孔消除压力差时，种子在重力作用下分别落到各行的接种漏斗内进入气流输种管，被气流输送到各行种沟内	用一个排种筒可播多行种子，结构紧凑、传动简单且通用性好，但株距合格率稍差

2. 气力式排种器 穴播能省去间苗、定苗工序，节约大量种子，便于机械中耕，已成为目前播种机发展的趋势。

气力式排种器在原理上突破了单纯机械强制作用的框框，它是用机械与气压的联合作用，将种子在无强制摩擦的作用下，送入种植沟内，这样种子破损率极少，填充性能也不受排种盘转速的影响，可以提高机器的前进速度。目前国内外穴播和精量播种的播种机上，气力式排种器已广泛应用。

根据气流对种子作用的方向不同，气力式排种器分为气吸式和气吹式两种。

（1）气吸式排种器 这种排种器的工作原理，如图 2 - 48 所示。当吸气泵工作时，通过吸气管在气吸室内吸气，使弧形气吸室内产生一定的真空度。由于吸种盘一边贴紧气吸室，另一边贴紧种子室，所以在种子室和气吸室之间产生了压力差。吸种盘上的吸种孔小于所播种子的通孔，在压力差的作用下，这个通孔就成了气流通道，种子室内的种子，被吸附在吸种孔上。吸种盘转动，被吸附的种子也随着转动，当种子转过气吸室时，由于它失去了压力差，便靠自重落下，通过输种管进入开沟器内。排种盘再转过一定高度，由毛刷刷净吸种孔，吸种孔再次进入气吸室，吸附种子，如此连续进行工作。

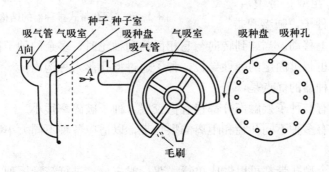

图2-48　气吸式排种器工作示意图

（2）**气吸式排种器**　图2-49为气吹式精量播种机上的排种器。这种排种器的工作过程是，种子在重力作用下从种子箱中滚入并充满排种轮上的漏斗形型孔内，型孔下面有一小于种子的通孔，形成气流通道。从压气喷嘴中吹出的气流，将型孔中多余的种子吹掉，只有一颗被气流压在漏斗下方的孔上，

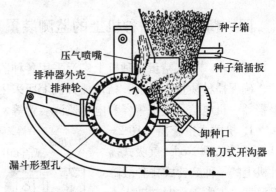

图2-49　气吹式排种器工作示意图

每型孔剩下的单粒种子，被旋转的排种轮送到开沟器下部，靠自重排出。

气吹式排种器的优点是：生产率较高和种子损伤率小，只要更换吸种盘或排种轮的规格，调节气压的大小，就可以精量条播和点播小麦，因而适应性广。

4. 型孔带式排种器　图2-50为精量播种机上的型孔带式排种器。这种排种器主要由带孔的型孔带、传动轮、刷种轮和排种监视器等组成。

排种器的工作过程是：在连续回转的橡胶型孔带上，按所播种子的大小，穿过略大于种子的孔洞，孔洞的距离根据播种的要求来确定，型孔带下面用固定弹性导板托住。种子从种子箱经调节活门落在型孔带上后，充满型孔的种子，随型孔带

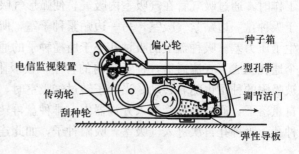

图 2-50　型孔带式排种器的结构

一起在导板上移动。当碰到转向与它相反的刮种轮时，多余的种子被刮去。这时，型孔带也越过固定的弹性导板，种子通过型孔落入种沟内。

这种排种器的优点是：

（1）所有与种子接触部分都包有橡胶层，种子破碎率很小。

（2）备有多种不同孔径和距离的型孔带，以适应各种不同大小和不同株距作物的要求。

（3）每个型孔带都可以做成单行、双行或三行，进行精量播种。

（4）设有电信监视器，随时可以监视排种情况，保证工作质量。

四、精量小麦播种机上的监测装置

近年来，一些精量播种机上广泛采用各种监测装置，以及时发现和排除故障，确保播种质量。目前，精量播种机上所采用的监测和报警装置，有机械式报警器、机电信号式报警器和电子监测装置等。

1. 机械式报警器　图 2-51 所示为法国 Nodet 气吸式播种机上的一种响铃式排种故障报警器。正常工作时，动力由方轴通过离合器带动排种器旋转。当排种器发生故障或者卡子而不能转动时，塑料销钉被剪断，离合器被动套不能转动，而装在主动套上的弹片仍随主动套继续转动。当弹片从

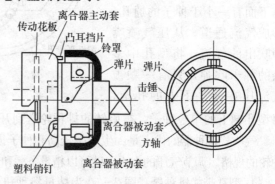

图 2-51　机械式报警器

被动套上的凸耳挡片越过时，弹片弹起，弹片上的小锤即敲击铃罩不断发出响声，以示警报。

2. 机电信号式报警装置　型孔带式排种器（参见表 2 - 19 中的插图）上所用的是一种机电信号式排种质量信号显示装置。其主要工作原理是：滚轮与型孔带密切接触并随着旋转，滚轮轮缘侧边有一与滚轮轴连通并一起接地的金属片。当滚轮转动，金属触片触及指示器的触点时，电路接通，指示灯亮，滚轮上没有金属片的部分触及触点时，指示灯熄灭。正常工作时，滚轮均匀转动，指示灯周期性闪亮。如果指示灯闪亮频率忽快忽慢或根本不灭或不亮，则表示型孔带的运动有故障，速度不匀或已停止不动。由此可以得知排种是否均匀，是否有漏播现象。

图 2 - 52 为添种预报装置示意图。浮动探测杆位于种子箱内种层表面上，作业中随着种子量的不断减少，有球头的杠杆随之下降。当种子箱内种子量减少到极限位置时，探测杆后端的动触头与静触点接触，接通电路，装在驾驶室内的指示灯发亮，也可在电路上接上蜂鸣器等声响装置，同时发出声响信号。

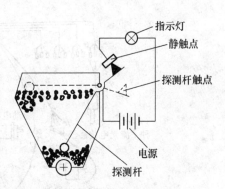

图 2 - 52　添种预报装置

3. 电子监测装置　现代播种机上的电子监视装置，一般由传感器、转换线路和信号显示装置构成。传感器多采用光电元件（包括可见光和红外线光等），安装在导种管上（图 2 - 53）。当种子

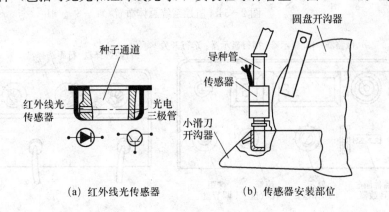

（a）红外线光传感器　　　　（b）传感器安装部位

图 2 - 53　光电传感器及其安装部位

通过传感器的种子通道时，遮断光束，使光电管发出信号，表示有种子通过。当某一播行发生故障，无种子通过时，驾驶室仪表盘上即显示该行的数码，并发出报警声响。

4. 现代播种机监控系统　现代播种机的电子监控系统不仅可以当场显示播种作业情况，还能对每一行的播量、每米粒数、排种器转速等进行调节控制。美国 CYC10-500 型播种机上配置的电子监控系统如图 2-54 和图 2-55

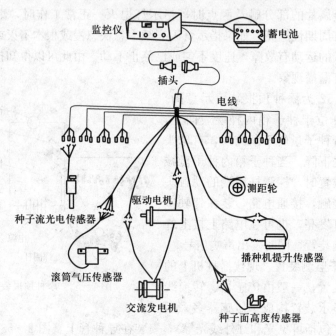

图 2-54　监控系统总体布置

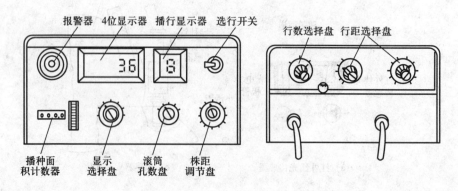

图 2-55　监控仪表盘

所示。该系统由 8 个基本部分构成：监控仪、监控线路、种子流光电传感器、测距传感器、转换器与驱动电机、播种机提升传感器及种子面高度传感器。监控仪表盘安装在驾驶室内驾驶员易于观察和操纵的部位。

监控仪各部分的工作性能和显示方法简述如下：

（1）报警器 当有一行或数行播种装置发生故障停止播种时，发出连续警报声。警报声如断断续续，则告知种子箱内种子量过少。

（2）显示选择盘与 4 位显示器 显示选择盘选定在不同刻位，4 位显示器显示内容有播种株距、播种量、滚筒转数、滚筒内气压。

（3）播行显示器 当选择盘在"播种量/转数"刻位时，显示播种行数，还可显示种子断条或停止工作的行数。此外，可显示字母 L，告知种子面过低。

（4）扫描同步选行开关 当选择盘开关在"播种量/转速"刻位时，若此开关对准"选行"位置，则可计算播种量的播行。若此开关拨至"扫描"位置，则自动连续扫描各行播种量。若此开关处于"同步"位置，则 4 位显示器在显示播量、播种株距的同时，播行显示器显示此行数。

（5）面积计数器与行数、行距选择盘口播种面积为播种幅宽与播种距离的乘积，而播种幅宽为行数与行距的乘积，播种距离由地轮上测距传感器检测。为保证面积计数正确，应按配置行数及行距相应调节行数、行距选择盘（在仪表盘背面）。

（6）滚筒孔数盘 用于选定滚筒排种孔数，以得到正确的株距。

（7）株距调节盘 用来选择所要求的株距。

（8）种子流断条显示 当监控系统工作时，任一行种子流中断，或每秒只有一粒种子落下，则发出警报声。同时，不正常的播行就显示在播行显示器上。当多行播种不正常时，轮流显示不正常播行。

（9）过高滚筒转速的显示 当滚筒转速超过 35 r/min 时，4 位显示器就短瞬闪亮。这时，应降低机组作业速度。由于滚筒超速旋转的惯性，播种机速度降低后延迟数秒才停止短瞬闪亮。

五、几种精量小麦播种机的使用

1. 2BJM - 6 型小麦精量播种机的使用

（1）播种量的调整 小麦精量播种机采用锥盘式排种器，其播种量的调整方法有两种：

一是要按播种量选择大型孔盘或小型孔盘，大型孔盘的播种量为 $105\sim180\ kg/hm^2$，小型孔盘的播种量为 $45\sim90\ kg/hm^2$；

二是改变传动比，通过更换链轮，可在小范围内调节播种量。

2BJM-6 型小麦精量播种机的传动比与播种量之间的对应关系见表2-20。

（2）播种量的测定与计算　在种子箱内加入 1/3 以上的种子，将播种机支离地面，使地轮悬空，并使机架保持水平，然后按与实际播种作业速度相同的转速匀速转动驱动轮30圈，测定各行的排种量，重复3次，取平均值，按下面的公式计算播种量：

$$Q = \frac{10\,000G}{\pi DNB(1+\delta)}$$

式中　Q——播种机的总播种量（kg/hm^2）；

　　　G——被测定行数的总排量（kg）；

　　　π——圆周率（取 3.14）；

　　　D——驱动轮直径（m）；

　　　N——驱动轮转动圈数（可取 30 圈）；

　　　B——被测定行数的工作幅宽（m）；

　　　δ——驱动轮平均滑移率（可取 10%，或按实际滑移率取值）。

表 2-20　2BJM-6 型小麦精量播种机的传动比与播种量之间的对应关系（kg/hm^2）

被动链轮齿数		主动链轮齿数				
		25 齿	20 齿	18 齿	15 齿	13 齿
小孔盘	25 齿	—	70.5	66	54	48
	20 齿	106.5	90	78	67.5	60
	18 齿	109.5	98	—	73.5	63
	15 齿	123	108	97.5	—	72
	13 齿	—	118.5	105	99	—
大孔盘	25 齿	—	111	91.5	81	69
	20 齿	141	120	106.5	93	81
	18 齿	153	141	—	117	88.5
	15 齿	187.5	150	132	—	96
	13 齿	—	157.5	154.5	144	—

注：表中的播种量是在播种行距为 20 cm，小麦千粒重为 49 g，地轮的滑移率为 10%的条件下测出来的，如其中有一个与条件不一样时，则播种量需要重新进行测定。

（3）悬挂状态的检查与调整

① 横向水平状态的调整。通过调整拖拉机下拉杆的高度调节杆，使左右两个悬挂杆位于同一水平高度，从而使播种机主梁呈左右水平状态。当调整结束后，即将两高度调节杆固定并销紧。

② 纵向水平状态的调整。通过拖拉机悬挂机构的上拉杆来调整播种机的纵向水平，缩短上拉杆使播种机前低后高，反之前高后低。直至播种机主梁上平面调整到在工作状态时处于水平，而平行四连杆机构的前支架在工作状态时垂直于地面。

（4）锥盘式排种器的检查与调整

① 锥面型孔盘的检查。首先检查精量播种机上所装的锥面型孔盘是否符合所要求的播量范围，如不符合应予调换；然后要检查同一台播种机上所装锥盘是否大、小一致，如不一致应予调换；另外还要仔细查看各型孔有无大小悬殊的现象，以及个别型孔是否带有毛刺等，必要时应予整修。

② 限量刮种器的检查与调整。限量刮种器刮种橡胶板的豁口半径为2 mm，限量铁板通道的豁口半径为2.5 mm。如果橡胶板豁口严重磨损，已超过限量通道豁口，则应把橡胶刮种板倒过来安装，让未磨损的豁口朝下。若橡胶刮种板两端豁口均已严重磨损，则必须更换新刮种橡胶板。

限量通道、橡胶刮种板连同压板要一起固定在排（刮）种器壳体上，固定时应保持前两者的下缘齐平。压板安装时应注意，两固定螺钉不要拧得过紧，以免橡胶板变形，务使压板的宽边朝上，窄边居下，如图2-56所

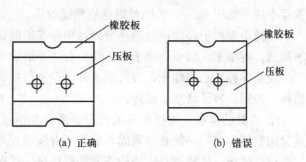

图2-56　刮种器压板安装示意图

示，否则会增加种子破碎率。同时还要检查刮种器橡胶板下缘至锥盘表面的间隙是否为1 mm，3个刮种器的间隙是否相一致，如差别过大，应调整一致，否则，会影响各行排种的一致性。

③ 排种器的检查与调整。检查排种轮连同推杆一起，上下滑动是否灵活，排种轮转动是否自如，排种轮橡胶圈是否磨损过度、剥蚀或脱落，如发现以上各部件有不正常现象时，应及时予以修换。排种器连同壳体当安装于排种器侧壁时，应保证壳体下缘与锥盘表面平行，间隙大小一致，不应偏斜。

④ 综合检查。排种器安装调整后，锥面型孔盘应能转动平稳、均匀无阻。如发现有阻滞现象，应检查排种器下面的锥齿轮有无缺齿、夹沙等缺陷。另外，工作时 3 个排种器上下伸缩应自如，否则应予整修或换件。

(5) 开沟器的检查与调整　在安装箭铲式开沟器前，应先仔细检查开沟器导管内有无焊渣、污物，一经发现应予清理。

① 行距的调整。根据当地小麦种植行距和间套作技术，将开沟器固定螺栓松开，沿横梁左右移动，以播种机中轴线为基准向两边伸展。行距的测量以开沟器铲头为基准，所有开沟器均应以铲尖正对前方，不应左右偏斜。也可以在地面上划好行距平行线，然后将播种机置于其上，使各开沟器铲尖与相应的纵向平行线一致。最后，固定所有螺栓。

② 播深的检查与调整。根据当地的种植习惯和作物品种，适当考虑播种时土壤的墒情，调整开沟器的入土深度。调整时，松开固定螺栓，上下移动开沟器柄，量好深度后予以调整、固定。在紧固开沟器柄时，一定要保证开沟器导管的垂直度，不能出现前倾后仰的情况。

(6) 播种前的准备工作

① 种子的准备。选好优良小麦品种，做好发芽率试验，精播小麦种子的发芽率应不低于 90%，否则难以达到精播效果。

精播小麦种子必须进行精选分级，用标准形的长孔筛（随播种机配有）仔细筛选，将小子、破子、瘪子、土块、石块等清除干净。

农药拌种，必须晾干，方可倒入种子箱进行播种，切不可用潮湿种子进行播种。否则，容易堵塞、破碎。

② 机具的准备。将播种机的行距、播深和播量调整到符合要求。所有连接紧固螺栓均应一一检查，紧固可靠，所有润滑点均应润滑无遗。

(7) 试播　试播就是实地检查和调整播量、播深、行距、衔接行距等，确认合适后方可正式播种。检查播量的方法是：

第 1 步：机组按正常速度行进 50～100 m，种子不播在土中，可观察各行下种量是否一致，行内种子有无断条现象。

第 2 步：机组正常播种时，可用容器盛接不播种的排种器所排出的种子，行走一定距离称其重，然后计算公顷播量是否符合要求。

第 3 步：正式播种后，可在行间扒开覆土，检查 1 m 或 0.5 m 内的落粒数，然后计算是否符合要求。其计算公式是：

$$1 \text{ m 内落粒数} = \frac{\text{公顷播量（kg/hm}^2\text{）} \times \text{行距（m）}}{\text{千粒重（g）}} \times 100$$

（8）播种作业要点

① 经过试播后，确认无误后方可投入正式作业。作业过程中，应随时检查播量、播深、行距，尤其衔接行是否符合农艺要求。播完一块地后，应根据已播面积和已用种子，核对播量是否符合要求。

② 作业过程中应尽量避免停车，以防起步时造成漏播。如必须停车，再次启动时要先将开沟器升起，后退 0.5～1 m 方可重新播种。

③ 播种机处于作业状态时，严禁倒退，以防开沟器堵塞泥土。

④ 地头转弯时，应将整机或开沟器升起，离开地面，以防损坏机器。

⑤ 作业时保持恒速平稳前进，不可忽快忽慢。如发现黏土、挂草、壅土等现象，应及时予以清理。如发现掉链、漏播或堵塞等现象，应及时停机予以调整修理。

⑥ 要等种子播完再添加种子，而且尽量在地头添加。

⑦ 更换小麦品种时，要彻底将种子箱、排种器等部位遗留的种子清理干净，防止品种混杂。

⑧ 播种机组在长途转移地块时，机上严禁站人、放置重物。如通过村庄、十字路口等人较多的地方，随行人员要在机组后面护行，以确保安全。

2. 2BJG－4 型旋耕精量播种机的使用

（1）旋耕机的安装　旋耕机是由 4 个双头螺栓固定在拖拉机变速箱上，在接合平面上有两个定位销，以保证装配后齿轮的正确啮合。安装时，如果旋耕机齿轮与拖拉机变速箱齿轮相顶，则可将旋耕机挂上挡，转动刀轴或离合器皮带盘，使其中一只齿轮转一角度，令其相互对准啮合，然后拧紧螺母，同时将手扶架下两根支撑调节螺杆调好固定。

（2）旋耕刀的安装　旋耕刀按两条螺旋线安装，共 36 把刀，每条螺旋线安装一把刀。在刀座焊合时，已将刀座的六角孔分为左、右两种，以此对应安装左、右旋耕刀。

（3）播种机的安装　先把种子箱总成、肥料箱总成安装到播种机架上，然后整体安装在旋耕机的两侧板上，再安装传动部分、开沟器部分、镇压轮等。

（4）旋耕机的调整

① 耕深的调整。旋转尾轮手柄来调整耕深。

② 链条松紧的调整。拆下链轮箱体侧盖，将弹簧支杆转一角度，使弹簧片靠近链条。如果链条还松，可同时将上、下两根弹簧支杆转一角度。

（5）播种量的调整　通过更换链轮，改变传动比，可在一定范围内调节播种量。具体要求见表 2－21。

表 2 - 21　2BJG - 4 型旋耕精量播种机播种量调整表（kg/hm²）

被动链轮齿数		主动链轮齿数				
		25 齿	20 齿	18 齿	15 齿	13 齿
大孔盘	25 齿	—	91.5	76.5	67.5	60
	20 齿	118.5	100.5	88.5	76.5	67.5
	18 齿	136.5	118.5	—	97.5	73.5
	15 齿	157.5	126	112.5		79.5
	13 齿	195	132	129	120	
小孔盘	25 齿	—	60	54	45	39
	20 齿	90	75	64.5	55.5	49.5
	18 齿	96	78	—	61.5	52.5
	15 齿	102	90	81		60
	13 齿	117	97.5	87	82.5	

（6）各行排种量一致性的调整　通过调整限量刮种器与锥面型孔盘上平面的间隙来实现。各间隙应调至一致，若橡胶刮种板磨损严重，应及时予以更换。

（7）排肥量的调整　调整排肥量手柄，使排肥量调整插板至某一合适位置，拧紧螺母。

（8）排种（肥）深度调整　靠改变镇压轮的相对位置来实现，旋深调节板上工作孔有 7 个，前排 3 个，后排 4 个，从第 1 孔至第 7 孔，旋深相应为 20～100 mm。调整时，抽出销轴，抬起镇压轮，将工作孔眼对准连接板上的孔，插销轴，再装上开口销即可。

（9）旋耕机的挂挡与变速

① 挂挡。旋耕机变速杆向左拨动时，则挂挡，向右拨动时，则脱挡。

② 变速。旋耕机通过上下调换 11 齿、14 齿链轮，可得 3 种旋耕转速。调换链轮时，旋出侧边链条箱侧盖的固定螺钉，拆下侧盖，用卡簧钳取出上、下轴端卡簧，拆下张紧弹簧片，根据需要的转速调换上、下链轮。

（10）排种（肥）装置的挂挡　在拖拉机行走时，将排种（肥）离合手柄向右拨为啮合，向左拨为脱离。

（11）播种前的准备工作

① 检查连接件是否紧固牢靠，运动件要求灵活，润滑状态良好。检查离合器离合是否灵活，结合分离是否可靠。

② 种子需清选，发芽率在 95％以上，清洁，无沙石等杂质。

③ 进行试播，观察作业性能是否良好，行距、播深等是否符合农艺要求。

(12) 播种作业要点

① 经常检查紧固件，特别要注意旋耕刀螺栓的松紧，防止损坏零件，造成事故。

② 排除故障及调整机具时，一定要停机熄火。作业中尽量避免倒车。非倒车不可时，应抬起扶手架倒车，以防开沟器堵塞。

③ 经常清除旋耕刀轴及链条上的缠草和泥土，清除罩壳上的积土。

④ 机组作业时，要经常清除离合器内的灰尘，并加足黄油，确保分离结合可靠。

⑤ 机组运输及地块转移时，应将播深调节板调到最上孔位置，使旋耕部件升起。

(13) 维护保养

① 清理杂物，检查紧固件。每班结束后，应将机具清理干净，特别是链传动及旋耕刀轴上的杂草和泥土。检查紧固件是否松动，松动的要及时拧紧。

② 加注润滑油。

润滑部件应加注润滑油（脂），保证运转灵括。

检查旋耕刀轴传动箱内润滑油油面，不足应添加。清洗离合器，加足黄油。

清洗镇压轮两端轴承，旋耕机左端轴承以及中间传动轴、排种轴，并加注润滑油。

长期存放前，应将机具各部件清洗干净，传动件应涂上防锈油，表面补涂油漆，晾干入库。

3. 气吹式精量播种机的使用

(1) 与拖拉机连接 与拖拉机采用三点悬挂方式连接。与拖拉机连接时，先挂两个下悬挂点，后挂上悬挂点，然后调整上悬挂杆长度，使机架在工作状态下处于水平；插上安全销，拉紧限位链。

用万向节将拖拉机的动力输出轴与风机大皮带轮轴连接起来。注意插好安全销，挂好动力输出轴挡（540 r/min）；在水平状态下先使风机低速试运转 1 min，然后高速试运转 2 min；风机试运转时人员要远离机具观察风机工作是否正常。

(2) 种子准备 小麦种子必须籽粒饱满，发芽率高。种子要通过 5 mm 圆孔筛去杂质，不得混有破碎的种子以及土块、铁屑、石块、杂草、绳头、碎秸秆等物；种子应不潮、不湿、不黏。

（3）调整株距 根据农艺要求调整株距，换挂中轴上的四联链轮即可改变株距。

（4）风量调整 首先将种箱加满种子，并注入适量的水于测压计的塑料管中，然后挂上动力输出轴（540 r/min），控制油门到播种状态，此时将测压计的针头插入其中的一个风管中（风嘴端），将测压计垂直于地面放置，调整风机出气孔的卡子，使气压保持在 30～35 kPa。气压稳定后可将测压计垂直固定在驾驶室内，在正常播种时观察水柱，使气压值保持在 30～35 kPa。

（5）调整播深 该机播深的深度调节范围在 30～80 mm，其调节方法是在机架水平条件下转动镇压轮的丝杠。顺时针方向转动可减少播深，逆时针方向转动则可增加播深，特殊情况可改换镇压轮臂固定孔。

（6）施肥量的调整 本机的排肥器适于流动性好、未结块的化肥，如二胺、尿素、复合肥等。

① 排肥轮工作长度的调整。首先松开螺母，旋转丝杠来改变排肥轮的工作长度。需要增加施肥量时即增长排肥轮工作长度，同理需要减少施肥量时即缩短排肥轮工作长度。初调时最好由小逐渐增大；调整时要注意将各行调整一致，调好后应将螺母拧紧。

② 活门位置的调整。排肥活门有两个位置，根据肥料的颗粒大小和流动情况来切换。排肥舌的不同位置决定了排肥口开度，一般情况应放在中间位置；清理肥时可将活门完全打开。

③ 排肥调整。地轮每转 1 圈排肥器应排出的肥量为

$$q = 1\,000\pi DaQ$$

式中 q——每转 1 圈的排肥量（kg/圈）；

D——地轮直径（m）；

a——行距（m）；

Q——施肥量（kg/hm²）。

（7）行距调整 出厂时行距为 650 mm，可根据各地自然条件和耕作方式的不同，在 630～700 mm 进行调整。调整时应将机器放在平地上，按以下步骤进行。

第 1 步：将机器垫起，使地轮和排肥开沟器离开地面 50～80 mm，使机器处于稳定水平状态。

第 2 步：将排种单组中前支架、地轮支臂、左右纵梁等紧固螺栓松开。

第 3 步：把方轴上的排种器被动链轮的顶丝和各种方孔挡圈顶丝松开。

第 4 步：取主梁中点为中心，按行距要求将上述部件向左右移动，起垄等

部件也做相应调整。

第 5 步：调整后，应再次对行距进行校正，然后把螺母全部拧紧，各紧固螺栓不得松紧不一，以免影响传动的可靠性。

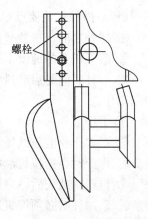

（8）施肥深度的调整　将螺栓松开后，排肥开沟器铲柄就可以上下窜动，从而实现排肥深度调整。根据需要调好深度后拧紧螺栓即可，如图 2-57 所示。

（9）划印器的调整　通过公式计算调整划印器的长度。

图 2-57　施肥深度的调整

① 正位驾驶。驾驶员的驾驶目标在拖拉机中央，左、右划印器等长，其计算公式为

$$L_{左}=L_{右}=\frac{A}{2}+C$$

式中　$L_{左}$——左划印器长度（m）；

$L_{右}$——右划印器长度（m）；

A——左右最外侧两开沟器间的距离（m）；

C——行距（m）。

② 偏位驾驶。驾驶员的驾驶目标是拖拉机右前轮（或右前灯、右链轨板等），划印器左长右短，其计算公式为

$$L_{左}=\frac{A+a}{2}+C$$

$$L_{右}=\frac{A-a}{2}+C$$

式中　$L_{左}$——划印器圆盘中心与左最外侧开沟器铧尖间的距离（m）；

$L_{右}$——划印器圆盘中心与右最外侧开沟器铧尖间的距离（m）；

A——左右最外侧两开沟器间的距离（m）；

a——拖拉机前轮距（或前灯距、链轨距）（m）；

C——行距（m）。

必须强调指出的是，计算出的划印器长度应以驾驶员的视线在拖拉机上选定的目标（前灯、前轮、链轨等）在地面上的投影点算起，否则划印器长度将出现基准点与驾驶员的视线通过基准点在地面上的投影之间的距离偏差。划印器长度确定后，还要进行试播，并进行必要的校正，直到确认邻接行距准确无误后，方可进行播种。

（10）播种作业要点

① 播种之前，应使播种机落地处于工作状态后，方可接通动力输出轴。

② 落下机具的速度不得过快，以免损坏机具。

③ 播种时应先启动风机，把手油门放在记号处，在作业过程中风机不得中断工作。

④ 工作部件入土后，严禁倒退、转弯。

⑤ 正式作业前应试播一段，检查播种质量合格后，再正式进行作业。

⑥ 作业时，拖拉机油压分配器手杆应放在"浮动"位置。

⑦ 作业到地头后，应停车，首先断开输出轴，升起划印器后提升机具。

⑧ 添加种肥必须停机进行。

⑨ 如发现排肥开沟器、排种开沟器或起垄犁前有拖堆现象时，应及时用铁钩清理，必要时可提升机具清理。不得在机具前进时用脚蹬踩来排除拖堆现象，以防人身伤害。

六、几种精量小麦播种机常见故障诊断与排除

1.2BJM-6型精量小麦播种机常见故障诊断与排除 2BJM-6型精量小麦播种机常见故障与排除方法见表2-22。

表2-22 2BJM-6型精量小麦播种机的常见故障与排除方法

故障现象	故障原因	排除方法
无种子排出	①种子箱内无种子 ②掉链、脱链、齿轮松动 ③排种盘缺键不转动 ④驱动轮滑移不转动	①添加种子 ②调整修理传动机构，使其正常运转 ③加键固紧 ④减轻驱动轮的负荷
个别排种器不排种	①排种器内堵塞 ②输种管或开沟器堵塞	①消除排种器的堵塞物 ②消除输种管或开沟器的堵塞物
播种单体内三行排量相差显著	①刮种器间隙相差较大 ②个别限量通道的豁口磨损过大	①将刮种器间隙调整到一致 ②更换严重磨损的橡胶刮种板
播种单体之间播量相差较大	①排种盘不一致，大小孔盘相混 ②刮种器间隙不一致 ③传动速比不一致 ④驱动滑移量相差悬殊	①安装大小相同的型孔盘 ②将刮种器间隙调整一致 ③更换链轮，使传动速比一致 ④修理调整传动系统，消除阻力，减少滑移量

（续）

故障现象	故障原因	排除方法
实际播量显著少于调节测定值	①对驱动轮滑移率估计不足 ②驱动轮滑移量过大	①计算播量时适当增大滑移率值 ②减轻驱动轮的负荷
种子破碎率高	①刮种橡胶板及限量通道豁口严重磨损，大量种子涌入，堵塞了排种器腔道和排种器滑道 ②排种轮橡胶圈脱落 ③种子大小极不一致 ④刮种器橡胶板与限量通道前后安装错误 ⑤拌药后种子过湿	①清除堵塞，更换新的限量刮种器，调整好间隙 ②更换新的排种器橡胶轮 ③认真精选种子 ④重新安装调整 ⑤拌药后晾干再播
开沟器导管堵塞不下种	①作业时倒退，致使大土块堵塞开沟器底孔 ②土壤过湿过黏，加之操作不当	①作业时严禁倒退 ②作业时应边走边放播种机，使开沟器逐渐入土
播种深度不一致	①开沟器弹簧压力不足 ②开沟器拉杆变形，入土角过小 ③镇压轮过低、弹簧压力过大	①调整、增大弹簧压力 ②校正、调整入土角 ③调整

2.2BJG－4 型旋耕精量小麦播种机常见故障的诊断与排除　2BJG－4 型旋耕精量小麦播种机的常见故障与排除方法见表 2－23。

表 2－23　2BJG－4 型旋耕精量小麦播种机的常见故障与排除方法

故障现象	故障原因	排除方法
爬链	①同一传动的两链轮不在同一平面 ②链条磨损严重 ③链条过松 ④链条缠草、多泥	①调整链轮位置 ②换链 ③张紧或去除一节 ④清除链条上的杂物
壅土	①未装镇压轮防滑爪 ②旋切过深 ③土壤含水率过高 ④镇压轮转动不灵活	①装上防滑爪 ②适当调浅旋切深度 ③停止播种 ④拆下清洗
漏播	①输种（肥）管堵塞 ②开沟器被泥土堵塞 ③离合器结合不好或自动分离 ④传动链轮上链条脱落	①清除堵塞物 ②清除泥土，尽量不倒车 ③调整离合器，压紧弹簧 ④重新安装并张紧

3. 气吸式精量小麦播种机常见故障的诊断与排除 气吸式精量小麦播种机是当前国内外普遍采用的精量播种机械，其常见故障主要有以下几种。

（1）排种量不稳定

① 故障原因。

a. 吸气管路有破损，如漏洞、接头连接松动、裂纹等使气压下降，气吸力减小，种子没吸住，致使一部分或全部漏播。主要表现为个别垄行播量减少或漏播。

b. 气吸型胶管制造质量差、老化变质，或因保管不当而产生破损、漏洞、裂纹，或内层产生脱离层而使气流阻力加大，造成气压降低，不易吸附种子，致使排种量减少或完全漏播。

c. 吸风机两侧轴承磨损严重、年久失修或长期缺油，造成阻力增大、转速下降、气流和压力不足，种子难以吸附在排种盘上。这种现象多发生在整机（全部单体）播量不足或完全漏播。

d. 传动系统，如三角传动带陈旧、磨损严重、拉长、松弛等造成风机转速下降。

e. 排种盘因保管、安装不当而产生变形、锈蚀或排种室变形等使排种盘与排种室接触不严密，产生漏气，种子一部分或全部不被吸附。

f. 种子清选不好，混有杂物，将排种盘孔眼堵死，造成漏播。

g. 选用的排种盘型号不当，孔眼（或条孔）过小、气流吸力过小，不能吸附种子或吸量少而产生漏播或播量不足。

h. 主机（拖拉机）转速降低，或动力输出轴出现故障，导致风机转速下降而气流不足。

② 排除方法。当监视人员或监视器发出漏播信号时，应立即停车熄火，并将播种机落地（悬挂式）检查原因。若接头连接不牢，可重新接牢；有较小孔眼或裂纹的可用胶带临时贴补，孔眼过大或裂纹过长的应更换新管；输气管内壁脱层阻力大的应更换新管。排种盘或排种室变形可试矫，矫正后仍然漏气的应更换新品；发动机转速正常而风机风量仍不足的，要检查风机轴承，如有晃动、异声等应予更换轴承。

（2）完全不播种

① 故障原因。播种机在试播和作业中出现完全不播种，主要是磨损严重或运输、保管不当造成传动件变形，如方轴、轴套、伞齿轮、万向节、排种器等严重磨损、变形，导致风速和风量不足而完全不播种。

② 排除方法。作业前认真全面地检修播种机，如方轴要矫直，配合松、

晃的可加垫片消除间隙，磨损严重的要焊补后磨平。伞齿轮磨损过大的要成对更换，磨损不太严重的可在内孔加垫片消除间隙。万向节可用堆焊法填补磨痕，然后车平。装复后，应转动灵活。排种器严重磨损要更换。维护时要注意方轴套和轴、伞齿轮的润滑，以减缓磨损。运输中要防止碰撞。

（3）播种深度不符合农艺要求

① 故障原因。主要是机具使用时间过长，机件磨损严重所致。如开沟器磨损后入土困难，开出的沟变浅；覆土板磨损后，覆土量减少，覆土厚度小而播种深度浅；深浅调节丝杠和调节螺母磨损严重而乱扣，工作中受到震动便自行退扣改变调整深度；拉力弹簧弹力减弱后，覆土量减少，播种深度也随之变浅。

② 排除方法。作业前应认真检修，对上述零部件的磨损程度做好鉴定，尤其是使用年限长的播种机。若丝杠和调节螺母磨损严重，可更换新螺母，并备有双螺母，以防退扣，作业结束后将丝杠和螺母涂上黄油，以防锈蚀；拉力弹簧弹力过弱的可将其挂接点下移或更换新的，季节作业完成后将其卸下，恢复自由状态，表面要涂油防锈；覆土板变形的要矫正，磨损严重的要焊补或更换新品，农闲时要防锈蚀。开沟器也要维修。

（4）不排种 可能的原因为种子架空、吸气管脱落、吸气管堵塞、排种器不密封、传动失灵或刮种器位置不对。应清除杂物防止种子架空，重新安装吸气管，清排除吸气管堵塞杂物，密封排种器，调整传动系统，调整刮种器位置。

（5）开沟器入土过浅 原因为镇压轮深度调节板插销位置不当或开沟器弹簧调整不当。应调低镇压轮插销位置，调大开沟器伸缩杆弹簧的弹力。

（6）开沟器入土过深 原因是地轮调整不当、镇压轮插销位置不当或开沟器伸缩杆弹簧调整不当。应调节地轮高低位置，调高镇压轮插销位置，调小开沟器伸缩杆弹簧的弹力。

4. 气吹式精量小麦播种机常见故障的诊断与排除 气吹式精量小麦播种机的故障诊断与排除方法见表 2-24。

表 2-24 气吹式精量播种机的常见故障与排除方法

故障现象	故障原因	排除方法
风压低	①节皮带打滑 ②动力输出轴转速不够或输出轴离合器打滑	① 调整皮带 ②调整油门或调整离合器

（续）

故障现象	故障原因	排除方法
漏播	① 风压过高过低 ② 种子内种子过少 ③ 地轮打滑 ④ 输种管脱落、堵塞、老化或折成死角弯	① 重新调整风压 ② 加种 ③ 检查液压起落系统是否在"浮动"位置 ④ 检查输种管或更换输种管
碎种	① 风压过低 ② 种子不干净	① 重新调整风压 ② 清除种子中的碎种、杂物
不排种	① 传动失灵 ② 种箱无种 ③ 种子架空 ④ 输种管脱落、堵塞、老化或折成死角弯	① 检查传动链轮、链条 ② 加种 ③ 清除杂物，防止架空 ④ 检查输种管或更换输种管
播深不合适	① 播深调整不当 ② 机架不水平 ③ 起垄犁沟宽深不合适	① 重新调整播深调节丝杠 ② 调整拖拉机悬挂装置的上拉杆 ③ 调整犁铧
不排肥	① 传动失灵 ② 排肥盘口堵塞 ③ 排肥开沟器堵塞 ④ 输肥管脱落、堵塞、老化或折成死角弯	① 检查传动链轮、链条 ② 清理 ③ 清理 ④ 检查输肥管或更换输肥管

水稻直播机的使用与维修

水稻直播是水稻种植方式之一，省去了育秧、补秧等多道工序，具有省工、省时、省成本、节约能源等优点。但与移栽水稻相比，直播水稻存在着全苗难、草害严重和容易倒伏等问题，生长特性受气候影响较大，需要良好的田间排灌系统，在生产上还要注意掌握好严格的田间管理措施和除草技术。水稻直播应当因地制宜，在季节许可、适合发展的地区推广、发展。

第一节 水稻直播机的种类

一、水稻直播的特点

1. 水稻直播的优点

（1）作业速度快，效率高，抢得农时 由于水稻直播无育秧过程，水稻的全生育期缩短，必须尽快腾茬播种。用直播机作业，每台机器每天可作业 $3.5 \ hm^2$ 左右。用飞机作业，每架每天可播 $100 \sim 133 \ hm^2$。

（2）作业质量好，有一定的增产潜力 据测试，机直播稻的出苗率可达 90％以上。

（3）节省秧田、用工量，降低生产成本 我国水稻的秧田与大田之比约为 1∶8。这部分面积用于种植其他作物，可获得额外的新增效益。每公顷可节省育种费用 994.5 元，减少用工 79.5 个工作日。

（4）节约水资源 水旱直播均比常规移栽节约用水。特别是旱直播比水育秧栽播水稻每公顷可节约育秧和前期生长用水 $6\ 000 \sim 7\ 500 \ m^3$。

2. 水稻直播的缺点

（1）比移栽稻要多进行 $1 \sim 2$ 次化学除草。

（2）对耕整地的要求较高 田间不能有大坷坎、秸秆杂草等。若高低处超过 5 cm，就会影响全苗。

（3）产量不稳　由于直播省略了育秧环节，因而水稻生育期平均缩短10～20 天，播期推迟 20～25 天，营养生长期缩短，成熟期推迟，如选用迟熟品种，安全齐穗受影响，选用早熟品种，则影响产量潜力。同一品种水、旱直播单产年际变异率达 9% 以上，高于机械插秧 4 个百分点。出苗受天气条件影响较大，播种后如遇低温阴雨天气，容易烂种死苗。

（4）杂草较难控制　水稻直播后全苗和扎根立苗需脱水通气，而化学除草需适当水层，加之水稻直播后稻苗与杂草同时生长，而杂草往往数量和种类多，且适应能力强。若播种方式和除草技术掌握不好，容易形成草害，造成减产。

二、水稻直播的工艺流程

水稻直播有旱直播和水直播两种。水稻机械直播工艺流程如图 3-1所示。

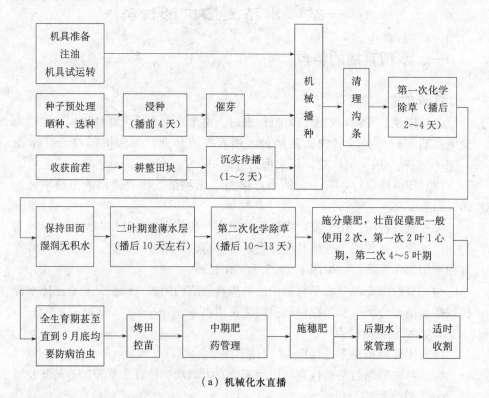

（a）机械化水直播

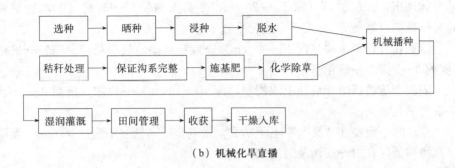

（b）机械化旱直播

图 3-1　水稻直播工艺流程

　　旱直播是干耕干整，干田播种，多在前茬作物收获后，采用旋耕播种或免耕播种方法，将稻种播于田间。水直播是在稻田水耕水整，田面保持水层或泥浆播种。旱直播播种后一般需要覆土，水直播是将种子播在泥浆表面，或者再由压种器将种子轻压入泥。过去多是水直播，近年来，随着免耕（旋耕）播种和农艺技术的发展，旱直播也越来越多。

　　旱直播的优点是便于控制播种深度和实现旋耕（免耕）播种复式作业，但对土地平整程度和水利等条件要求较高。特别是在旱直播后，采用湿润地栽培，需要有投资较大的田间灌溉系统，以便保证大面积稻田的供水要求。采用水直播则有利于放水后平整田面，而且在阴雨天也能正常进行机械播种，但播种深度不易控制。

三、水稻直播的作业规范

1. 大田准备

　　（1）土壤选择　应选择排灌条件好、沟渠通畅的田块，沙性或偏沙性土壤最适宜机械直播，pH 以 4.5～6.5 为宜，烂泥、低洼积水等土质黏重田不宜直播。

　　（2）耕整地　整地后田块要平整，田块表面高低不超过 30 mm。土壤要求下粗上细，土软而不糊。

　　① 耕地。旱旋耕或水旋耕均可，耕深 100～150 mm。

　　② 整地。田间留薄水层，用驱动耙平整田块，也可人工整平。

　　③ 平田和沉实。用平整机械刮平田面；边整田边用木块压平田面，沉实 1～2 天后进行播种。

休闲田：铧犁耕翻（深 15～20 cm，平整无漏耕）→旋耕（上水旋耕粉碎）→机耙（播前 3～5 天，一遍耙平）。

绿肥茬：铧犁干耕（深 15～20 cm）→旋耕（播前旋耕粉碎一遍）→机耙（提前 3～5 天，一遍耙平）。

麦茬：旋耕（出茬后速上水旋耕，深 10～15 cm）→机耙（播前 2～4 天，一遍耙平）。

整地时一定要在"平"字上下功夫，做到全田高低差不超过 30 mm，无明显高墩和低区；内外三沟及时配套。

（3）施足基面肥　麦茬稻在耕翻前每亩*均匀撒施 50 kg 饼肥或厩肥 1 000～1 500 kg 或 100 kg 有机生物肥，绿肥茬水稻（绿肥生物量满 1 500 kg），每 66.7 m^2 施入 25 kg 碳酸氢铵加 25 kg－BB 肥（散装掺混肥料）。

施基面肥应做到如下三点要求：

① 控制氮肥总量，氮肥总用量控制在每亩 15 kg 左右，在控制总用肥量的前提下采取重肥攻头，控中稳后的施肥方法。

② 从保优栽培角度出发，提倡平衡施肥（以 BB 肥、复合肥为载体增加磷、钾肥的投入），以减少由于稻米含氮增加而降低品质。

③ 增加有机肥使用比例，提倡有机栽培，推广使用绿肥、有机生物肥等有机肥源，促进水稻整个生育期的平衡生长，提高稻米品质。

（4）大田田块湿度　播种一定要掌握泥头软硬适中，做到机播不涌泥，又有薄泥浆盖没种子。泥头软硬程度用排水早晚来调节，一般在播种前排水，待水基本排光即可播种，泥头过烂的隔夜排水，待泥头沉实到软硬适中时播种，切不可烂田机播，以避免涌泥导致闷种缺苗。

2. 种子准备

（1）品种的选择　直播稻由于扎根浅，后期遇风雨易倒伏，同时还受前茬成熟期和生长期的影响。因此，在品种选择上，一是要选择生育期适中的早、中熟品种；二是要选择矮秆、耐肥、抗倒、发根力强的大穗型高产优质品种。

（2）种子的处理

① 晒种。晒种 1～2 天，对有芒的种子进行脱芒。

② 选种。采用风选、盐水选（盐水密度为 1.06～1.12)方式选种，去除瘪粒和带枝梗的谷秕杂物。盐水选种后应立即用清水淘洗，清除谷壳外盐分。

直接选用已经处理过的商品种可不进行风选或盐选。

---

　* 亩为非法定计量单位，1 公顷＝15 亩。

③ 发芽试验。按 GB/T3543.4—1995《农作物种子检验规程》进行发芽试验，发芽势不低于 85%，发芽率不低于 90%。

④ 浸种。按有关浸种药剂使用要求浸种。浸种时间长短视气温而定，籼稻种子浸足总积温 60 ℃·日，粳稻种子浸足 80 ℃·日。

⑤ 催芽。将吸足水分的种子进行常温保湿催芽至破胸，温度控制在 35～38 ℃，进行翻拌，保持谷堆上、下、内、外温度一致，使稻种受热均匀，促进破胸整齐迅速。催芽标准：破胸露白率达 90%，芽长不超过 2 mm。催芽后置阴凉处晾干至内湿外干易散落状态。

3. 直播机的准备

（1）安装检查　在播种前，按照使用说明书要求对直播机及配套动力进行检查并安装调试好，使各部位运转正常，保证机械处于良好的技术状态。

（2）排种量的调整　首先在平坦的地方，在正常的作业速度下使机器空运转 3～5 min，然后根据农艺要求和不同品种进行播种量的调整。调整好后，按要求锁定调整机构，以防作业时松动。

4. 直播技术　播种时田间应保持 10 mm 左右的薄水，便于直播机的行走。播种后疏通田间沟系，排除田间积水，保持田面湿润。

（1）正确掌握播种期　适时播种是夺取高产的关键栽培措施之一，也是避开三化螟前期危害的技术措施。不同品种、不同栽培方式的最佳播种期不同。

迟熟晚粳杂交稻品种（如寒优湘晴）直播稻掌握在 5 月 20～25 日播种，最迟不超过 5 月底。

中熟晚粳品种（如 98 - 110）在 5 月 25 日至 6 月初播种。

（2）正确控制播种量　基本苗偏多是机直播常见的主要问题之一，地区和田块间存在较大的不平衡性。基本苗的多少和播种量、成苗率关系密切，从生产技术角度考虑，常规品种每亩播种量为 4～4.5 kg，基本苗为 8 万～10 万株，杂交稻每亩播种量为 2～2.2 kg，基本苗为 4 万～5 万株。

杂交稻以每平方米 120～132 粒密度播种。提倡宽行播种，每 2 m 播幅 10 条。常规稻播种密度则在杂交稻的基础上翻一番。

要密切注意拖板后面是否拖有秸秆把已播谷种拖掉，发现有这种情况，要立即停止播种，将拖在后面的秸秆踩入泥中，田边四角机播不到的地方，手工补种，切忌过密。

5. 直播后的管理　一是做到播种后，立即开好围沟，并与播种槽接通，排除田间积水。二是及时匀苗补缺。

（1）化学除草　播种后 3～4 天用幼苗除草剂进行除草。喷药前排干田面水，喷药后保持田面湿润。喷药后 2 天覆 1 次浅水，保水 2～3 天。

秧苗长到 3 叶 1 心时进行第二次化学除草。喷药前排干田面水，喷药后 1～3 天灌浅水。

除草剂配方根据当地实际情况选择使用。

（2）水浆管理　播后保持田面湿润状态。视天气情况，晴天灌水，阴雨天排干水。如遇大雨或暴雨，可灌 30 mm 左右浅水，开 30 mm 高平水缺口，雨后排水通气露芽；遇高温晴天，在傍晚或清晨灌水再放掉。待苗长出第 2 叶后，可以灌浅水，进入正常的水稻水浆管理阶段。抽穗期实施湿润灌溉，收获前 5～7 天排干水。

盐碱地出苗期如有返盐现象，在发芽前灌浅水，发芽后脱水期在傍晚或清晨灌水洗盐，并及时排水通气。

（3）苗期病虫防治　秧苗返青后做到常检查、勤观察，适时防治稻瘟病、稻蓟马、稻象甲和潜叶蝇等病虫害。

6. 中后期的管理

（1）移苗补缺　对机播后出现的缺苗断行现象，在秧苗 4～5 叶时进行移密补稀，保证平衡生长。

（2）适时搁田　直播稻总苗数达到预定数量时开始搁田，至田面硬板、田面裂小缝、分蘖受到抑制时再覆水。搁田以"轻搁、勤搁"为主，高峰苗数控制在成穗数的 1.2～1.5 倍。

（3）抽穗期病虫害防治　此阶段主要针对纹枯病、稻曲病、稻瘟病、纵卷叶螟、稻飞虱、螟虫等病虫害进行防治。

（4）适时收割　直播稻完熟后及时收获，以免影响产量。

四、水稻直播机的类型

按照不同的分类方法，水稻直播机可分为不同的类型。相应于水稻的旱直播和水直播，水稻直播机也有旱直播机和水直播机两种，播种方法多为条播。近年来，也有穴播以及精量穴播机。水稻直播机的类型如图 3-2 所示。

1. 旱直播机　目前国内使用的旱直播机多为谷物条播机，播种部件采用外槽轮式，如 2BL-16、2BF-24 等机型；南方稻麦轮作区多使用少（免）耕条播机,如2BG-6A等机型,使用时加以调整,以满足播种时的播量、播深、行距等方面的农艺要求。还有采用人工撒播,盖籽机覆盖进行旱直播。旱直播机如图3-3所示。

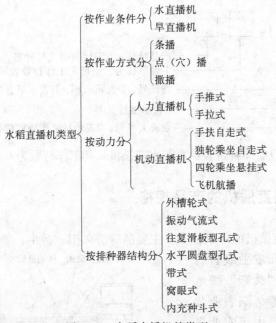

图3-2 水稻直播机的类型

2. 水直播机 国产水直播机采用专用底盘设计,独轮驱动,船板仿形结构。动力输出轴动力驱动排种轴旋转,带动外槽轮式排种器排种,经输种管落入田块。此类机型以沪嘉J-2BD-10型水直播机为代表。也有在2ZT系列插秧机底盘的基础上,加装播种机构而改制成水直播机。这种机型具有直播和机插两用效果,节省投资,但工效略低。水直播机如图3-4所示。

图3-3 旱直播机

图3-4 水直播机

五、水稻直播机的型号

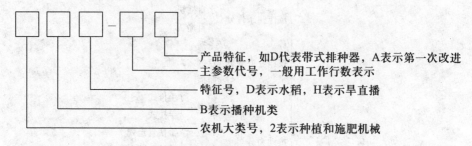

产品特征，如D代表带式排种器，A表示第一次改进
主参数代号，一般用工作行数表示
特征号，D表示水稻，H表示旱直播
B表示播种机类
农机大类号，2表示种植和施肥机械

如2BD-6D型播种机表示水稻水直播机，其工作行数为6行，带式排种器。

六、水稻直播机的产品规格

我国水稻直播机的厂家较多，主要品牌有久阳、神牛、美诺等。

1. 江苏久阳农业装备有限公司生产的"久阳"牌水稻直播机 江苏久阳农业装备有限公司与昆山市农业机械化技术推广站开发制造了久阳牌2BD-6D带式精量直播机（图3-5），是一种高效精量水稻直播机械。

2BD-6D带式精量直播机采用上排式带状种槽充种，通过种子回落多次充种，使排种稳定可靠，实现精量播种。该机采用了现代

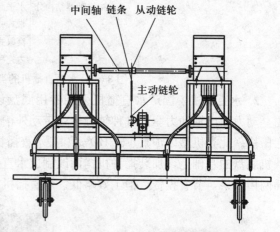

图3-5 久阳2BD-6D型带式精量直播机

水稻高产栽培模式所需的30 cm大行距播种，有利于水稻田间管理，促进田间通风、采光，实现省种、高产。采用的专利技术——带式精量排种器可适应浸种、催芽、直播，一般只要控制芽长不超过5 mm，就能可靠、稳定地播种。带式排种器最大限度地降低了伤种、伤芽率。是槽轮式播种机理想的升级换代产品，适合水稻直播地区推广使用，是节本增效的新型水稻直播

机械。

久阳 2BD-6D 带式精量直播机的主要技术参数见表 3-1。

表 3-1 久阳 2BD-6D 型带式精量直播机的主要技术参数

参数名称	参数值
外形尺寸（长×宽×高）（cm）	232×185×130
整机质量（kg）	245
配套动力（kW）	4.8
配套底盘	2ZT 插秧机底盘
行走传动箱注油量（L）	4.2
涡轮箱注油量（L）	0.02
播种行数（行）	6
播种行距（cm）	30
作业幅宽（cm）	185
种箱容积（L）	60
播种均匀性（%）	≥80
种子破损率（%）	<0.15
各行排量一致性变异系数（%）	≤3.9
总排量变异系数（%）	≤1.3
纯生产力（hm²/h）	0.4~0.53
适用范围	水田水直播

2. 上海达力机械有限公司生产的"沪嘉"水稻直播机 沪嘉 J-2BD-10Ⅱ水稻直播机是直播水稻的专业机械，其结构简单、重量轻、操作方便。机组作业可靠，播量均匀、生产率高，经济效益显著。

沪嘉 J-2BD-10Ⅱ型水稻直播机的主要技术参数见表 3-2。

表 3-2 沪嘉 J-2BD-10Ⅱ型水稻直播机的主要技术参数

参数名称	参 数 值			
	10行 10 槽轮	8行 10 槽轮	10行 8 槽轮	8行 8 槽轮
整机质量（kg）	330	330	330	330
播种形式	条播	条播	条播	条播

（续）

参数名称	参 数 值			
	10 行 10 槽轮	8 行 10 槽轮	10 行 8 槽轮	8 行 8 槽轮
配套动力（kW）	3(F170 柴油机)	3(F170 柴油机)	3(F170 柴油机)	3(F170 柴油机)
行距（mm）/行数	200/10	250/8	200/10	250/8
播种密度（粒/m）	65～75	65～75	8～15	8～15
播幅（mm）	2 000	2 000	2 000	2 000
播量（kg/hm²）	60～75	45～60	15～37.5	12～30
效率（hm²/h）	0.53～0.67	0.53～0.67	0.53～0.67	0.53～0.67
变异系数（%）	5	5	5	5
适用品种	常规圆颗粒	常规圆颗粒	长颗粒杂优品种	长颗粒杂优品种
播种方法	外槽轮上排式	外槽轮上排式	外槽轮上排式	外槽轮上排式

3. 现代农装株洲联合收割机有限公司生产的"碧浪"水稻直播机 现代农装株洲联合收割机有限公司与华南农业大学共同开发的"碧浪"2BD-10 型水稻精量穴直播机有以下特点：

（1）适应水稻种植技术要求，可同步进行开沟、起垄和播种，实现了节水栽培和防止倒伏。破胸露白的稻种播在垄面上的播种沟中，增加了水稻根系的入土深度，解决了一般直播稻播在泥面上而根系入土较浅容易倒伏的问题，有利于水稻根系在湿润的环境中生长发育。垄沟可作为灌溉水沟之用，以保证水稻生长所需的水分，在水稻生长期间只需保证垄沟中有一定的水分而无需整个田面灌水，既可以减少灌溉水量，又可以减少田间蒸发量，可节省大量水稻生产灌溉用水。

（2）2BD-10 型为 10 行水稻精量穴直播机，有 20 cm、25 cm、30 cm 三种固定行距和 15 cm＋35 cm 宽窄行距，穴距从 12 cm 至 20 cm 有 4 级可调节，可适应我国不同地方和不同品种的水稻种植要求。

（3）优化设计的型孔轮式排种轮可实现精量穴直播，采用弹性随动护种带代替一般排种器中的固定护种板，大大减小伤秧率（0.5% 以下）和排种轮的磨损。

（4）采用柴油机或汽油机为动力，结构简单。

（5）排种器由插秧机底盘动力输出轴驱动，减少了一般播种机采用地轮驱动带来的打滑及播种不均匀现象。

　　"碧浪" 2BD－10 型水稻精量穴直播机的外形如图 3－6 所示，其主要技术参数见表 3－3。

图 3－6　"碧浪" 2BD－10 型水稻精量穴直播机的外形

表 3－3　"碧浪" 2BD－10 型水稻精量穴直播机的主要技术参数

参数名称	参数值
配套动力（kW）	13（3 600 r/min）
变速机构	静液压无级变速（HST）
作业行数（行）	10
行距（mm）	300、250
穴距（mm）	120、140、160、180、210
作业速度（m/s）	0～1.0
生产率（hm²/h）	0.3～0.47
播种频率（次/min）	≥220
相对均匀度（%）	≥85
各行排量一致性变异系数（%）	≤6.5
总排量稳定性变异系数（%）	≤3.9
漏播率（%）	≤5
种子破损率（%）	≤1.0
可靠性（%）	≥90

4. 上海向明机械有限公司生产的水稻直播机 2BD-8H型水稻直播机
是上海向明机械有限公司根据"年间直
播→机插直播→机插交替轮作"模式的发展
需要，在原有直播机的基础上，开发研制的
新一代直播机。其结构特点：左右对称，刚
性好，受力平衡，重量轻。经反复实践，其
优点：播量可调，适应性强，转向盘可调，
座位可调，舒适性好，撒布均匀，不伤种，
操纵灵活，工效较高，油耗低，经济耐用，
适用广。

2BD-8H型水稻直播机的外形如图3-7
所示，其主要技术参数见表3-4。

图3-7　2BD-8H型水稻直播机的外形

表3-4　2BD-8H型水稻直播机的主要技术参数

参数名称	参数值
播种行数（行）	8
播种行距（mm）	250
播种量（kg/hm²）	75～120
播量范围（挡）	20（可调）
适播芽长（mm）	≤5
生产效率（hm²/h）	0.46～0.6
配套动力（kW）	4.8（汽油发动机）
整机质量（kg）	300
外形尺寸（长×宽×高）（mm）	2 200×1 950×1 300

5. 饶氏水稻人（动）力直播机 饶氏水稻人（动）力直播机是监利县汴
河镇农民饶太平用30多年时间苦心研究的专利产品。该直播机在湖北省得到
大力推广，并纳入湖北省农机推广产品目录。

饶氏水稻直播机（图3-8）结构简单、轻便、易操作，人力牵引一天可
播15～20亩，小型机械牵引一天可播30～40亩，经济实用。

图 3-8　饶氏水稻人（动）力直播机

第二节　水稻直播机的结构原理

一、水稻水直播机的结构原理

1. 水稻水直播机的结构　水稻水直播机的结构主要包括两大部分：行走传动部分和播种工作部分，如图 3-9 所示。

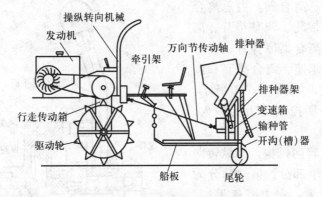

图 3-9　水稻水直播机的结构

（1）行走传动部分　行走传动部分主要由发动机、动力架、行走传动箱、离合器、操纵转向机构、驱动轮、牵引架、尾轮及船板等组成。

① 发动机。水稻水直播机配套的发动机主要有柴油机和汽油机两大类。

柴油机的型号主要有 160F、170F、175F 等单缸风冷和水冷机型，用于独轮驱动；对于 4 轮驱动的水直播机主要采用二缸或三缸水冷柴油机。单缸柴油机在水稻水直播机中应用较广。

汽油机主要采用单缸风冷小型汽油机，如 168、EY20B，也有采用二缸水冷汽油机的。汽油发动机的优点：重量轻、启动方便；缺点是油料价格高。

②行走传动箱。行走传动箱是由灰铸铁铸造而成，由 6 根轴 12 只正齿轮形成传动系，动力由两根三角皮带通过锥形摩擦离合器传给各级变速齿轮，驱动机具前进。用一根变速杆操纵变速齿轮的啮合得到 3 种不同速度，即两个播种挡，一个公路运输挡，如图 3-10 所示。

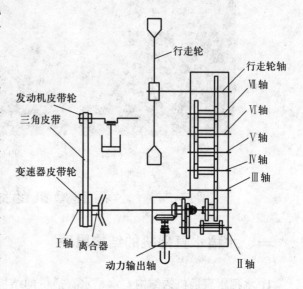

图 3-10　水稻水直播机的传动系结构

③离合器。锥形摩擦离合器也称总离合器，由总离合器手柄、皮带轮、调整垫片、离合器弹簧、离合器摩擦片、离合锥、离合轴承座、离合拨套和刹车带等组成，如图 3-11 所示。总离合器手柄控制动力的输入、切断和刹车。

④操纵转向机构。操纵转向机构分为两个部分：第一部分为拨叉操纵装置，它由变速手柄、手柄座、箱盖体、拨叉、拨叉轴、定位板等组成，如图 3-12 所示。第二部分为转向机构，它由转向盘、转向轴、转向牵引套、定位销等组成，如图 3-13 所示。

变速手柄控制变速拨叉，当操纵手柄拨动第二轴双联齿轮时，

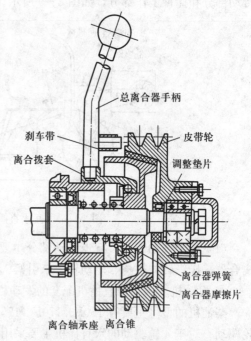

图 3-11　锥形摩擦离合器剖面图

由于双联齿轮和各种不同齿轮啮合，可得到不同速度，变速手柄有高挡、Ⅰ挡、空挡、Ⅱ挡 4 个挡位。当变速手柄在Ⅰ挡或Ⅱ挡时，直播机前进，使播种轮转动，带动排种轴和排种轴上的外槽排种轮同步转动，使其自行排种。

转向机构控制水直播机的转向及靠行，这一工作靠操纵转向盘来完成，转向盘的最大转向角为左、右各 60°，最大转向角靠转向牵引套和位于转向轴板上的定位销来限位。

⑤ 驱动轮。驱动轮有橡胶驱动轮和水田驱动轮两种，公路行走配用橡胶驱动轮和尾轮；水田行走时取下橡胶驱动轮和尾轮，装上水田驱动轮。安装水田轮时，叶片的方向要正确（图 3-14），否则不能前进。

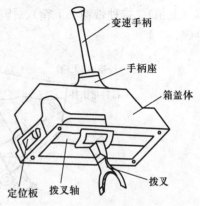

图 3-12　拨叉操纵装置示意图

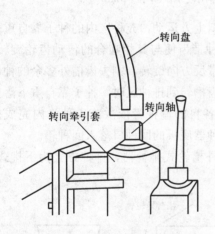

图 3-13　转向机构示意图

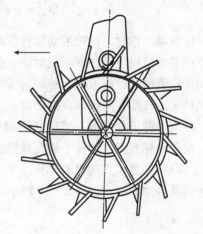

图 3-14　水田轮安装方向

⑥ 牵引架。牵引架是行走传动箱与水直播机的连接架，牵引架上有驾座（工具箱）。

（2）播种工作部分　播种工作部分是直播机的主要部件，直播质量好坏主要决定于这部分是否调节正确。这部分主要由种子箱、播种器、传动轴、排种漏斗、播种轮和升降杆总成及船底板等组成。

① 种子箱。种子箱是一个用薄铁皮制成的长方体箱子。底部开 10 个长方

形洞口，其长度为槽轮长，宽为调节轮外径。

②排种器。排种器的工作性能直接影响播种作业的质量。

2BD-6D型带式精量水直播机采用带式排种器（图3-15），主要由种箱体（上箱）、排种带箱（下箱）、排种带组件、刷种轮组件和接种杯及输种管等组成。

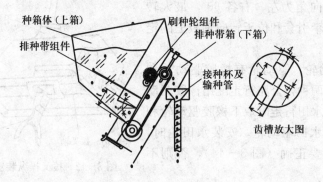

图3-15 带式排种器结构示意图（单位：mm）

排种器工作时，带轮带动排种带向斜上方运动，充种区内的种子靠自重落入排种带齿槽内与排种带一起运动，排种带齿使与其相啮合的传动齿轮旋转，传动齿轮带动刷种轮齿轮和种刷与排种带反方向旋转，刷去齿槽外多余的种子并使种子按长度方向排列在齿槽内；当齿槽转到排种区时，种子靠自重下落排种，排出的种子分别落入接种杯并通过各自的输种管依次落入种沟内完成播种；在接种杯宽度外的种子靠自重沿排种器底板的回种口落入回种箱。

2BD-10型水直播机的排种器采用外槽轮式排种器，排种方式为下排式，排种器及传动轴结构如图3-16所示。

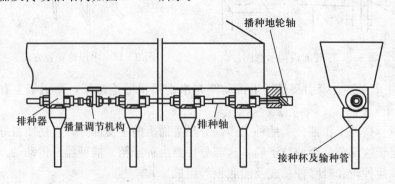

图3-16 外槽轮式排种器及传动轴结构示意图

③ 万向节传动轴。万向节传动轴是将底盘动力传递给变速箱的传动件，由两副万向节和传动轴、管组成。一副万向节焊接一根方管，安装在底盘动力输出轴上，另一副万向节焊接一根方轴，万向节安装在变速箱输入轴上，方轴则套在方管内，可在方管内伸缩，以适应不同的轴头间距离。

④ 排种变速器。由于万向节轴的转速达到 500 r/min，对于排种器来说速度过高，同时由于各地的播种量不同，需要设计不同的排种量，因此，2BD－6D型直播机设置了专用的变速箱。变速箱总成由变速箱体、3 根传动轴、1 对锥齿轮、6 只正时齿轮、1 只拨叉、输出链轮、排种链轮和排种链轮轴管等零件组成。变速箱体为合金铝铸件，下部用螺栓固

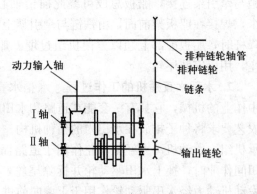

图 3－17　变速箱传动示意图

定在排种器架上，以安装传动零件。动力经万向节轴、动力输入轴输入，经锥齿轮副传递到Ⅰ轴，Ⅰ轴的 3 只正时齿轮分别与拨叉拨动Ⅱ轴上的三联齿轮相啮合，形成 3 种不同的速度，将动力传递给Ⅱ轴，再由Ⅱ轴轴头上的链轮经链条传递给排种链轮和排种链轮轴管，带动排种器工作（图 3－17）。

变速箱Ⅰ挡时排种链轮的转速为 42.6 r/min，变速箱Ⅱ挡时排种链轮的转速为 76.2 r/min，变速箱Ⅲ挡时排种链轮的转速为 92.9 r/min。

由于直播机具有两种前进速度，配合变速箱的 3 种速度，因此工作时可有 6 种不同的播量。具体播量见表 3－5。

表 3－5　　2BD－6D 型带式精量直播机播量表

变速箱挡位	直播机前进挡位数	播量（kg/hm²）
Ⅰ挡	14	37.5
	12	45.0
Ⅱ挡	14	55.5
	12	64.5
Ⅲ挡	14	75.0
	12	87.0

⑤ 船板。船板总成由船底板和船板架组成，用以安装船板升降挂钩座、

牵引架连接座、排种器架、开槽器和输种管固定架等零部件。船底板厚 8 mm、板宽 1.85 m、长 0.66 m，前部微翘，用螺栓固定在船板架下面，其作用是平整田面，压草起浆，有利于种子吸水立苗，在其下部中间安装有一个楔形开沟器以开田间沟。牵引架连接座用螺栓固定在船板架的中上方，左右各一，用插销与牵引架连接，船板总成可绕此插销轴心回转。船板升降挂钩座左右各一个，焊接在船板架前面，由铁链与牵引架上的挂钩相连，当驾驶员下压船板升降杆时，船板前部上翘以方便机组过埂。船板架后部固定有两个尾轮安装孔座，用以安装尾轮。

2. 水稻水直播机的工作过程　水稻水直播机是在经耕整、耙平后的水田中作业的机械，它具有一套能在道路和水田中移动的行走机构和一套能按特定农艺要求将种子排放在水田内的播种机构。行走转移时，行走驱动轮和尾轮支承机组，发动机动力经驱动轮作用于道路而行走，同时切断播种机构的传动。田间作业时，换上水田驱动轮并拆除尾轮，利用水田驱动轮和船板支承机组，发动机动力经水田驱动轮作用于土壤向前进，船板下面的几何形状在水田表面整压出适合水稻生长的种床和田间沟，播种机构利用直接和间接的动力驱动，完成对种子的分种、排种和落种工作。根据播种机构排种器的不同，可进行常量播种和精量播种作业。

二、水稻旱直播机的结构原理

1. 水稻旱直播机的结构　南方水稻旱直播机结构与旋耕（免耕）播种机相似。图 3-18 为与手扶拖拉机配套的水稻旱直播机，该机主要由旋耕碎土装置、播种装置、开沟器、镇压轮及操作机构等组成。

（1）旋耕碎土装置　该装置主要由旋耕传动装置、工作装置和辅助设备三部分组成。

① 传动装置。传动装置由操纵杆、啮合套、传动齿轮、传动轴、大链轮、双排滚子链及小链轮等零件组成，用于将手扶拖拉机的动力传递给旋切刀轴。传动齿轮空套在传动轴上，机具配挂后与手扶拖拉机的动力输出齿轮常啮合传动，从而将动力传入。啮合套以花键连接的方式穿套在传动轴上，通过操纵杆的作用沿传动轴轴向移动，啮合套的右端为三爪牙嵌，与传动齿轮的三爪牙嵌配合实现动力的结合与分离。大链轮固定在传动轴的右端花键轴上，通过一副双排滚子链与固定在旋切刀轴花键上的小链轮连接，将动力传递给旋切刀轴。

工作时，向左拨动离合器操纵杆将啮合套拨至结合位置，手扶拖拉机的动

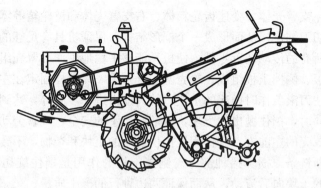

(a) 整体图

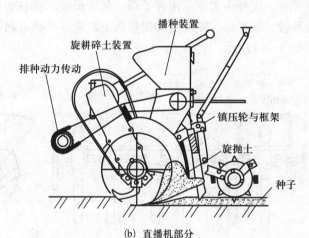

播种装置

旋耕碎土装置

排种动力传动

镇压轮与框架

旋抛土

种子

(b) 直播机部分

图 3-18　水稻旱直播机的结构

力经动力输出齿轮、传动齿轮、传动轴、双排滚子链等带动旋切刀轴旋转。向右拨动离合器操纵杆分开传动，旋切刀轴不转。由于拖拉机底盘的动力输出齿轮在倒车时不转，所以，拖拉机倒车时播种机的旋切刀轴不转。当柴油机的转速为 2 000 r/min 时，动力输出齿轮的转速为 555 r/min，传动轴的转速为 219 r/min，而旋切刀则以 512 r/min 的转速工作。

　　② 工作装置。工作装置即旋切刀滚总成，由旋切刀轴和旋切刀组成。旋切刀轴由钢管制成，在其表面共焊装 48 个旋切刀座以安装旋切刀。旋切刀用六角螺栓固定在刀座上，随刀轴一起旋转，起切土、碎土和抛土的作用。为适应水稻田土壤黏重的特点，旋切刀采用侧切刃起始滑切角较大的弯刀片，刀片分左弯、右弯两种，各 24 把。

　　③ 辅助设备。旋切碎土装置的辅助装置包括机架和罩壳组合件等。机架

由左支臂、左支臂壳体、变速齿轮箱体、右支臂壳体和链轮箱等零件组成。这些零件与旋切刀轴连接从而形成一个框形结构，保证机具有足够的强度，同时容纳和支承所有的传动装置零件，使机具能够平稳地工作。罩壳组合件是由罩壳和前挡土板、侧挡土板组成。罩壳两边分别用 4 只螺栓固定在左支臂和链轮箱上，以挡住刀滚工作时抛起的土块，使其撞击进一步破碎，达到符合播种覆盖的要求；同时，挡住抛出的土块，保证操作手的安全，改善劳动条件。前挡土板安装在罩壳的左前方，其作用是挡住前抛的土块和杂物，不致抛到链轮和链条上以毁断链条，损坏播种部分。侧挡土板的作用是挡住旋切刀斜抛的土块，使抛出的土块向后流动，从而保证两边种行的覆土质量。

（2）播种装置。播种装置主要由种子箱、角铁框架、左右支承侧板、排种器、卡箍、排种轴、接种杯、输种管和播量调节装置等组成，起储存和供应种子的作用，如图 3-19 所示。

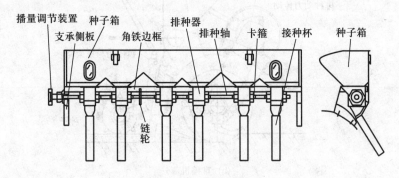

图 3-19　播种装置结构

① 种子箱。种子箱为薄钢板制成，容积为 38 L。可投入种子 32 kg 左右。种子箱后面两侧开有玻璃观察孔，可随时观察到箱内种子的储存量。

② 角铁框架。角铁框架用角钢焊接而成，用以连接种箱、排种器、排种离合器及左右支承侧板，是连接播种装置部分各部件的关键件。

③ 左右支承侧板。左右支承侧板是支承播种装置部分的零件，用钢板冲压而成。下部呈圆弧形，用螺栓固定在旋切碎土装置罩壳的外圆弧面上，上面用螺栓固定角铁框架。

④ 排种器。排种器是播种机最重要的工作部件，它直接影响作业质量。对排种器的要求是排种均匀稳定，不伤种子，排量可以方便、准确地调节。对稻麦轮作区来说，排种器还必须具备防锈蚀的能力。排种器采用塑料制作的工作长度可调的窝眼轮式排种器，主要由排种盒、排种槽轮、种刷等组成，如图

3-20 所示。

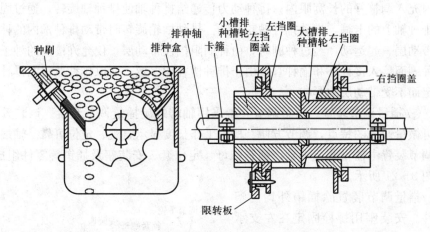

图 3-20　可调窝眼轮式排种器结构

　　排种盒用来存放种子和连接各部件，上部有 4 个槽孔和种子箱框架固定在一起，下部安装接种杯。

　　小槽排种槽轮是在圆柱体上开 14 条半圆槽，穿套在排种盒的左端，用以排放较小颗粒的种子。排种槽与左挡圈内端面形成长窝眼，用以容纳种子并旋转排出。当移动排种轴时可改变窝眼的长度，从而改变每槽的容种量而改变排量。

　　大槽排种槽轮是在圆柱体上开 6 条半圆槽，穿套在排种盒的右端，用以排放颗粒较大的种子。排种槽与右挡圈形成长窝眼，用以容纳种子并旋转排出。同样当移动排种轴时可改变窝眼的长度，从而改变每槽的容种量而改变排量。

　　种刷用一般的排刷做成，用螺栓固定在排种盒的前斜面上并可前后调节，刷毛与排种轮紧靠，在排种槽轮旋转时刷去排种槽外的种子，使每槽带出的种子量一定。

　　卡箍每副两片，是用 3 mm 厚的钢板冲压成型的半圆件，安装在两侧的排种槽轮外，两边用螺栓紧固在排种轴上，靠螺栓夹紧的摩擦力与排种轴一起运动。卡箍的一侧伸出一键，插入排种槽轮的键槽内带动排种槽轮运动。将卡箍掉头安装，使键朝外，则排种槽轮在排种轴上空转。

　　限转板为塑料件，两头分别为大小圆弧，中间有一长槽用螺钉固定在相应的挡圈盖上。当卡箍的键朝外时，将限转板插入排种槽内限制排种槽轮的自由转动。特别要注意的是，卡箍和限转板不能同时插入同一个排种槽轮内，否则，两零件会同时起作用，将损坏排种器。

排种器的工作原理是：种箱内的种子靠重力从种箱口落入排种盒，在充种区内充入调整好的长窝眼内；排种动力传递给排种轴使排种轴旋转，通过固定在排种轴上的卡箍，带动排种槽轮转动。排种槽轮旋转时带动排种槽内的种子和带动层一起运动，经过种刷时，由种刷阻挡住带动层，仅允许槽内的种子通过种刷而落入接种杯和输种管，由于排种槽容积一定，所以排种器每圈排种量一定而不受带动层的影响。

⑤ 播量调节装置。播量调节装置采用轴端螺旋播量调节装置。该装置具有可微量调节的特点，调节方便、槽轮工作长度显示直观、定位可靠。轴端螺旋调节装置由播量调节手轮、锁紧螺母、定位套、安装座及插销等零件组成，如图 3-21 所示。

播量调节装置除插销外均为塑料件。安装座用螺栓固定在左支承侧板上，内孔螺纹，外端面是若干矩形牙嵌。播量调节手轮左端为一手轮，右端为一螺杆旋入安装座螺孔，螺杆沿螺杆轴线有两对称的键槽，键槽内滑长度方向上设置有两通孔，用以安装插销。定位套空套在螺杆上，内孔直径方向两键插入键槽，可在螺杆上移动但不能转动，右端是若干矩形牙嵌。插销为圆柱

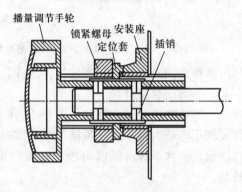

图 3-21　播量调节装置结构

销，两只插销用钢板连接成一副，共有两副，两只插销分别穿过播量调节手轮体插入排种轴的圆槽内，使螺杆与排种轴轴向连接，排种轴可相对于螺杆转动而不能轴向移动。锁紧螺母内孔为内螺纹，拧在螺杆上，起锁紧作用。

播量调节装置的调节方法：松开锁紧螺母，将定位套外拉使其牙嵌与安装座牙嵌分离，转动手轮以带动排种轴和排种槽轮沿轴线方向移动，由于螺纹的作用，手轮每转一圈，排种槽轮移动一个螺纹的螺距，调节位置由指示箭头与指示板显示，调节好播量后将定位套推入使牙嵌接合，再用锁紧螺母锁紧。

⑥ 排种轴。排种轴由直径为 16 mm 的冷拉圆钢制成，在其表面镀锌以防止锈蚀。排种轴用来装配排种器、排种离合器和播量调节装置。中间铣有长槽，用以安装离合器。左侧头部加工成两圆槽，与播量调节手柄连接。

⑦ 接种杯和输种管。接种杯为一塑料漏斗，上口卡入排种盒相应的插口内，下口伸出一圆管与输种管用铅丝连接。输种管为一压注成型的塑料锥形波

纹管，上下分别与接种杯和播种头连接，以输送种子。

（3）镇压轮与框架 该部分主要由横梁、连接板、撑杆、橡胶挡泥扳、播种头、播种头卡座、镇压轮及镇压轮升降机构等零部件组成。

① 横梁。横梁用 40 mm×40 mm 的角钢制成，两侧焊有螺孔的衬板，用螺栓和连接板固定，使其与旋切碎土装置的罩壳和左右连接板形成一个框架。横梁的中间开有若干长槽，以安装和调整播种头卡座。上方焊有两连接叉，用以安装撑杆与手扶拖拉机的手扶架连接而固定机组。其后方设置有若干螺孔，以安装挡泥板。

② 橡胶挡泥板。挡泥板用夹织物的橡胶板制成，可安装在旋切碎土装置罩壳的角钢和横梁后方，具有阻止土块后抛提高覆土性能和保护操作手安全的作用，安装在罩壳的角钢上。在遇土壤含水率较高的情况下，可将挡泥板挂起，以免镇压轮前壅泥而影响作业。

③ 播种头及播种头卡座。播种头的作用是分开后抛的土流，在种床上开出一条浅沟和按一定的宽度下种。播种头由播种头体和连接板焊接而成，共 6 只。播种头体用钢管做成，使下落的种子在圆管内壁下滑至地面，种子播幅小，为线形播种，上侧面焊一块铣有上下长槽的连接板，用螺栓固定在播种头卡座上，可上下调节。播种头卡座用钢板焊接而成，可在横梁的行距调节槽内横向移动，以改变播种行距。

④ 镇压轮及镇压轮升降机构。镇压轮由薄钢板卷制而成，其作用是对播后疏松的土壤进行镇压，使种子与土壤紧密贴合，获得种子发芽所需的水分。水稻田土质较黏重，含水率高，在工作时镇压轮上容易黏土，因此在镇压轮表面装有刮泥角铁，以保证机具正常作业。另在镇压轮两端各装有一副防滑齿轮，以增加摩擦力，避免拖土和壅土现象。

镇压轮升降机构由镇压轮连接拉杆和调节孔板组成。孔板上设有 8 个调节小孔，若使用上面一孔与连接板配合，则处于行走位置，旋切刀离地 50～60 mm，若用其他 7 个孔，机具有一定的旋切深度，相邻两孔高差为 10.5 mm，旋切深度变化约为 10 mm。

（4）排种动力传动装置 排种动力传动装置是播种机的一个重要组成部分，它起着将排种所需的动力准确、稳定地传递至排种轴，从而保证播种机排种机构正常工作的作用。排种动力传动装置主要由链轮 1、上张紧轮机构、套筒滚子链、下张紧轮机构、离合器座、链轮 2、离合挡板、离合器操纵杆、啮合套、门字键和卡瓦等零部件组成，如图 3-22 所示。

① 传动机构。传动机构由链轮 1、链轮 2（排种链轮）和链条等零件组成，起动力传递作用。链轮 1 为两半合体，齿数 22，装配在拖拉机左驱动轴

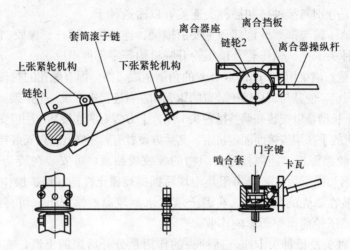

图 3-22 排种动力传动示意图

上，将拖拉机的动力通过套筒滚子链传至链轮 2。套筒滚子链节距为 12.7 mm，单级 134 节。链条 2 空套在排种轴上，由固定在离合器座上的卡箍伸入其槽内限制轴向移动。另一端铣有 3 个直角梯形啮合齿和离合器的啮合套相配合，实现排种动力的接合和分离。

②链条张紧机构。链条安装以后，其下链由于空间不够会碰到罩壳而将罩壳磨损；同时使用时间一长，链条、链轮磨损，链条会更松，因此需要设置链条张紧机构。链条张紧机构分上下张紧机构。上链条张紧机构是在拖拉机最终传动壳体的两只螺栓上，固定一块带有长槽的张紧机构固定板，在槽内安装一组张紧轮和轮轴，张紧轮随轮轴可沿长槽上下移动而压紧链条。下链条张紧机构是由两只张紧轮、轴和张紧轮支架等部件组成，安装在罩壳的前上方，使上下链条分别托在上下张紧轮上，解决了链条之间及链条与罩壳之间的摩擦问题。同时，也保证传动可靠。

③排种离合器。排种离合器起着接合和分离排种动力的作用。主要由离合器座、啮合套、离合器操纵杆、离合器挡板等零件组成。工作时，如将操纵杆拨到"合"的位置上，小球头带动啮合套向左移动，使啮合套的啮合齿和链轮 2 的啮合齿结合，啮合套与链轮 2 一起转动，并通过安装在啮合套内孔键槽和排种轴键槽内的门字键将动力传至排种轴，排种轴带动排种槽转动而排出种子。如果将操纵杆拨到"离"的位置，小球头带动啮合套向右移动，链轮 2 和啮合套的啮合齿分离，则链轮 2 在排种轴上空转，排种槽轮不工作。

（5）滑橇 滑橇作为附件可定购，在土壤含水率较高的黏土上作业时使用。

由于镇压轮容易黏附泥土、杂物，造成镇压轮和刮泥角铁间卡死，此时，必须用滑橇替代镇压轮。滑橇具有下陷浅、粘泥少的特性，机具作业时通过性能较好，不易产生壅土现象。另外，在土壤潮湿的条件下种子、覆土可不受压，能提高出苗率。所以换用滑橇可扩大少、免耕机条播作业时对土壤含水率要求的范围。

2. 水稻旱直播机的工作过程　水稻旱直播机是在尚未灌水的田间播种水稻的作业机械，根据机具作业前的土壤耕作情况可分为常规播种机和旋耕播种机两大类。

常规播种机是在土壤表面开出一条浅沟作为种床，同时利用地轮动力或主机动力驱动排种器工作，将种子按要求从种子箱排出经输种管落入种沟，再利用沟壁土的滑移及覆土器的作用覆盖。

旋耕播种机是在留茬田直接浅旋破碎土壤，使其达到播种的需要而覆盖种子。排种器由地轮或机具自身的动力驱动排出种子，种子经输种管和播种头落入种沟，后抛土落在种子上进行覆盖，经镇压轮镇压即完成播种作业。根据排种量的不同，也可分为常量播种和精量播种。

第三节　水稻直播机的使用与维修

一、水稻直播机的操作手柄

直播机操作手柄有 3 个：离合手柄、播种离合手柄和变速手柄，各手柄的位置如图 3-23 所示。

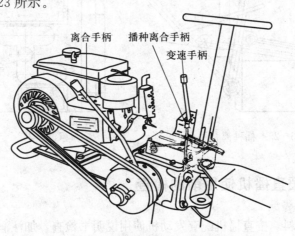

图 3-23　水稻直播机的操纵手柄位置

1. 离合手柄 离合手柄有 3 个位置，通过摩擦离合器来控制发动机动力的传递、切断和机器制动，如图 3-24 所示。

注意：发动机启动前必须将离合器手柄置于"分离"位置。

2. 播种离合手柄 播种离合手柄有"离"和"合"两个位置，可控制工作部分的运转与否，如图 3-25 所示。

注意：直播作业停止前、机头转弯大于 30°和直播机过埂前必须先将离合器放到"离"的位置。

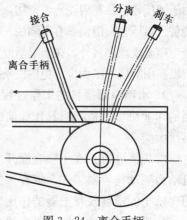

图 3-24　离合手柄

3. 变速手柄 变速手柄有 3 个不同速度挡位，3 个挡位间的过渡位置（中间位置）为"空挡"。"快速"挡用于直播机在公路上行驶，"株距"挡用于直播作业和路面质量较差时行驶，在"空挡"位置时直播机不能前进，但可用于观察直播机工作部分的运转状态，如图 3-26 所示。

注意：路面质量不好或安装水田轮时不准使用"快速"挡，换挡前必须先将离合手柄置于"分离"位置。

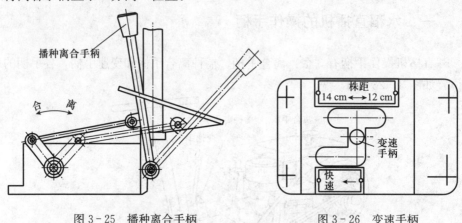

图 3-25　播种离合手柄　　　　图 3-26　变速手柄

二、水稻直播机使用前的检查

1. 检查油料 按直播机配套发动机使用说明书检查，加注润滑油和燃油。新机具首次使用前发动机油底壳、行走传动箱、蜗轮箱、万向节传动轴、链轮链条等部件必须按规定要求加注机油和润滑油，严禁无油状态开机。直播机的润滑部位如图 3-27 所示，各部位所需润滑油的品种、油量见表 3-6。

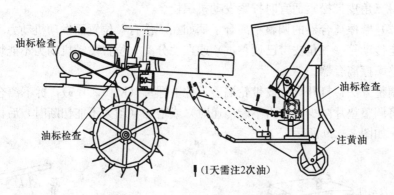

图 3-27　水稻直播机的润滑部位

表 3-6　水稻直播机润滑部位及各部位所需润滑油的品种、油量

润滑部位	润滑油品种	需油量	备注
发动机底盘	30 号机油	约 2 kg	油尺检查
行走传动箱	30 号机油	约 4 kg	油标检查
蜗轮箱	30 号机油	约 0.2 kg	油标检查
链轮链条	30 号机油	数滴	链条挂油
万向节传动轴	30 号机油	数滴	—
尾轮	黄油	数滴	—

2. 检查工作部件　检查各连接件的螺栓、螺丝是否松动，如有松动要拧紧或更换，用手转动地轮，检查地轮和排种器转动是否灵活，如果发现转动凝滞应查明原因，及时排除。

3. 更换驱动轮　对于水直播机，机器在下田之前，应拆下橡胶行走轮换上水田驱动轮，同时拆去尾轮。

三、水稻直播机的调整

1. 水稻水直播机的调整

（1）三角传动皮带的调整　三角皮带松紧以用手指在三角带中部位置可压下 1～2 mm 为宜。三角皮带的松紧可通过改变发动机在动力架上前后的固定位置来调整，如图 3 - 28 所示。

调整方法：拧松发动机固定螺栓，根据三角皮带松紧程度前后移动发动机，待三角皮带松紧适宜时拧紧发动机螺栓。

（2）摩擦离合器的调整　离合手柄如在"接合"位置而发动机动力不能传至行走传动箱（三角皮带已调整过）或在"分离"位置发动机动力不能切断时应调整摩擦离合器。

调整方法：打开离合皮带轮端盖，拧下螺母（M16×1.5），拆下离合皮带轮，将调整垫片减少（动力不能传递时）或增加（动力不能切断时）后再重新装复，如图 3 - 29 所示。

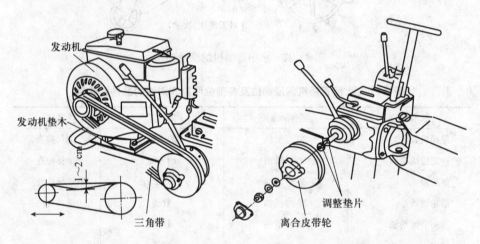

图 3 - 28　三角传动皮带的调整　　　　图 3 - 29　摩擦离合器的调整

（3）播种器的检查与调整　使用前播种带要检查试运转，左右张紧度调整一致，播种带张紧度以运转时播种带不打滑，手按带面有轻微下陷为合适。调整后试运转 10 min 以上，观察播种带是否跑偏，如播种带偏向左侧，则左侧螺栓张紧，右侧螺栓适当放松，继续试运转观察，直至不再跑偏。

（4）播种量的调整

① 使用前的调整。首先在平坦的地方，使机器空运转 3～5 min，然后根据农艺要求和不同谷种进行播种量调整，其方法是：松动排种器后锁紧螺丝，移动拨杆，一般使播种量在 1 m² 内有稻种 65～75 粒为宜。调好后，拧紧锁紧螺丝，以防作业时松动。

② 水田播种时的调整。因为陆地运转与下水田作业时环境有变化，必须

再次调整，方法同上，直到符合农艺要求为止。

2. 水稻旱直播机的调整

（1）行距、行数的调整　直播机的播种头在行距调节板上是可以移动的，可以调整为若干个行距。行距调整方法是：先拆除要调整的播种头上方的输种管，然后松开播种头卡座与行距调节板的紧固螺母，按照行距调整标记移动播种头至所需位置，最后紧固螺母并装上输种管。多余的播种头须拆除，以免影响机具通过性。在调整行距的基础上，对需要停止工作的排种器作相应的调整。2BD(H)-120 型水稻旱直播机的调整方法是：松开工作排种槽轮一侧卡箍上的螺栓，将卡箍掉头使插销朝外，再紧固螺栓即可。

（2）播种头高低的调整　播种深度应根据土壤墒情来确定，一般在天气干旱、土壤墒情较差时播种宜深一些，使种子能与潮土相接触，以提高出苗率；反之，在土壤墒情较好时，可适当浅播。调整时，将固定播种头的螺栓松开，如要浅播可将播种头上移，如欲深播则可将播种头下调，调整好后紧固螺栓。

（3）旋切深度的调整　采用少、免耕机条播的播种方法，旋切深度是保证抛土量、增加覆盖层厚度的主要因素，因此调整播种深度时必须考虑旋切深度。旋切深度的调整方法如下：拔出调节孔板和连接板连接用的 $\phi 10$ mm 圆柱销的保险销，再略抬镇压轮，抽出圆柱销，将所需调整的孔位对好，插进圆柱销并将其保险。调节孔板每上升一孔，则旋切深度加深 10 mm。调整好以后再试播，看是否达到要求，达不到要求再继续调整，直至完全调好。但由于旋切深度会引起机具作业负荷的变化，应注意拖拉机动力是否能满足，要避免发生超负荷作业的现象。

（4）各行排量一致性的检查和调整　各行排量一致性的好坏直接关系到播种质量，各地应按标准进行检查。一般该项指标应由机具结构保证，在出厂时已做过检查，但由于机具运输震动或机具长期使用会发生松动，使各行排量一致性产生变化，因此，应再次进行检查和调整。2BD(H)-120 型水稻旱直播机的调整方法是：将播量指示固定在"0"刻线处，打开种箱盖，检查各排种槽轮是否全部与右挡圈靠紧，若有间隙，松开要调整的排种器两边的卡箍，将排种槽轮移动到位，然后紧固卡箍的螺栓。多功能覆土直播机的调整方法是：转动手轮，使各行排种器刻度盘上的显示一致。

（5）整机播量的调整　2BD(H)-120 型水稻旱直播机的调整方法是：松开播量调节装置的锁紧螺母，将定位套外拉，转动手轮调节播量，调好后将定位套推入使牙嵌结合，再用锁紧螺母锁紧。

四、水稻直播机的作业

1. 水直播机的作业要求 直播作业前操作人员应充分了解直播机的使用、检查及调整方法，熟悉驾驶和直播操作技术，以充分发挥直播机的效率。

（1）直播机在到达作业地点后应先更换水田轮（水田轮安装位置要正确），再卸下尾轮后，用作业挡（14 cm 或 12 cm）缓慢进入水田。

（2）进入水田后要根据地块形状选择开行位置，考虑机器作业行走路线和完成直播后的出田位置，尽量减少空驶行程，行走路线如图 3-30 所示。

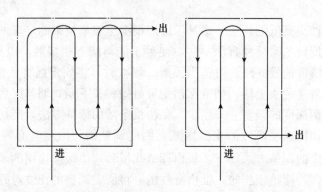

图 3-30　水直播机的田间行走路线

（3）将直播机停在开行位置（直播机距田边留出 1.85 m 宽度，直播机船板后面田边也留出 1.85 m 宽度），把发动机调整到小油门状态。

（4）调节挂链挂接长度，使船板底平面与地面充分接触（挂链挂接以自然高度为宜，不要拉得过紧使船板前部翘起）。

（5）直播机作业时行走要直，第一趟直播机边与田边要留出 1.85 m 的宽度，到最后再播满。

（6）直播作业过程中如遇有涌浪冲走、掩盖已播种子现象时（泥脚过分稀软或水过多）应适当放慢作业速度或排掉过多的水层后再播种。

（7）直播作业到地头时（已播种子距田边还剩 1.85 m 宽度）要先将定位分离手柄扳到"离"的位置，然后及时转向（转弯时不准播种），待与前一趟种子位置平齐后再继续直播作业。

（8）每块田直播作业到最后还剩 1 趟作业幅宽时，应在转弯后沿四周播种一圈，这时四个田角为直角转弯，可不分离播种离合器，边播种边转弯。

（9）作业时的注意事项。

① 每次作业前必须认真检查机器，确认各部分技术状态正常，才可开始作业。

② 驾驶员在操作过程中，要思想集中，认真操作，必须在机器停止运动状态下检查和调整，严禁在工作过程中，对机器进行检查和调整，发现机器有不正常气味和响声时应立即停车并检查修理。

③ 换挡必须将离合器置分离或刹车位置，切断动力，严禁不停车换挡。

④ 当田间泥脚过深而陷车时，可以在驱动轮下面塞垫木板，并用绳子牵引机头，不要站在驱动轮前面直接用手拉，也可以抬起后面的船体以减少阻力，但不能去抬机头，以免受伤。

⑤ 道路行驶时，驱动轮要改用胶轮而不能用水田轮，路面不平时不能用快速挡行驶。

⑥ 不要在种子箱上堆放重物，以防变形损坏。

⑦ 在装拆排种器时，禁止用铁锤敲打。

2. 旱直播机的作业要点

（1）起步平稳　合上碎土装置或螺旋器传动动力，小油门慢速前进中合上排种传动，然后加大油门进行播种。

（2）靠行准确　往返作业时，按机具作业的压痕依次相依靠行。

（3）作业直线　手扶拖拉机配套播种机在播种作业中应用推动扶手架掌握方向，尽量避免使用转向离合器，防止产生行走曲折及断垄。轮式拖拉机配套播种机要掌握好转向盘，不要使机具曲线行驶。

（4）观察仔细　作业过程中要注意观察种子储量、堵种、壅土情况，以便随时停机检查，退回重播。

（5）倒车升机　机具倒车时，应抬高机具，以免造成泥土堵塞现象。

（6）转移要点　机具过埂或途中转移时，要分离排种动力和碎土、螺旋装置；手扶拖拉机播种机行走时，要将镇压轮降到最低位置。

（7）夜间作业　机具夜间作业时，前后均需装灯，以便观察，后面的灯可装在扶手架上与撑杆连接的紧固螺栓上，使灯光照在种箱与输种管之间。

（8）田间掉头　在靠近地头时，应减小油门，至离地头一定距离时（手扶拖拉机播种机两个播幅，配中型拖拉机的播种机一个播幅），离掉排种离合器，升起机具转弯，在小油门前进中，再合上排种离合器播种。

（9）播种线路　在土壤含水率为 20%～30% 时，可直接用镇压轮作业；含水率为 30%～35% 时，改用滑橇作业。

（10）作业时的注意事项。

① 不熟悉机具性能的人禁止操作，操作者必须严格按照操作要领进行。

② 排除故障及整理机具时，一定要熄火停机。

③ 作业中要尽量避免倒车，以防播种头堵塞。

④ 拨动排种离合器操纵杆时要轻，不要用劲过猛，防止操纵杆变形或损坏离合器。

⑤ 换种子时应放开排种舌，彻底清除原有种子，以免混杂。

⑥ 不要在种子箱上推放重物，以防变形损坏。

⑦ 在拆装排种器时，禁止用铁锤敲打。

五、水稻直播机的维护保养

1. 水直播机的维护保养

（1）每天直播作业结束后保养

① 使用后，必须在当天用水把黏在机器各部上的泥水和脏东西冲洗掉，然后将水擦干，放在通风处。

② 在尾轮油杯处注入黄油，直至轴边有黄油溢出。

（2）每季播种结束后的保养和保管

① 用水冲洗干净整个机器并擦干。

② 将离合手柄、播种离合手柄置"合"位置，变速手柄置"空挡"位置。

③ 将机器前轮支起并保持平稳。

④ 用塑料布把机器盖起来，存放在阴凉通风干燥的室内。

（3）注意事项　直播机禁止存放在易受风吹雨淋和阳光暴晒的室外，以免机体老化或变形，机具上不准堆放杂物特别是重物。

2. 旱直播机的维护保养

① 每天作业前，要检查各紧固件及焊接件是否松动或脱焊，检查各密封接合件处是否漏油，发现问题及时排除。

② 每天作业结束后，应清除黏附在机具上的泥土、杂草，特别是罩壳里黏的泥土。

③ 放下排种舌，清除排种器里的泥杂和剩余种子，以免影响次日的作业质量。

④ 清除传动链条上的泥杂，保持链条清洁并适当加注润滑油。

⑤ 在连接拉杆与碎土装置的螺栓处，链轮 2 与卡瓦、链轮 2 与排种轴、张紧轮与轮轴处擦拭干净，并适当注入润滑油。

⑥ 在工作一段时间后，要注意观察链轮箱内和排种离合器座内的润滑油情况，并经常给予补充。

⑦ 如直播机长期存放，要将机具各部件清洗干净，排种离合器座内应换上清洁的黄油，各传动部件涂上防锈油，油漆脱落处补上油漆，旋切刀上涂上防锈漆，保存在室内干燥通风平坦的地方，易丢失件应妥善保管。

六、水稻直播机的常见故障诊断与排除

水直播机的常见故障与排除方法见表 3-7，旱直播机的常见故障与排除方法见表 3-8。

表 3-7　水直播机的常见故障与排除方法

故障现象	故障原因	排除方法
某行不播种	接种杯、输种管堵塞	清除接种杯、输种管堵塞物
一侧或两侧播种量明显减少	① 播种带松弛打滑 ② 种子表面太湿，黏附在充种槽内不落下	① 张紧播种带，若播种带伸长量超差，调换播种带 ② 重新晾种
不播种	① 同步离合器未接合 ② 十字节、蜗轮箱传动失效	① 将同步离合器拨到合的位置 ② 更换十字节销，紧固紧定螺钉，田头转弯时分离播种离合器
播种量过大	播种链轮选择不当	重新选择合适的播种链轮
机具打滑	① 水田轮方向装反 ② 田过干 ③ 泥过烂、泥脚过深	① 重新安装水田轮 ② 给田间稍微增加一点水再播 ③ 更换田块播种
壅泥、壅水	① 田里水过大 ② 机具前进速度过快 ③ 水田沉实时间过短	① 将田间水放干后再播 ② 适当调低油门，减低前进速度 ③ 停机半天，一天后再播种

表 3-8　旱直播机的常见故障与排除方法

故障现象	故障原因	排除方法
爬链	① 主动链轮与从动链轮不在一条直线上 ② 链条在长期存放期间，未浸入油中而严重锈蚀 ③ 链条过松，未张紧	① 重新调整 ② 经常清洗链条，加注润滑油 ③ 张紧链条

（续）

故障现象	故障原因	排除方法
壅土	① 镇压轮与刮泥角铁间粘土、缠草 ② 刮泥角铁与防滑齿相碰 ③ 土壤含水率过高	① 经常清除土块和杂草 ② 调整防滑齿的位置 ③ 采用滑橇作业
断行或漏播	① 播种头及输种管的出口被泥杂堵塞 ② 忘记合上排种离合器 ③ 未及时添加种箱内的种子	① 清除泥杂 ② 及时合上排种离合器 ③ 经常保持种子箱内有足够的种子
离合器失灵	① 定位弹簧弱 ② 操作杆球头磨损严重 ③ 啮合套拨挡槽磨损严重	① 换新弹簧 ② 修复球头或更换 ③ 修复或更换新件

第四章

玉米播种机的使用与维修

第一节　玉米播种机的特点与类型

一、玉米的播种方式

玉米植株高大，需较多的肥、水和光照，播种时应根据不同的品种要求，选择适宜的株距和行距，以保证单棵植株发育良好，实现穗大粒多、粒饱满，从而获得高产量。

玉米的种植有平作与垄作两种方式。东北地区由于温度较低，常采用垄作，以提高地温。华北地区常因雨水少且分布不均而采用平作。无论采用哪种种植方式，播种方法主要分为条播、点播和精量点播三种。

1. 条播　用开沟器开出条沟，将种子撒在沟内，再覆土、镇压。这种播种方式用种量大，且出苗后的间苗工作量也很大。

2. 点播　又称穴播，按预定的行株距开沟或挖坑，然后在坑内播 2～3 粒种子，并覆土、镇压。这种播种方式用种量较大，出苗后需要间苗，最后达到一个穴内留一棵壮苗。

3. 精量点播　用精量点播器播种，实现一穴一粒，播种、施肥、覆土、镇压等作业可一次完成，既节省种子，也免去了后续的间苗工作，是玉米播种技术的发展方向。

精量播种（又称精密播种）是与普通播种的粗放性相比较而言的，在播种量、行距、株距、播深等方面都比较精确。比普通播种的播种量要少，在保证个体发育的田间光照及养料充足的前提下，可实现个体的苗壮成长，使得成穗足且大、果穗粒多而重，从而实现高产。

虽然采用精量播种可以节约用种量，但是精量播种也需要一定的条件，例如肥沃的土壤、优良的种子、有效防治病虫害的技术，否则会达不到节约成本、增加产量的目的。

二、玉米播种新技术

玉米播种有许多新技术，如玉米免耕播种技术、玉米保护性耕作播种技术、玉米精量播种技术、玉米单粒播种技术、玉米半株距精量播种技术等。

1. 玉米免耕播种技术　玉米免耕播种技术就是在播种前对耕地表面不进行旋耕、犁耕、耙耱、镇压和清理秸秆、杂草等，直接进行播种。它具有省工、省力、省种、省肥、降低成本，保墒播种，有利于全苗的特点。玉米免耕播种技术的要点如下：

（1）玉米免耕地的选择　玉米免耕播种宜选择在地势平坦、土层较深厚、肥沃疏松，保水保肥及排灌方便的壤土或沙土田进行。耕层浅薄、贫瘠的石砾土、黏重和排水不良的地块不宜作玉米免耕田。

（2）选用优质高产良种　免耕玉米宜选用优质、高产、高抗（抗干旱、抗倒伏、抗病虫害）、根系发达、适应性广的杂交品种，如先育 335、龙单 13、吉单 321 等品种。

（3）播种前杂草处理　在播种前 7～10 天，选晴天喷施除草剂，若喷施期降雨，可推迟在播种前 2～3 天喷施。适宜免耕栽培用的主要除草剂品种及用量：一种是内吸型广谱灭生性除草剂，另一种是触杀型广谱灭生性除草剂。这两种除草剂要求每亩兑清水 50 kg 全田喷施。喷施除草剂要掌握"草多重喷、草少轻喷"的原则，对杂草较多的地方适当增加浓度，杂草较少的田块可人工除草，也可在播种后 2 天内每亩用：18％阿特拉津 375 g＋草甘膦 250 g（或 18％阿特拉津 200 g）＋乙草胺 100 mL＋清水 50～60 kg，进行全田喷施，抑制杂草生长。

（4）适时播种　玉米萌发出苗要求有一定的温度、水分和空气条件，掌握适宜时机播种，满足玉米萌发对这些条件的要求，才能保证一次播种出全苗，当地表气温达到 12 ℃以上即可播种，播种期一般在 4 月下旬。

（5）合理密植　为了保证玉米免耕产量，种植密度要适宜。双行单株。大行距 80 cm，小行距 40 cm，株距，紧凑型为 21～22 cm，半紧凑型为 23～24 cm，平展型为 33～34 cm；单行单株行距为 70 cm，株距，紧凑型为 17～20 cm，半紧凑型为 22～24 cm，平展型为 26～30 cm。玉米平展型品种要求每亩 3 200～3 800 株，紧凑型品种每亩 4 800～5 500 株，半紧凑型品种每亩 4 000～4 500 株。

（6）科学施肥　根据不同品种和不同生育期及土壤肥力，及时施用氮、磷、钾肥，做到合理配比，以满足各个生长期对营养的需要。基肥，一般施腐熟农家肥 1 000～1 500 kg，复合肥 50 kg，过磷酸钾 40 kg，氯化钠 15～20 kg；追施攻秆肥，当玉米长至 8～9 叶时，追施攻秆肥，以有机肥为主，适当配合速效性氮肥。一般每亩施水粪 500～1 000 kg，或尿素 4～5 kg，钾肥 5～10 kg；重施攻苞肥，攻苞肥以速效性氮肥为主，一般每亩施尿素 15 kg 或碳酸氢铵 30 kg，打洞深施，然后培土盖肥。

（7）苗期管理　出苗后必须查苗补苗。补苗方法：一是补种（浸种催芽后补）。二是移苗补缺（即用多余苗或预育苗移栽），补种或补苗必须在 3 叶前完成，并补施水肥 1 次。及时定苗，为了防止幼苗互相争肥，3 叶时必须及时间苗，每穴留 2 苗，4 叶定苗，每穴留 1 苗。化学除草，5～8 叶期，每亩用：40％玉农乐悬浮剂 50～60 mL＋水 30～40 kg，进行喷雾除草，草少可人工除草。科学排灌，玉米抽雄至授粉灌浆期，应及时抗旱，使土壤持水量在 70％～80％；如果降雨过多，土壤水分过量，应及时排水防涝。

（8）病虫鼠害防治

① 虫害防治。对地下虫害防治，在播种时每亩用 50％锌硫磷乳油 1 kg 与盖种土拌匀盖种。玉米螟防治可在喇叭口期，低龄幼虫用：1.5％颗粒 0.5 kg 拌细土 5 kg，撒入喇叭口；或用 2.5％高效氯氰菊酯乳油 1 500 倍液喷雾防治。蚜虫的防治，可用 2.5％扑虱＋水 800 倍进行防治。病害防治，对发生纹枯病的田块，在发病初期每亩用：3％井冈霉素水剂 100 g＋水 60 kg，进行喷雾；对大小斑病每亩用：50％多菌灵可湿性粉剂＋水 500 倍，进行喷雾防治。

② 鼠害防治。可用 80％敌鼠钠盐、7.5％杀鼠迷等防治，严禁使用国家明令禁止使用的剧毒药物进行灭鼠。

（9）适时收获　在全田 90％以上植株茎叶变黄，苞衣枯白，果穗籽粒变硬时即可收获。此时玉米香、甜、细嫩，营养丰富，商品性好。

2. 玉米保护性耕作播种技术　玉米保护性耕作播种技术是对农田实施免耕、少耕，用作物秸秆、残茬覆盖地表，减少土壤风蚀、水蚀，提高土壤肥力和抗旱能力的一项先进耕作播种技术。包括秸秆覆盖及表土处理、免耕播种、杂草病虫害防制、合理深松四项关键技术。

（1）秸秆覆盖及表土处理　玉米播种前，对田间秸秆及表土处理方法如下：

① 浅旋耕处理。利用玉米联合收割机或秸秆粉碎还田机进行秸秆还田，然后进行浅旋（浅旋深度以 60～70 mm 为宜）使秸秆残茬覆盖率在 30％～50％。

② 圆盘耙处理。收获后秸秆粉碎还田，用缺口圆盘耙（重耙）进行表土作业，使部分秸秆混入土中。

③ 苗带旋耕（灭茬）处理。收获后秸秆还田，然后进行苗带浅旋（灭茬），作业深度不超过 70 mm。

④ 高留茬灭茬处理。在秸秆资源少的地区，可在收获后高留茬（秸秆运出）播前进行灭茬处理。

（2）玉米免耕播种　选用合适的玉米免耕播种机在留根茬或秸秆覆盖的田地里进行玉米免耕播种，力争做到少动土，播行播深一致，且播在湿土上，播深 5～7 cm，播种量 30～37.5 kg/hm²。肥料施在玉米种子正下方或侧下方要大于 6 cm。

① 土地选择原则。选择较平坦，排水良好，深厚肥沃，有利于玉米高产的土地。

② 种子化肥的准备与处理。

选择适合本地区种植的优良玉米品种。

对种子应进行清选，使其外观大小一致，无瘪粒、污粒、虫口粒和杂质。

播前晒种 2～3 天。购买的玉米种子如无包衣，临播前一天要用种衣剂拌种，以防止病虫害的发生。

播前应做发芽试验，根据玉米发芽率确定精（少）量播种的亩播量。少量播种要求发芽率在 95％以上，精量播种要求发芽率在 98％以上。

播种同时施化肥，化肥不应有受潮结块和其他杂质，流动性要好，对不符合要求的应过筛处理。施混合肥时，应将几种肥料拌匀，最好随拌随施。

③ 播种机具的准备。根据保护性耕作的技术要求选择合适的玉米免耕播种机。检查机具的各部件是否完好，各机构运动是否灵活，保证机具的技术状态良好。

播种前要进行试播，对不符合要求的地方进行调整。

④ 播种时间的选择。播种期因各地气温及地温不同不能统一，一般以地下 100 mm 处地温稳定在 8 ℃以上为播种适宜期。播种时土壤含水量（0～10 cm 土壤混合样）应达到 13％，春季干旱应抢墒早播，水分较大宜散墒晚播。

⑤ 播种方法。为了便于除草施肥灌溉。一般用条播，使用气吸式播种机，在播种同时侧深施肥，种肥要隔离。

行距：播行要直，行距一致。与规定行距误差不超过 20 mm，接幅行距许大不许小，最大误差不超过 50 mm。

播量：播量一般在 1.5～2.0 kg/亩。精量播种空穴率不大于 2％，重播率在 8％以下。

播种深度：一般播深为 2～5 cm，沙土和干旱地区应适当增加 1～2 cm，墒情好时或黏土地宜浅不宜深。播深要一致，其误差不应超过规定播深的20％。播后应及时镇压。

（3）病虫草害防治　与传统耕作相比，由于玉米保护性耕作播种采用了秸秆覆盖技术，免去了深耕埋草、灭虫的环节，使病虫草害的防治变得更加重要。

①杂草防除。玉米播种结束后，可立即进行喷施除草作业，确保杂草在萌芽期被防除。如果因为某种原因没有达到除草目的，可选用适合杂草茎叶吸收的除草剂，在玉米 2～3 片叶时补喷一次。

②病虫害防治。主要是依靠化学药品防治。一是对作业田块病虫害情况做好预测；二是对种子要进行包衣或拌药处理；三是根据苗期生长情况进行药物喷洒。

（4）合理深松　合理深松是疏松土壤，更多储存天然降水的有效措施。实施保护性耕作的地块，初年进行一次深松，之后视土壤的疏松程度或土壤密度的变化情况，每隔 2～4 年深松一次，深度为 23～50 cm。

①局部深松。在玉米行间深松，作业后必须镇压。深松深度为 23～30 cm；作业时间在苗期，不应晚于 5 叶期。

②全面深松。深松深度为 35～50 cm，要松深一致，并不得有重复或漏松现象。深松时间在播前秸秆处理后。

（5）收割

①玉米收获时，不论是机收还是人工收获，最好选用摘穗收获工艺，不要把玉米苞皮留在地里，因为玉米苞皮韧性大，不易腐烂，留在地里会影响播种作业。

②为实现防风固土和保水等作用，应该留较高的割茬。

3. 玉米精量播种技术

（1）玉米精量播种的优势

①节省种子。常规播种一般每亩用种子 2.5～3.5 kg，精量（单粒）播种则只需种子约 4 400 粒（约 1.5 kg），每亩约节省用种费 15 元以上。

②不需间定苗。精量播种是依靠精度较高的机械完成的，种子萌芽率高，下种量精确，单粒率可以达到 85％以上，不需间苗或很少间苗，不定苗，每亩约节省人工费 10 元以上。

③提高肥效。机械精量播种机具均能达到深施化肥的目的。据测算，深施化肥能提高化肥利用率 10～15 个百分点。

④提高作物产量。机械精量播种最大的特点就是能将种子按要求播到预定的土壤部位，种距一致、播深一致、苗全、苗齐、苗壮，具有明显的增产作

用。据测产，比传统播种方法平均每公顷可增产 350 kg。

（2）玉米精量播种的技术规范　玉米精量播种技术适用于土壤条件好、种子纯度高、发芽率高、病虫害防治措施有保证的地块，其技术规范如下：

① 土壤耕整地作业。耕整地质量是精量播种的基础。深耕应保证耕深一致、不重耕、不漏耕，地头整齐、地面平整、土壤细碎、覆盖严密、不露残茬杂草（最好前一年秸秆还田、深松整地）。

② 选种及种子加工处理。机械精量播种对种子的质量要求较高，选择适合当地自然条件的高产、优质品种。种子纯度达 97%，发芽势强，发芽率在 98%以上，种粒要均匀一致，无破损。播前要晒种、包衣，并在 24 h 以内播种。

③ 选用性能良好的播种机械。播种机具应具有先进的排种机构，不漏播、不多播、不嗑种，深浅可调，播种同时实现深施肥，且种肥分离。

④ 选择适宜的播种期。当耕层土壤 5～10 cm 地温稳定在 8 ℃时（采用 5 日滑动法）既可播种。0～10 cm 的上表层土含水量在 10%～22%要及时抢墒播种。

⑤ 播种作业。

播种量：根据种子大小及种植量确定播种量。

播种深度：播种深度要根据土壤类型和温度、当年气候条件及播种技术等因素来确定。在一般条件下，玉米适宜播种深度为 2～5 cm，在沙土地、干旱地区和干旱年份应适当加深。

行距要求：播种行要直，行距一致。在 50 m 长度范围内，其直线偏差小于 2 cm，播幅间的邻界行距差小于 4 cm。

在播种之前要先按播种要求进行试播。

播后镇压：播种后及时镇压。给玉米生长创造适宜的土壤紧实度，增强土壤保墒能力，有利于种子发芽，是确保苗全、苗齐、苗壮的重要措施之一。

⑥ 合理施用肥料。提倡施用有机农家肥作底肥。底肥要在耕整地前均匀撒施于地表，然后经耕翻埋入土中。施用化学肥料作底肥则通过深施机具将肥料深施于土壤中。化肥深施有两种方法：一是一次性用作底肥深施；二是播种时施足种下肥。化肥作种肥，种、肥之间要大于 6 cm，避免烧种。一次性深施足量化肥可免去中耕追肥作业，集中深施也明显提高了肥效。深施的化肥要做到氮磷比例合适，对缺锌的土壤，要在磷酸二铵上喷附硫酸锌，晒干后施用。

⑦ 对机组人员的要求。机手和农具手必须密切配合。农具手需经常观察排种、排肥情况，防止漏播、漏施；随时注意种、肥箱中的种肥量，发现不满

足一个行程的排种、排肥量时，应及时添加，以免到地中间加种、肥而浪费时间。如果用气吸式播种机进行播种，风机转速不应忽高忽低。

⑧ 综合防治杂草、病虫害。播完及时进行苗前除草剂的喷洒。

主要虫害防治：地下害虫利用种子包衣剂进行防治；在黏虫大发生期及时进行人工洒播除虫精粉；在玉米大喇叭口期采用赤眼蜂防治法，释放量为每亩1万头左右，可有效防治玉米螟的危害。

⑨ 灌溉。如干旱，在播种后及时进行喷灌，灌水量为 $30\sim40\ m^3$/亩。

4. 玉米单粒播种技术　玉米单粒播种技术是近年来推广成功的一种玉米播种新技术。

(1) 玉米单粒播种的优势

① 玉米单粒播种密度一次到位，株行距均匀，苗匀、苗齐，营养面积一致，通风条件好，光合效率高，提高了成穗率、千粒重。

② 省种、省工、省力、省钱。玉米单粒播种亩保苗4 200株，用种1.5 kg，比常规播种节省50%。玉米单粒播种省去了很多后续的繁重工作。避免了间苗伤根，无多余苗争水争肥，不破坏除草剂封闭层，提高了除草剂的除草效果。

(2) 玉米单粒播种的技术规范

① 选好播种用种。玉米单粒播种，对种子要求很严。所用种子必须达到精播种子标准：纯度>97%，饱满整齐度一致，净度>99%，烘干水分含量<13%，出土率>95%，若是包衣种子需精细包衣。

② 精细整地。要求耕深保证深度一致，不重耕、不漏耕，地头整齐，地面平整，土壤细碎，覆盖严密。不露残茬杂草，耕后及时整地作业。

③ 适时机播作业。当土壤含水量（0～10 cm 土层）在13%左右时，方可开始播种。此时，根据土壤的肥、水等地力情况和所选品种特性，按照农艺要求的单位面积株数确定玉米播种量和株行距，并据此调整玉米单粒播种机具。玉米播种作业时要做到深浅一致。播后覆土严密，及时镇压，使种子与土壤完全接触以保证全苗。

④ 合理施肥。常用的深施化肥方法有两种：一是一次性用作底肥深施；二是播种时施足种肥。施用化学肥料作种肥是通过单粒播种机具将肥料、种子一起施于土壤中。要选用有效成分含量高、不易挥发、流动性好的化肥，如：磷酸二铵、尿素、硫酸铵等颗粒状种肥，并做到玉米生长期需要补充的化肥总量约7%的肥量随播种一次性施于土壤中。破茬开沟深度不小于12 cm；同步深施的化肥与种子之间要大于6 cm，避免烧种。一次性深施足量化肥可免去

中耕追肥作业，集中深施也明显提高了肥效，深施的化肥要做到氮磷比例合适，对缺锌的土壤，要在磷酸二铵上喷附硫酸锌，晒干后施用。

⑤ 防治病虫害。常用的方法是播种前进行农药拌种或在播种时随玉米种子播下拌药的毒土、诱杀害虫等。

⑥ 田间管理。及时除草中耕，根据气候、温度、土壤墒情等情况确定除草剂用量。

⑦ 适时晚收。适时晚收可降低玉米籽粒含水量，提高玉米品质。

5. 玉米半株距精量播种技术　玉米半株距精量播种是指根据品种类型和栽培条件确定株距后除以 2，进行等距单粒播种，实质是用 2 粒种子保一棵苗，出苗后，采用隔一间一留苗的种植方式。

玉米半株距精密播种的技术规范：

① 土壤条件。土壤温度为 8～12 ℃，0～10 cm 的上表层土含水量在 10％～22％，否则可深开沟浅覆土。覆土厚度为 4～6 cm，黏重土壤以 3 cm 为好，沙土地和干旱地应适当深播，播深一致，覆土均匀。

② 选择良种。应根据栽培目的、栽培条件、生育期、生产性能等选用良种。玉米种子纯度≥96％，发芽率≥95％，种子净度≥99％，物理性状好，籽粒饱满，整齐一致，富有光泽，无破损。用多功能种衣剂包衣防虫害。

③ 适时播种。根据当地气候条件、品种、地势高低和水分状况确定播期，确保一次播种达到苗全、苗齐、苗匀、苗壮。

④ 种肥与除草剂的施用。一定要注意种、肥隔离问题，以免产生"烧种"、"烧苗"。使用除草剂时，一定要做到科学用药，严格按照药剂说明操作，防止产生药害。

⑤ 播后镇压。玉米播种后及时镇压，给玉米生长创造适宜的土壤坚实度，增加土壤保墒能力，有利于种子发芽。

三、玉米播种机的类型

按玉米播种方法不同，玉米播种机可分为玉米条播机、玉米点播机（或玉米穴播机）和玉米精量播种机。按玉米排种器的形式不同，玉米播种机可分为指夹式玉米播种机、窝眼轮式玉米播种机、气力式玉米播种机等。按播种前对土壤的处理方式不同，玉米播种机可分为玉米免耕播种机和传统玉米播种机两大类。

玉米免耕播种机的常见的形式有以下 4 种类型。

1. 玉米免耕条播机 玉米免耕条播机是在原有玉米条播机的基础上研发出来的一种与拖拉机配套的机具。该机具具有以下特点：能够在进行播种的同时直接施肥，有效地提高了作业效率，施肥方式主要有正下位、侧下位和正侧位三种；播种行数为 2～4 行，行间距为 20～70 cm，可根据实际需要调整行距；采用窄型铲式开沟器，入土性能较好，并且对土壤扰动较小；机架与地面的间隙和开沟器的距离较大，通过性好，并且机架和开沟器柱均具有较高的强度。

2. 带状旋耕玉米免耕播种机 此类机具能够在玉米根茬地和小麦根茬地覆盖量较大的条件下进行播种，仅需一次作业即可完成多道工序，如秸秆切碎、集垄覆盖、垄际耕作播种、深施化肥和镇压等，确保了免耕播种作业的高效、便捷，并且有效地解决了根茬地覆盖量大情况下的玉米免耕播种问题。

3. 全旋耕玉米播种机 此类机具是一种集普通玉米播种机和旋耕机为一体的复合型作业机具，其最大的特点就是有效地解决了免耕播种机作业过程中的堵塞问题。但该机具在具体作业时，会对土壤翻动较大，不仅不利于保墒，同时一些残余根茬也会随之混入土壤当中，影响种子正常发芽。

4. 玉米小麦两用免耕播种机 此类机具属于多功能免耕机具，主要是通过增减排种器和开沟器的数量，来达到既能播种玉米，又能播种小麦的目的。它不仅提高了播种作业的工作效率，同时也减轻了农民购机的经济负担，是目前最受农民欢迎的免耕播种机之一。

四、玉米播种机的型号

玉米播种机的型号主要由大类分类代号、小类分类代号、特征代号、主参数代号等组成。

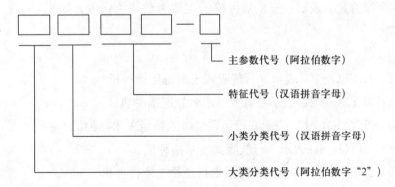

1. 大类分类代号　大类分类代号用阿拉伯数字表示。JB/T 8574—1997《农机具产品型号编制规则》将农机具分为 10 个大类，NY/T 1640—2008《农业机械分类》将农机具增加至 14 个大类，其中种植施肥机械属于第二大类，用数字"2"表示。

2. 小类分类代号　小类分类代号用机具名称的汉语拼音第一个字母表示。播种机械的小类分类代号见表 4-1。

表 4-1　播种机械的小类分类代号

机具名称	代号	机具名称	代号
谷物播种机	2B	水稻直播机	2BD
玉米点播机	2BY	牧草播种机	2BC
棉花播种机	2BM	蔬菜播种机	2BS
通用播种机	2BT	施肥机	2F

3. 特征代号　特征代号用机具主要特征（用途、结构、动力形式等）的汉语拼音第一个字母表示，与主参数邻接的字母不得用"I"、"O"，以免在零部件代号中与数字混淆。

玉米播种机的特征代号较多，且不规范，一般各生产企业自行制订。

玉米播种机常见的特征代号的含义如下：

F——施肥，Y——玉米，M——免耕，Q——气吸式，H——风机后置式，J——精量，C——仓转式。

4. 主参数代号　主参数代号用以反映农机具的主要技术特性或主要技术参数，用阿拉伯数字表示。玉米播种机的主要参数均为行数，如 2、3、4、5、6（行）等。

例如：

（1）2BYFQ-3：表示 3 行气吸式玉米施肥播种机。

（2）2BYMF-2：表示 2 行免耕玉米施肥播种机。

（3）2BYMQJ-6：表示 6 行免耕气吸式精量玉米播种机。

（4）2BYQ-6：表示 6 行气吸式玉米播种机。

（5）2BYM-5/8：表示 5 行或 8 行免耕玉米播种机。

五、玉米播种机的产品规格

玉米播种机的产品众多，常见的品牌主要有农哈哈、约翰迪尔、美诺、沃尔、宁联、久保田、豪丰、勃农、布谷、大华宝来、丹凤、久阳、依联、广角、飞达等。

1. "农哈哈"牌玉米播种机 "农哈哈"玉米播种机由河北农哈哈机械集团有限公司生产，主要产品有：气吸式玉米播种机、施肥精量玉米播种机、玉米深松全层施肥精量播种机、仓转式玉米精位穴播机等。

（1）气吸式玉米播种机 气吸式玉米播种机具有如下特点：

① 与具有后输出轴的小、中型四轮拖拉机配套使用，采用三点悬挂装置连接主机，风机由拖拉机后输出轴通过万向节传动。

② 具有播种和施肥的功能，适用于小麦收割后免耕播种玉米、大豆，在播种的同时把颗粒化肥施入地中。

③ 排种装置由地轮传动，采用气吸式排种机构，可实现单粒精播，不伤种、节种省工、苗齐苗壮。

④ 机架前梁装有防缠开沟器，可防缠堵。播种机构为单体驱动，每个播种总成在拖拉机的牵引下均能独立完成开沟、排种、排肥、覆土、镇压等全部播种工艺，播种行距可根据需要进行调整。

"农哈哈"牌气吸式玉米播种机的外形如图 4-1 所示，其技术参数见表4-2。

图 4-1 "农哈哈"牌气吸式玉米播种机

（2）"农哈哈"牌施肥精量玉米播种机 该机与拖拉机配套作业，主要用

表 4-2 "农哈哈"牌气吸式玉米播种机的技术参数

参数名称	参数值				
	2BYQF-2H型	2BYQF-3H型	2BYQF-4HA型	2BYQF-4HB型	2BYQF-6型
外形尺寸 (长×宽×高) (mm)	1 450×1 360× 1 000	1 450×1 560× 1 000	1 450×1 900× 1 000	1 450×2 000× 1 000	1 400×3 700× 1 300
整机质量(kg)	200	260	340	—	750
行距(mm)	500~900	500~620	540	580	580
行数(行)	2	3	4	4	6
施肥深度 (mm)	60(与种子间距 50 mm)	60(与种子间距 50 mm)	60(与种子间距 50 mm)	60(与种子间距 50 mm)	种子侧下50 mm
亩施肥量 (kg)	0~45	0~45	0~45	0~45	0~45
播种深度 (mm)	20~50	20~50	20~50	20~50	20~50
作业速度 (km/h)	≤4	≤4	≤4	≤4	≤4
配套动力 (kW)	13~21	13~21	13~21	29~37	40~66
风机叶轮转速 (r/min)	4 800~5 500	4 800~5 500	4 800~5 500	4 800~5 500	4 800~5 500
播种单粒率 (%)	>92	>92	>92	>92	>92
空穴率(%)	<3	<3	<3	<3	<3

于免耕地单粒精播或双粒精播玉米,可条施晶粒状化肥,一次完成开沟施肥、开种沟、播种、覆土、镇压等工序,两行机添加铺膜机构可以完成地膜覆盖。

该机主要特点如下:

① 排种器播种精度高,粒数合格指数达 80% 以上。

② 采用法向充种,可以高速作业,当株距不小于 20 cm 时作业速度可达到 8 km/h。

③ 穴距精确,幼苗分布均匀,个体优势能够充分发挥,作物生长旺盛,产量高。

④ 配有单粒和双粒两种导种轮,当用户种子为精选种子时可以选择单粒导种轮,实现一穴一粒精播,非精选过的种子可以选择双粒导种轮,实现一穴

两粒播种。

⑤ 各行传动轴连成一体，统一驱动，转速一致，传动动力大，即使其中一行的地轮偶然打滑，也不影响该行正常播种。

⑥ 整台机器通过唯一的变速箱改变株距（图4-2），可产生4种株距，只要改变变速箱传动比，就可将整台机器的各行株距改变。

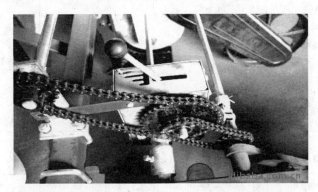

图4-2　改变变速箱传动比，即可改变各行株距

⑦ 变速箱操作杆可以同时控制摆移轮向摆动和轴向移动，操作快捷方便，变速箱所有齿轮都选用优质钢材经过渗碳处理，各传动部件都选用了优质滚动轴承，性能可靠。

⑧ 机架距地面抬高，前后开沟器距离加宽，缓减了夏播麦秸堵塞机器现象。

⑨ 选用了大排量排肥盒，加粗了输肥管，亩最大排肥量可达80kg。

"农哈哈"牌施肥精量玉米播种机的主要技术参数见表4-3。

表4-3　"农哈哈"牌施肥精量玉米播种机的主要技术参数

参数名称	参数值		
	2BYSF-2型	2BYSF-3型	2BYSF-4型
外形尺寸 （长×宽×高）（mm）	1 440×1 150×980	1 440×1 500×980	1 440×1 950×980
机具质量（kg）	140	190	270
配套动力（kW）	8.8～13.2	11～18.3	18.3～29.4
行数（行）	2	3	4
行距（mm）	428～630	428～800	428～570
理论株距（mm）	单粒模式下：140、173、226、280等4种，可选择 双粒模式下：280、346、452、560等4种，可选择		

（续）

参数名称	参数值		
	2BYSF-2型	2BYSF-3型	2BYSF-4型
株距合格率（％）	85	85	85
开沟深度（mm）	60～80	60～80	60～80
施肥深度（mm）	60～80	60～80	60～80
播种深度（mm）	30～50	30～50	30～50
最大亩施肥量（kg）	80	80	80
亩播种量（kg）	1.5～2.5	1.5～2.5	1.5～2.5
伤种率	≤3	≤3	≤3
化肥箱容积（L）	42	68	86
种子箱容积（L）	8.5×2	8.5×3	8.5×4
单粒模式下， 最高作业速度（km/h）	5（株距140 mm）、6（株距173 mm）、 8（株距226 mm）、10（株距280 mm）		
纯工作效率（hm²/h）	0.2～0.3	0.3～0.45	0.4～0.6
运输最小离地间距（mm）	300	300	300
种、肥最小间距（mm）	＞60	＞60	＞60

（3）"农哈哈"牌 2BMSQFY-4 型玉米深松全层施肥精量播种机　该机一次作业可完成深松、全层施肥、精量播种、覆土、镇压等工作。采用单体四连杆仿形机构，不论地面横向起伏还是纵向起伏，播种深度都可以保持一致，这不仅可以打破犁底层，疏松土壤，全层施肥，还可以减少机具多次进地对土壤产生的压实。开沟铲入土 250 mm，可以将肥料分施在深度 100～250 mm 的土壤中，有效提高了肥料的利用率，不再需人工二次追肥。减少了人工间苗，节约了人力成本。

"农哈哈"牌 2BMSQFY-4型玉米深松全层施肥精量播种机的外形如图4-3所示，其主要技

图4-3　"农哈哈"牌 2BMSQFY-4 型玉米深松全层施肥精量播种机

术参数见表 4-4。

表 4-4 "农哈哈"牌 2BMSQFY-4 型玉米深松全层施肥精量播种机的主要技术参数

参数名称	参数值
配套动力（kW）	66～88
外形尺寸（长×宽×高）(mm)	1 830×2 200×1 370
整机质量（kg）	620
行数（行）	4
行距（mm）	550～600（可调）
株距（mm）	140、173、226、280（4 挡齿轮箱调整）
耕深（mm）	100～280
施肥深度（mm）	100～250
播种深度（mm）	30～50

（4）"农哈哈"牌仓转式玉米精位穴播机 "农哈哈"牌仓转式玉米精位穴播机的特点如下：

① 采用重力清种，不伤种子；清种时可摘下整个排种盘盖，清种方便而彻底。

② 播种精度高，低位投种，穴距精确，稳定，省种，苗齐、苗壮。

③ 排种器由齿轮传动，主动齿轮内有防倒机构，避免机具倒转而引起故障。

④ 更换不同从动齿轮，可调株距。

⑤ 主播玉米，兼播大豆、棉花、花生、油葵，一机多用。

"农哈哈"牌仓转式玉米精位穴播机的主要技术参数见表 4-5。

表 4-5 "农哈哈"牌仓转式玉米精位穴播机的主要技术参数

参数名称	参数值	
	2BCYF-3 型	2BCYF-6 型
外形尺寸（长×宽×高）(mm)	1 330×1 665×1 000	2 900×1 450×1 050
整机质量（kg）	180	420
配套动力（kW）	11～18	40～70
行数（行）	3	6
行距（mm）	360～644	500～550
播种深度（mm）	30～50	30～50
伤种率（%）	<3	<3

2. "中诺"牌玉米播种机 中机美诺科技股份有限公司生产的"中诺"牌气吸式玉米免耕播种机的主要特点如下：

① 采用波纹圆盘犁刀破茬、开沟、在未耕地上实现免耕播种、节省整地作业成本，保墒、不违农时，气吸式精量播种，一次保全苗。

② 一次完成破茬、施肥、开沟、播种、覆土、镇压等作业。

③ 进口波纹圆盘犁刀，特殊材料，高强度、高硬度，使用寿命长。

④ 星形拨草轮，可将杂草排开，有利于顺利开沟播种。

⑤ 良好的单体仿行功能，保证播种深度一致。

⑥ 双圆盘开沟器，通过性能好。

⑦ 精密气吸式播种系统可确保精量播种。

⑧ 结构设计灵活，可调行距范围大。

⑨ 橡胶空心限深轮，不易粘土，限深效果好。

⑩ V形镇压轮，镇压效果好，使种子与土壤紧密结合，下松上实，保墒好，易于出苗。

"中诺"牌玉米播种机的外形如图4-4所示，其主要技术参数见表4-6。

图4-4 "中诺"牌气吸式玉米免耕播种机

表4-6 "中诺"牌气吸式玉米免耕播种机的主要技术参数

参数名称	参数值
连接形式	三点悬挂
外形尺寸（长×宽×高）(mm)	1 920×4 500×1 590
配套动力（kW）	88
工作效率（hm²/h）	2~4

（续）

参数名称	参数值
工作行数（行）	6
行距（mm）	500～750
种箱容积（L）	40×6（个）
肥箱容积（L）	325×2（个）
排种器形式	负压吸种，精量播种
覆土镇压形式	V形镇压轮
排肥器形式	外槽轮

3. "豪丰"牌玉米播种机　"豪丰"牌玉米播种机由河南豪丰机械制造有限公司生产，主要机型有：2BMZJ-4型玉米免耕施肥精量播种机、2BMJB-3型秸秆粉碎玉米免耕精播机、2BMXS-3/4型智能免耕施肥覆盖旋播机等。

2BMZJ-4型玉米免耕精量播种机可一次完成开沟施肥、玉米单粒穴播、覆土等多项农艺。作业质量好、效率高、安全系数大、使用可靠性强，是实现玉米保护性耕作的理想机具。

2BMJB-3型秸秆粉碎玉米免耕精播机主要由秸秆粉碎和玉米免耕精播两部分构成。适用于粉碎稻类作物秸秆的同时，完成玉米免耕精播的新型农机具产品，也可单独用于玉米、高粱等作物秸秆的直接粉碎还田。工作运行平稳、作业质量好、效率高、安全系数大、使用可靠性强，是实现玉米保护性耕作的理想机具。

2BMXS-3/4型智能免耕施肥覆盖旋播机综合应用了信息技术、传感技术和自动化技术，采用后置液压全悬挂连接方式，将机具智能化，提高了机具的作业质量、作业效率和适用性。

"豪丰"牌玉米播种机的外形如图4-5所示，其主要技术参数见表4-7。

（a）2BMZJ-4型玉米免耕精量播种机　　（b）2BMJB-3型秸秆粉碎玉米免耕精播机

图4-5　"豪丰"牌玉米播种机

表 4-7 "豪丰"牌玉米播种机的主要技术参数

参数名称	参数值		
	2BMZJ-4型玉米免耕精量播种机	2BMJB-3型秸秆粉碎玉米免耕精播机	2BMXS-3型智能免耕施肥覆盖旋播机
外形尺寸（长×宽×高）(mm)	3 900×3 400×1 560	1 880×2 210×1 500	1 520×2 160×1 330
配套动力（kW）	44.1, 58.8	36.8～51.5	36.8～44.1
整机质量（kg）	400	—	—
播种行数（行）	4	3	3
施肥行数（行）	4	3	3
工作效率（hm²/h）	0.6～1.0	0.4～0.6	0.47～0.60

4. "布谷"牌玉米播种机　"布谷"牌玉米播种机由石家庄农业机械股份有限公司（原石家庄市农业机械厂）生产，主要机型有：2BQ 系列气吸精量播种机、2BFY-6A 型玉米播种机等。

2BQ 系列气吸精量播种机，是一种多用途全悬挂式农用机具。该机适用于在经过耕地和整地作业后的土壤上进行播种与施化肥。在气吸播种器上更换不同排种盘即可进行变换株距，精量播种玉米、大豆、高粱、棉花（硫酸脱绒的棉籽）、油葵等多种作物，能一次完成施肥、开沟、播种、覆土、镇压等项作业。所以，作业项目多，通用性强，综合利用率高是本机的特点。

2BFY-6A 型玉米播种机适用于玉米、豆类等作物的免耕播种，一次作业可完成开沟、播种、施肥、覆土、镇压等工序。采用单体四连杆仿形结构，确保播深一致。具有结构合理，调整方便，使用可靠，作业效率高等特点。

"布谷"牌玉米播种机的外形如图 4-6 所示，其主要技术参数见表 4-8。

（a）2BQ 系列气吸精量播种机　　　（b）2BFY-6A 玉米播种机

图 4-6　"布谷"牌玉米播种机

表 4－8　"布谷"牌玉米播种机的技术参数

参数名称	参数值			
	2BQ－4 型	2BQ－5 型	2BQ－6 型	2BFY－6A 型
外形尺寸（长×宽×高）（mm）	2 300×1 500×1 220	2 800×1 500×1 220	3 400×1 500×1 220	3 800×1 310×900
整机质量（kg）	520	560	600	350
配套动力（kW）	18～22	18～22	30～37	40～59
工作速度（km/h）	5～6	6～7	7～8	3～5
行距范围（mm）	460～660	460～660	460～660	500～700
排种器形式	垂直圆盘气吸式	垂直圆盘气吸式	垂直圆盘气吸式	窝眼式
排种盘直径（mm）	200	200	200	—
风机形式	叶轮离心式	叶轮离心式	叶轮离心式	—
叶轮直径（mm）	328	328	328	—
株距范围（mm）	22～340	22～340	22～340	—
排肥量范围（kg/hm²）	90～450	90～450	90～450	—
传动方式	齿轮、链条	齿轮、链条	齿轮、链条	齿轮、链条

第二节　玉米播种机的结构原理

一、气吸式玉米播种机

气吸式玉米播种机是一种精量播种机，在玉米播种中应用很广，有很多型号，但结构原理基本相同。

气吸式玉米播种机一般采用全悬挂式，即与拖拉机三点悬挂装置相挂接。

风机由拖拉机侧输出轴通过一根 B 形 V 带传动。可以在小麦收获后的免耕地里直接播种玉米或大豆等，在播种的同时可把颗粒化肥施入种子侧下方。

在气吸式玉米播种器上更换不同的排种盘，即可播种大豆、高粱、棉花（脱绒棉籽）等多种中耕作物，能一次完成开沟精播、侧深施化肥、覆土镇压等多道工序。更换不同的专用工作部件，改变安装形式，又可用于中耕作业，作业行距、株距、深度、播种量、施肥量均可调，通用性广，综合利用率高，适用于我国东北、西北、华北以及淮北等旱作农区。

气吸式玉米播种机的结构如图 4－7 所示。

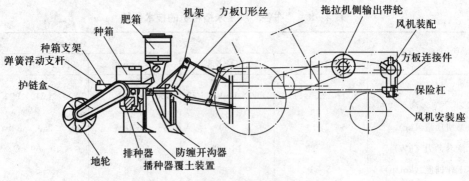

图 4-7 气吸式玉米播种机的结构

气吸式玉米播种机由通用部分、播种部分、施肥部分和中耕部分四大部件组成。

1. 通用部分

(1) 主梁 主梁为 100 mm×100 mm×8 mm 的方管，长度为 4 350 mm，用"U"形卡丝固定于上、下悬挂架，如图 4-8 所示。在主梁上安装地轮、四杆机构、施肥装置、划印器和脚踏板，并通过四杆机构安装各种工作部件构成不同作业方式的整机。整机通过主梁上下悬挂架与拖拉机相连接。

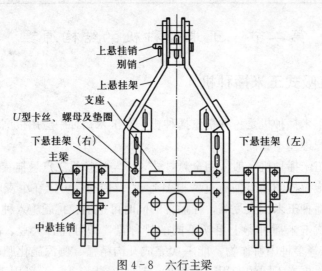

图 4-8 六行主梁

(2) 地轮（图 4-9） 整机装有两组地轮，其作用是：支持整机仿形；使主梁在不同的作业状态下，支承主梁有不同的高度；通过传动机构带动排种盘和施肥装置。

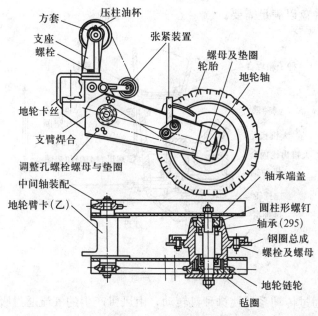

图 4-9 地轮装配

（3）四杆机构（图 4-10） 其作用是：一端连接主梁，另一端连接工作
部件；使工作部件在地表高低不平的状态下，能够仿形以保持稳定的工作深
度。单组支臂用"U"形卡丝和 M16 螺母固定在主梁后方，后支架与排种器
相连接，单组支臂前方固定播种施肥开沟器及限深板，并装有齿轮支座。

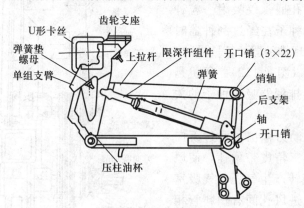

图 4-10 四连杆组合

2. 播种部分

（1）排种器（图 4-11） 该机采用垂直圆盘气吸式排种器，可根据不同

作物更换排种盘以满足需要。

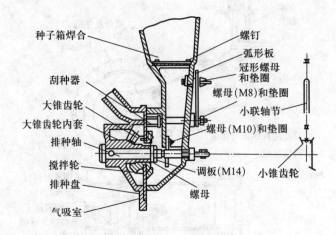

图 4-11　排种器

　　驱动轮通过传动系统使排种盘转动，由风机产生的气流通过吸气管使吸气室的气道产生负压。当排种盘的吸种孔转入气吸道时，小孔一侧为负压，而另一侧刚刚处于种子室的充种区，种子即在压力差作用下被吸附在排种盘孔上，

种子随排种盘一起转动。当种子转到气吸槽末端时，随着负压结束而种子靠自重落入开沟器开出的种床内。每个吸种孔通常仅吸附一粒种子，而多余的种子在经过刮种器时被刮掉，以实现排种器的精量排种。

　　（2）风机（图 4-12）　风机是产生负压以供排种器吸附种子的关键部件。

　　拖拉机的动力输出轴通过万向联轴节，两级三角皮带增速，使风机叶轮高速旋转产生气压，气吸室出气孔与风机进风孔间有塑料管相连接，使气吸室产生负压。

　　（3）开沟器、限深板组合（图 4-13）　该机的播种开沟器为滑刀

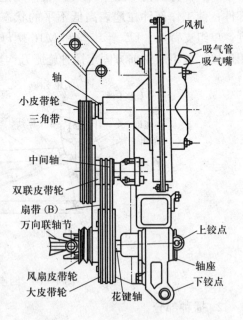

图 4-12　风机组件图

式。开沟器和限深板固定在四杆机构后支架下部。开沟器起营造种床的作用。

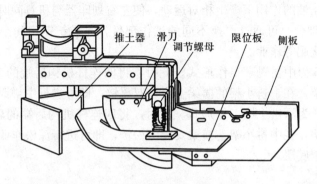

图 4 - 13　滑刀式开沟器

（4）覆土器、镇压轮（图 4 - 14）　覆土器使种子有足够的覆土厚度，镇压轮可压实种子周围的土壤，使种子有良好的生长发育条件。

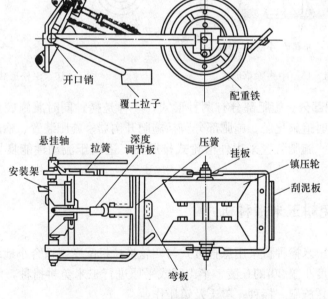

图 4 - 14　覆土镇压轮

（5）划印器　它为使平播（或起垄）保持行距一致而配备的。划印器由液压控制，通过换向机构与拖拉机主油缸同步动作，它们之间由钢丝绳连接。

换向机构的油缸与拖拉机主油缸下腔并联，当需升起机具和划印器时，来自分配器的高压油进入换向机构的油缸和拖拉机主油缸下腔，换向机构油缸和活塞杆在高压油的作用下产生相对运动，使左右划印器与机具同时升起。

3. 中耕部分 可通过更换不同的工作部件，完成铲锄田间杂草、深松土壤以及追施化肥等作业。

图 4-15 为中耕锄草工作形式。此时，将四连杆机构后端的后支架卸下，换上中耕小架，在中耕小架的横梁上安装双翼铲，即可进行中耕锄草及松土。

图 4-16 为深松土壤工作形式。此时，将四连杆机构后端的后支架卸下，换上中耕小架，在中耕小架上横梁安装深松铲，即可进行深松作业，以使土壤疏松，打破犁底层。

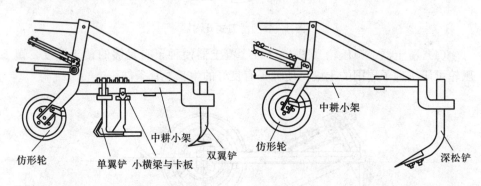

图 4-15 中耕除草形式　　　　　　图 4-16 深松形式

4. 施肥部分 施肥部分有两种形式，一种是播种同时兼施底化肥，另一种是中耕同时追施化肥。施肥部分包括施肥开沟器、施肥装置、输肥管、支架及传动系统。施肥装置采用外槽轮式排肥器，适用于流动性能良好的颗粒状化肥。

二、免耕玉米播种机

免耕式玉米播种机采用悬挂方式与四轮拖拉机配套，适合小地块的种植模式，可在坡度小于20°的丘陵、半山区或平原进行玉米免耕播种，能一次完成破茬、开沟、施肥、播种、覆土及镇压作业。

1. 工作过程 工作时拖拉机在前进中慢慢放下液压悬挂系统，同时排肥开沟器与排种开沟器入土，地轮着地转动。地轮上装有主动链轮，与机架上的装有六方轴套的被动链轮用链条传动，通过二级链条传动带动排肥与排种装置转动，种肥分别通过排肥口和排种口，经排肥管和排种管流入开好的排肥和排种沟槽内，在行进中镇压轮完成覆土镇压。镇压轮架与单体连接处设有限深调整装置，可以改变播种深度。

播种机的传动机构动力均靠地轮转动驱动，因此，排肥量与播种株距不会因拖拉机的前进速度变化而变化。通过改变主被动链轮的速比，能提供6种不同的株距，排肥量靠改变外槽轮伸入排肥器的长度来控制。

2. 结构组成 免耕式玉米播种机主要由机架、地轮、单体和传动机构等组成，如图4－17所示。

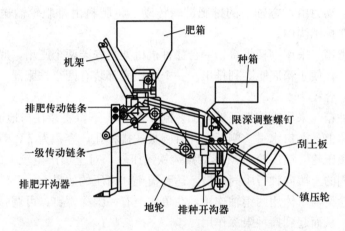

肥箱
机架
种箱
排肥传动链条
限深调整螺钉
一级传动链条
刮土板
排肥开沟器
镇压轮
地轮
排种开沟器

图4－17 免耕式玉米播种机的组成

（1）机架 采用60 mm×60 mm×5 mm方钢管为主梁，长度为2 200 m，分别用卡子安装悬挂架、地轮架、单体四连杆前支架及传动装置。

（2）地轮 选用4.00－12标准橡胶轮胎，在地轮轴上装有主动链轮，轴与地轮同步转动，传出动力。地轮轴装卡链轮部分为外六方，链轮通过链条与六方传动轴上的被动链轮啮合。主、被动链轮互换，可以得到6种不同的转速，以改变排种株距，株距的调整见表4－9。

表4－9 株距的调整

主动链轮齿数	13	13	13	15	15	17
被动链轮齿数	22	17	15	15	13	13
株距（mm）	220	180	150	130	115	100

（3）排种单体 单体与机架由四连杆机构连接，在单体上装有开沟器、排种器及镇压轮等机构，可实现与地面仿形，保证播深一致。动力由地轮带动六方轴上的链轮，由排种链轮带动小锥齿轮驱动排种轴上的大锥齿轮转动，使排

种盘转动。

（4）排种机构　排种器是倾斜圆盘式排种器，排种圆盘与水平设计夹角为45°，工作时随着倾斜圆盘的转动，种子在重力作用下充入排种盘的型孔之中，在排种口上设有击种轮，可以将型孔内的种子强行排出。未充入型孔的种子则沿着斜面流回排种盘下部的充种区，通过排种管进入种子开沟靴角内。由于该排种器不用设置刮种器，故对种子损伤很小，破碎率几乎为零。

（5）排肥机构　采用外槽轮式排肥器，通过螺钉连接到固定在机架上面的种箱底部，动力由六方轴上的排肥链轮传动，将肥料由排肥轮输送到排肥管内，条施在排肥沟内。

（6）肥箱　采用钢板焊接，一台播种机机架上安装两个肥箱，底部采用倾斜隔板设计，便于箱底肥顺利排出。一个肥箱底部装有两个排肥器，满足 4 行同时排肥，容积为 45 L×2。

（7）种箱　采用镀锌板经钣金工艺制成 V 形，下口安装在与地面成 45°角的排种壳体上，上口水平，侧下方开有闸板式排种孔，容积为 7 L×4。

（8）镇压轮　镇压轮为 V 形双排铸铁镇压轮，对土壤产生较大的侧向力，使种沟两侧的土壤向种行中间推挤，达到覆土和镇压的效果。

镇压轮架与单体用两销轴连接，在单体上有一限深螺钉，可调整镇压轮的高低位置，从而起到播种限深作用。

（9）开沟器　该机分别装有施肥开沟器和播种开沟器。

施肥开沟器为锄铲式，安装在机架主梁上，为刚性连接，便于破茬开沟，开沟深度靠安装在机架上的安装孔上下位置调节。

播种开沟器为靴式，主要考虑靴式入土阻力小，回土方便，开沟器柄冲有安装孔，利用螺栓与单体（方管）连接，使之与单体一起浮动，能适应不同地表形状，保证播深一致。

（10）击种轮与传动轴套　采用尼龙材质，压注成形，成品无气孔。

三、玉米排种器

玉米排种器是播种机的核心部件，其性能直接影响到播种质量以及产量。通常配置在种子箱的底部或侧壁式箱内。我国精量播种机排种器的结构类型主要有机械式和气力式两类，其中机械式又可为水平圆盘式、立式圆盘式、窝眼式和带夹式。气力式分为气吸式、气吹式和气送式。

1. 气力式玉米排种器　气力式排种器是在播种机具上安装风机，以气体为工作介质完成种子的播种作业，多用于玉米、大豆、甜菜、棉花等中耕作物的精量播种机上，具有作业质量高，不破碎种子，通用性强，适于高速作业，对种子几何尺寸要求不严等特点，但气密性要求高，结构较复杂，风机耗功相对较大。根据气体的工作方式可分为气吸、气吹和气送三种类型。

（1）气吸式排种器　当吸种盘在种子室中转动时，玉米种子被吸附在吸种盘表面的吸种孔上。当吸种盘转向下方时，圆盘后面由于与吸气室隔开，种子不再受吸种盘两面压力差的作用，靠自重落入开沟器，如图 4-18 所示。

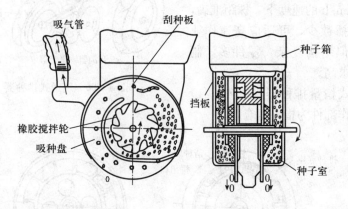

图 4-18　气吸式排种器

（2）气吹式排种器　当排种轮转动时，玉米种子从种子箱中滚入排种轮的漏斗式型孔，从压气喷嘴中吹出气流将型孔中多余种子吹掉，只剩下一粒被气流压在漏斗下方的孔上，被排种轮运送到开沟器下部排出，如图 4-19 所示。

（3）气送式排种器　玉米种子流入旋转的滚筒中，滚筒的中心轴是空管，四周有孔吹出气流，滚筒内壁上有许多孔，

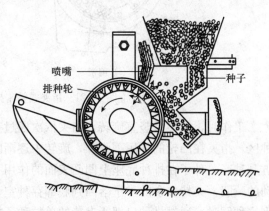

图 4-19　气吹式排种器

种子被气流压在每个孔上，当孔上被压住的种子随滚筒转动到上方时，刷种轮将孔上重叠的种子刷掉。弹性阻塞轮从滚筒外缘将孔堵住切断气流，种子即从孔中落入输种软管。此时因阻塞轮将孔堵住，气流便被导入输种管，将种子强

制吹落到开沟器开出的种沟中，如图 4-20 所示。

2. 指夹式玉米排种器 这是一种专用于单粒点播玉米的机械式排种器。20 世纪 80 年代初由美国约翰·迪尔公司首先采用，其特点是利用玉米籽粒易于夹持的性能，在 8～11.3 km/h 的速度下，株距准确，重播和漏播数少，可适应高速作业的要求；但结构复杂，零件多，制造精度要求高。

指夹式精量排种器（图 4-21）的核心工作部件为指夹组合盘。

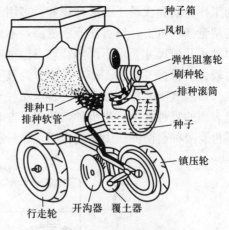

图 4-20　气送式排种器

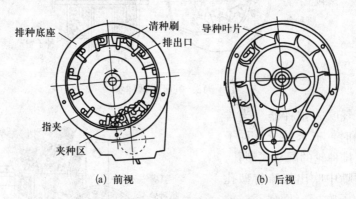

(a) 前视　　　　　　(b) 后视

图 4-21　指夹式精密排种器

工作时，指夹盘竖直旋转，指夹依次通过夹种区、刮种区和推种区。在夹种区，指夹在凸轮的作用下张开，旋转中逐渐闭合，夹持种子。当指夹转到上方刮种区，种子在排种底座上凹凸表面的作用下，产生振动，指夹受冲击被松动的瞬间，夹持多余的种子落回到底部存种室，使每个指夹仅夹一粒。指夹转到推种区时，通过排种口把所夹持的单粒种子推入到相应的输种室。随着输种带的旋转，容纳有单粒种子的输种室向下运动，在底部将种子逐粒投落到输种管，排入种沟。

3. 窝眼轮式玉米排种器 窝眼轮（又称型孔轮）式排种器主要由种子箱、排种器体、窝眼轮、刮种器和护种板等组成，如图 4-22 所示，可单粒播种。

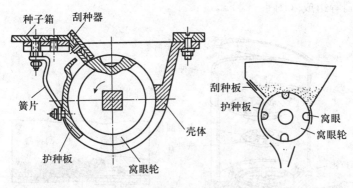

图 4 - 22　窝眼轮排种器

　　工作时，种子箱内的种子靠自重落入旋转的窝眼轮型孔内，当经过刮种器时，多余的种子被刮掉，然后进入护种区，转到下方某一位置时，种子靠自重或推种器离开型孔，落入种沟内。窝眼轮式排种器结构简单，但易伤种子，作业速度以小于 6 km/h 为宜。

　　窝眼轮上的型孔可根据所播种子的形状、大小、每穴粒数来设计制造，有单排、双排和组合式，常用于玉米、大豆、高粱等中耕作物的点播、穴播和条播。图 4 - 23 为不同形式的型孔轮。型孔轮直径为 80～120 mm，圆周有型孔，常用的型孔形状有圆柱形、圆锥形、半圆球形或环形沟槽等。

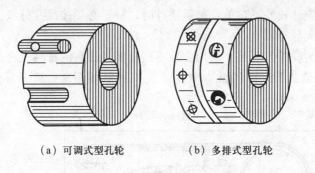

　　（a）可调式型孔轮　　　　　（b）多排式型孔轮

图 4 - 23　不同形式的型孔轮

　　播种量的调整方法：可采取更换不同孔形的型孔轮；对多排式型孔轮，可左右移动型孔轮；对可调式的型孔轮，可根据需要调整型孔。

　　4. 型孔圆盘式玉米排种器　圆盘式排种器主要用于中耕作物穴播和单粒精量播种。按圆盘回转平面的位置，可分水平、倾斜和垂直三种形式。

　　水平圆盘式排种器主要由种子筒、水平圆盘、排种器、刮种器、传动轴和锥形齿轮副等组成（图 4-24）。

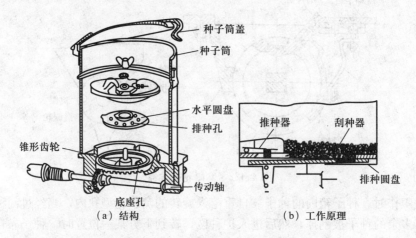

图 4-24　型孔圆盘式玉米排种器

　　当水平排种圆盘回转时，种子箱内的种子靠自重充入型孔并随型孔转到刮种器处，由刮种舌将型孔上的多余种子刮去。留在型孔内的种子运动到排种口时，在自重和推种器的作用下，离开型孔落入种沟，完成排种过程。

　　水平圆盘式排种器结构简单，工作可靠，均匀性好，使用范围广，可换装棉花排种盘作为棉花条播机使用；可换装磨盘式排种器条播中耕作物。但对高速播种的适应性较差，在单粒精量播种时，种子必须按尺寸分级。适用播种玉米、高粱、大豆等。

　　播种量的调整方法是：采用更换不同孔型和孔数的排种盘进行调整。

5. 型孔带式玉米排种器　型孔带式排种器如图 4-25 所示，由刷种轮、

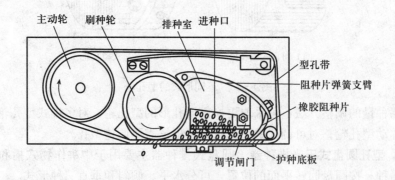

图 4-25　型孔带式排种器

型孔带、阻种片及阻种片弹簧支臂构成排种室。种子箱内的种子通过进种口进入排种室，再充入型孔带的型孔内。当型孔带通过护种底板与刷种轮相遇时，种子由型孔落入种沟。

这种排种器伤种率低，可通过更换不同型孔的排种带满足点播、穴播和带播的不同要求，可以播玉米、大豆等中粒种子，也能播蔬菜等小粒种子，但不适于高速作业。

四、几种典型玉米播种机的结构特点

1.2BMQJ-6型免耕气吸式玉米播种机　2BMQJ-6型免耕气吸式玉米播种机是中机美诺科技股份有限公司研制生产的一种对种子尺寸要求低、适应性强的用于小麦收割后直接播种的气吸式玉米免耕播种机。该机采用波纹圆盘犁刀破茬、开沟，在未耕地上实现免耕播种，节省整地作业成本，保墒，不违农时，气吸式精量播种，可一次完成破茬、施肥、开沟、播种、覆土和镇压等作业，且有较强的防堵塞功能，一次保全苗。

（1）总体结构　该机主要由传动轴、施肥开沟器、悬挂机架、划印器、风机、外槽轮排肥系统、传动系统、支承地轮、播种单体等主要零部件组成，如图4-26所示。悬挂机架上设有风机和外槽轮排肥系统，悬挂机架前端设有施肥开沟器，后部设有播种单体；行走地轮通过传动系统分别与外槽轮排肥系统

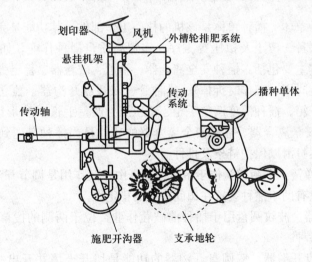

图4-26　2BMQJ-6型气吸式玉米免耕播种机结构示意图

的转动部件和播种单体的转动部件连接；播种单体包括种子箱，种子箱的下部设有排种系统，排种系统的下部连接有排种管，排种系统包括排种器，排种器处设有吸气室；风机的吸风口与吸气室连接。施肥开沟器开出深度大于播种深度的窄沟，地轮转动带动传动系统驱动外槽轮排肥系统和播种单体实现施肥和播种。气吸式排种器通过风机转动形成的负压将种子箱内的种子均匀地播入沟内。

（2）施肥开沟器　施肥开沟器的功能是将肥料按照外槽轮排肥器调整好的排量施入缺口圆盘开沟器开出的土壤沟中。施肥形式为侧施肥，偏向可根据需要调整。缺口圆盘开沟器主要由缺口圆盘、缺口圆盘毂、轴承、缺口圆盘转轴和密封圈等组成，如图4-27所示。

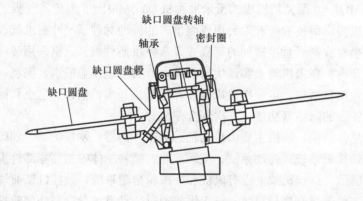

图4-27　施肥开沟器结构图

（3）播种单体　播种单体是该机的核心工作部件，其功能是完成仿形、排障、开沟、播种、覆土及镇压等工序，实现高质量播种作业，如图4-28所示。播种单体主要包括：播种安全离合器、轴承、破茬器、稳定弹簧、吊装支撑架（仅吊装时用，工作时拆掉）、排种管、双圆盘开沟器、独立限深轮、排种系统、种子箱、播种深度调整手轮、镇压压力调整手轮和V形镇压轮等。

① 播种安全离合器。播种安全离合器的功能是当播种盘遇到阻力时，播种安全离合器打滑以保护链条及排种器。

② 平衡弹簧。平衡弹簧位于平行四连杆中，其作用是调节开沟器入土力，吸收冲击并且有助于播种装置在田间作业的稳定性。

③ 破茬器。波纹圆盘用于播种前破茬作业，位于两侧的拨草轮将杂草排开，有利于播种。

④ 双圆盘开沟器。双圆盘开沟器的功能是切开土壤并开出一条窄种沟。限深轮轮缘应当刚刚靠到圆盘开沟器上，不影响其运转。

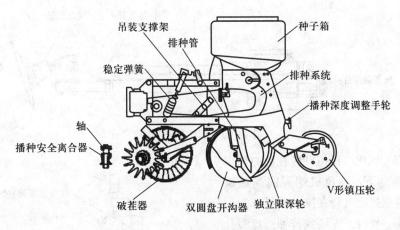

图 4-28　播种单体结构图

⑤ 限深轮。在田间多土块或岩石的条件下，限深轮装备平衡连杆机构能保证圆盘开沟器深度控制一致。限深轮互相独立，在田间平稳运行。为了避免土壤积堆，保持深度控制一致，安装有限深轮刮土器。

⑥ 排种管。种子通过黄铜推种器后至弯形导种管向后导入种沟，有利于零速投种，提高播种均匀性。

⑦ V形镇压轮。V形镇压轮将种沟两侧的土壤推挤到种沟，覆盖并压实，形成上松下实的土层，有利于种子发芽、出苗，且土壤不易板结。

⑧ 排种系统。排种系统由一个两体排种器组成。排种器位于种子箱下面，制造精良，使用寿命长。特殊的形状使其即使种子箱中种子较少时，仍能进行播种。排种器的固定部件是主壳体，安装在播种装置机架上。主壳体内的部件有塑料减磨密封垫、压盖、排种盘和刮种器。排种盘在塑料垫片上转动，垫片平滑，状态好。在正常作业条件下，使用寿命可作业 505.8～1 011.7 hm²。塑料密封垫外边缘插入锁紧槽内，当定位突头进入壳体定位孔内时，再用压盖和 3 个螺栓固定。

排种器的外罩外侧有控制窗和闸门，外罩内侧有金属窗和推种器。控制窗由透明塑料制成，可以观察到种子在种盘上的运动，也可以将控制窗升起进行仔细检查。金属窗可调节来自种子箱的种子流量并且在排种盘前方提供一稳定和充足的流量。根据所用种子数量在播种前需在两个不同的位置对金属窗进行检查和调整。

（4）划印器　划印器的功能是为机组往返作业时划出导向沟印，以保证临界行距的准确性，主要由底支架焊合、油缸组合、支架臂、伸缩支杆和圆盘装配等组成，如图 4-29 所示。

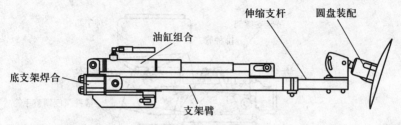

图 4-29　划印器结构图

（5）风机　风机叶轮在动力输出轴的驱动下，在风机蜗壳内高速旋转，并通过吸气管在排种器吸气室形成负压，使种子充满到排种圆盘吸孔中，为排种创造条件。风机主要由真空表、楔带张紧调整螺栓、风机蜗壳、风机叶轮、吸风管分配头、轴承、多楔带、大带轮和矩形花键轴焊合等组成，如图 4-30 所示。

（6）排肥系统　排肥系统的功能是按照当地农艺要求的施肥量进行调整，并进行均匀排肥。肥箱分左、右两组，每组各有 4 个出肥孔，可根据需要，将不用的出肥孔用堵盖堵上。排肥系统主要包括肥料箱、排肥器、肥量调节器和排肥轮轴，如图 4-31 所示。

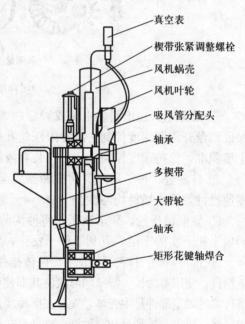

图 4-30　风机结构图

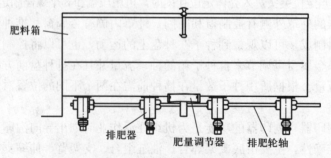

图 4-31　排肥系统结构图

（7）传动系统 该机的排种、排肥是由地轮驱动的，通过传动链将扭矩传给排种、排肥器，并通过改变链轮的传动比来调整播量，实现与作业速度同步均匀地排种和排肥作业。该机传动系统主要由链轮、链条、轴承和张紧部件等组成。施肥为Ⅲ级传动，单一传动比，播种为Ⅳ级传动，24种传动比。

（8）支承地轮 支承地轮分左右两组，用于支承整机和传递排肥、排种动力。两地轮各通过牙嵌离合器将动力传递到一根六方轴上，牙嵌离合器起差速的作用。支承地轮主要由橡胶轮胎、地轮链轮、链条张紧机构、地轮支架和被动链轮构成，如图4-32所示。

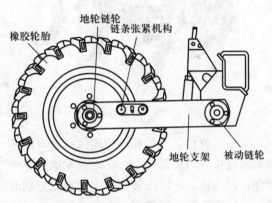

图4-32 支承地轮结构图

2.2BCYF-3型仓转式玉米播种机 2BCYF-3型仓转式玉米播种机属于半精量播种机，每穴粒数为1～3粒，适用于玉米种子发芽率不高的地区，以保证出全苗。出苗后将多余的苗拔掉，只留一棵壮苗。

该机可与8.8～13.2 kW（12～18马力）的小四轮拖拉机配套作业，可用于非整地（即免耕播种）或已整地的玉米穴播，可兼播大豆、花生、棉花、油葵，可条施晶粒状化肥，可一次完成开沟、施肥、开种沟、播种、覆土、镇压等工序。

该机主要由机架、防缠施肥开沟器和单组总成三大部分组成。

在免耕的地表面有大量的秸秆覆盖和前茬作物的残茬，而该机的开沟器有良好的破茬入土性能，同时为了减少对土壤的扰动，多采用尖角窄形开沟器，并且施肥开沟器与播种开沟器中心线错开50 mm（因为玉米行距大，两种开沟器能错开），以免肥料烧种子，如图4-33所示。

为了防止免耕地表面覆盖的秸秆缠绕开沟器，该机采用了防缠施肥开沟器，如图4-34所示。开沟犁铧用螺栓固定于立柱下方，防缠滚通过上、下两顶尖安装于立柱前面，防缠滚的下方伸入开沟犁铧内，可以灵活转动，可把缠绕的秸秆甩脱。

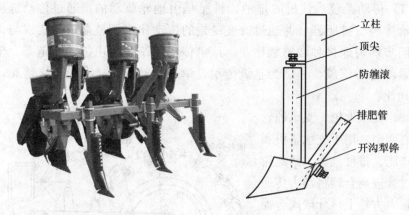

图 4-33 开沟器外观　　　　　图 4-34 防缠施肥开沟器

（图 4-34 标注：立柱、顶尖、防缠滚、排肥管、开沟犁铧）

　　单组总成包括播种和施肥两大部分（图 4-35），它们固定在同一支架上；地轮通过拉杆与支架连接，主动链轮通过主传动链条将来自地轮的动力传到过渡轴，过渡轴上的输出链轮和主动齿轮分别通过施肥链条和摆移齿轮，将动力分配给施肥机构和播种机构；种子箱内种子沿输种管进入排种机构。

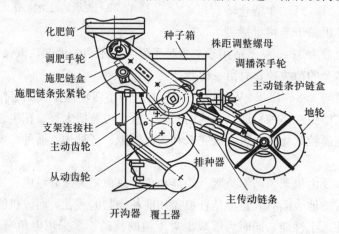

（图 4-35 标注：化肥筒、调肥手轮、施肥链盒、施肥链条张紧轮、支架连接柱、主动齿轮、从动齿轮、开沟器、覆土器、排种器、种子箱、株距调整螺母、调播深手轮、主动链条护链盒、地轮、主传动链条）

图 4-35 单组总成

　　该排种器采用重力式清种，省去了刮种器，不伤种子，可将种子浸泡或包芽后播种。工作过程如图 4-36 所示。

　　该排种机构在一个滚筒圆周面上均布一些排种器，排种器内部有在重力作用下工作的三个活门，即充种活门、清种活门和排种活门。滚筒内装适量（排种盘一半以下）种子。工作时排种器随滚筒转动，其内部的渡种舌和护种舌随

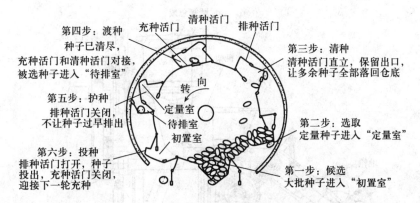

第四步：渡种
种子已清尽，
充种活门和清种活门对接，
被选种子进入"待排室"

充种活门　清种活门　排种活门

第三步：清种
清种活门直立，保留出口，
让多余种子全部落回仓底

转　向

第五步：护种
排种活门关闭，
不让种子过早排出

定量室
待排室
初置室

第二步：选取
定量种子进入"定量室"

第六步：投种
排种活门打开，种子
投出，充种活门关闭，
迎接下一轮充种

第一步：候选
大批种子进入"初置室"

图 4 - 36　仓转式排种器工作过程示意图

之摆动，先后经过候选、选取、清种、渡种、护种、投种六个过程，完成一个排种循环。

3. 2BYQFH - 4 型免耕气吸式玉米播种机　2BYQFH - 4 型免耕气吸式玉米播种机具有播种和施肥的功能，适用于小麦收割后免耕播种玉米、大豆等，采用气吸式排种器，可实现单粒播种。该机需与具有后输出轴的小四轮拖拉机配套使用，采用三点悬挂装置与拖拉机连接，风机布置在拖拉机的后面。

在机架前梁上装有防缠开沟器，在麦茬地作业时起到防堵的作用。播种机构为单体驱动，每个播种总成在拖拉机的牵引下均能独立完成开沟、排种、排肥、覆土、镇压等全部播种工艺，播种行距可根据需要进行调整。

该机由播种单体、肥箱、驱动地轮、风机及传动机构等组成，如图 4 - 37 所示。

（1）风机总成　通过 U 形卡和螺栓螺母将风机总成和机架连接在一起，风机由拖拉机后输出轴通过万向节传递动力。

（2）肥箱总成　通过 U 形卡和垫板将肥箱与机架连接在一起。施肥动力由地轮、中转轴通过链条传递。旋转手轮通过改变播肥外槽轮的工作长度来调整施肥量。

（3）防缠开沟器　由 U 形卡和垫板将防缠开沟器与机架紧固连接在一起。通过防缠开沟器前面的滚筒可防止秸秆的缠绕，改善机具的通过性，提高作业效率。同时开出肥沟，将肥料施入地中。可调整施肥开沟器的上下安装位置，以改变施肥深度。

（4）播种单体　通过 U 形卡和螺栓螺母将播种单体与机架紧固连接在一起。

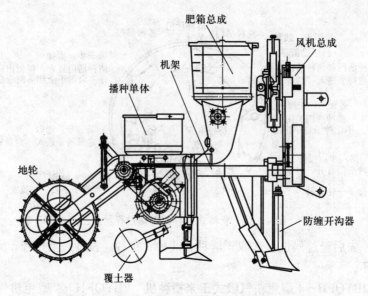

图 4 - 37　2BYQFH - 4 型免耕气吸播种机结构

第三节　玉米播种机的使用

一、玉米播种机的安装

下面以前置气吸式玉米播种机为例，介绍玉米播种机的安装方法。

1. 风机的安装

（1）如图 4 - 38 所示，通过连接 U 形丝及连接垫板将风机固定座牢固安

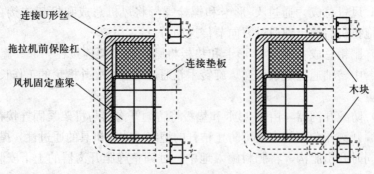

图 4 - 38　风机的安装

装在拖拉机前保险杠上，安装时风机固定梁下（或上）边可垫适当厚度的木块，以调整高度和稳固连接。

（2）将风机总成通过 4 个紧固螺栓及垫片安装在风机固定座上。

（3）根据拖拉机机身长短，将拖拉机侧输出带轮与风机中带轮用适当长度的 B 形 V 带连接传动，并调整 V 带的松紧。

（4）将播种机挂接到拖拉机悬挂装置上，并通过调整上下悬挂臂使机具处于水平状态，适当调紧下悬挂臂张紧链，试升降 2～3 次，确认无卡滞现象。

（5）风机吸风嘴与播种机气吸室间用适当长度的塑胶管连接，并用卡子固定。

（6）对各润滑点注油（注意：风机要求加注优质高速黄油）。

2. 播种状态的安装

（1）将主梁两端放置在支架上，划印器、换向机构、油管接头向上，并在前进方向的左侧。

（2）根据所确定的行距将两个地轮安装在主梁上，两地轮之间的距离为内跨 4 行。

（3）将四连杆机构固定在主梁上，并将齿轮支座固定于单组支臂上端，支座内装好带轴齿轮。

（4）排种器安装于四连杆后支架上，同时将小联轴节方轴、方套装好，检查转动的灵活性。

（5）分别将两根传动方轴从两头穿入地轮支座及各个单组齿轮支座方套内，同时装上限位卡防止窜动。上好第二级链条，并将其调紧。

（6）将开沟器的连接板、限深板调节柱、齿垫与四连杆机构的后支架固定在一起，使限深板处于水平位置。

（7）依次将覆土镇压部件安装在开沟器的后方，并与排种器固定，同时用悬挂轴将覆土镇压组合连接起来。

（8）将风机固定于主梁的悬挂架上，将中间皮带轮依次装入风机下方的悬挂架上，挂好三角皮带，并调整张紧度。

（9）将气吸管的一端套入风机吸嘴，另一端套入气吸室的出气嘴，注意勿使管内壁脱皮，以防堵塞管路。

（10）划印器的安装是将划印器总成通过固定架焊台用"U"形卡丝和螺母固定于主梁的两端。

3. 中耕培土状态的安装　中耕作业形式是在播种作业形式的基础上进行的，应卸掉划印器、风机组合及四连杆机构以后的全部零件，同时也卸掉播种部分的传动系统。

安装时，首先将两支承架摆好，置入主梁的两端，并使其水平，然后将四连杆按行距大小、作业行数固定于主梁的相应位置。将左右地轮臂卡卸掉，把中耕臂卡安装于主梁外第二行，地轮支臂朝向主梁的前方，并安装一组四连杆。此后将中耕小架安装在原来的后支架位置。中耕小架横梁上前后配有两个位置供安装培土铧和双翼铲，此处可根据用途安装相应工作部件，在中耕小架的横梁上还可安装小横梁，以备安装单翼铲和追肥用的开沟器。深松铲每行应装成前后两个，前浅后深，分层松土。

4. 施肥状态的安装　先将施肥装置角钢架置入主梁的相应位置，将肥箱总成装在角钢架上，再将排种方轴抽出，装上方轴链轮，与肥箱总成上的肥箱链轮对正，再挂上链条并调整松紧度。

二、玉米播种机的调整

下面以气吸式玉米播种机为例，介绍玉米播种机的主要调整方法。

1. 拖拉机挂接的调整

（1）根据农艺要求，调整拖拉机轮距。

（2）将拖拉机和农具置于平整的地面上，通过调节上拉杆、左右吊杆，使机具的主梁纵向和横向都达到水平状态。不允许改变上拉杆的长度来调整开沟深度。

（3）拖拉机悬挂机构吊杆需在长孔内，以保证机具工作时整机横向仿形。

2. 播种部分的调整

（1）中耕作业行距的调整　其范围为 50～70 cm。

（2）梁架高度的调整　是通过改变地轮支臂的角度来实现的。地轮支臂有 3 个固定位置，以适应平播和垅上播的要求。地轮臂卡有 12 个不同的孔位，支臂有 3 个与之相对应的孔，以此可组成 3 个不同的安装位置，来改变梁架的高度。

（3）风机三角带张紧度的调整　风机是通过两级三角带来传动的，工作一段时间后，三角带会变形松动。调整的方法是：松开固定中间皮带轮的螺栓与螺母，调整中间皮带架到适宜位置后紧固（图 4 - 39）。

（4）株距的调整　通过更换不同的链轮（传动速比），来改变排种盘的转速，或通过增减排种盘的孔数来调整株距（图 4 - 40）。其选用方法参见表4 - 10。

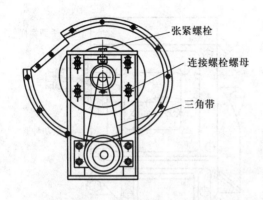

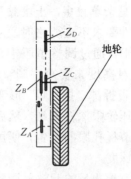

图4-39 风机三角带松紧度的调整　　图4-40 更换传动链轮来改变株距

表4-10 株距变换表

链轮配换（传动速比）				株距（mm）		
Z_A	Z_B	Z_C	Z_D	12孔	18孔	40孔
22	26	16	23	425	285	127
22	26	9	23	358	239	108
22	19	16	23	310	206	93
22	26	23	19	243	162	73
22	16	19	23	221	147	66
22	16	23	19	150	100	45
22	16	26	19	133	89	40

注：① Z_A 为地轮轴承盖主链轮，不需更换。

② Z_B、Z_C、Z_D 为更换调整链轮。

③ 12孔、18孔为玉米盘，40孔为大豆盘。

（5）刮种器的调整　根据精量播种要求，排种盘的吸孔应吸附1粒种子，余下的种子由机械式刮种器刮除。调整方法：将刮种器固定柄螺母松开，转动刮种器螺杆，此时启动风机，转动地轮带动排种盘使其排种，观察其精播情况，达到要求后将调节盘和螺母固定（图4-41）。

（6）开沟深度的调整　滑刀式开沟器的开沟深度调整分为两种情况，一种是杂草少，土壤不黏重，又要求较准确的开沟深度时，采用限深板调节。调节方法：将固定限深板调节螺母松开，根据开沟深度来调整限深板上下固定位置，调好将紧固螺母旋紧。此时应将镇压轮限深杆末端的"U"形弯板改变位置，使镇压轮成为单铰形式而能自由上下。另一种是杂草较多，土壤黏重，深浅一致性要求不太严格时，采用镇压轮仿形，通过调整镇压轮和开沟器的相对高度来实现。调整方法：将限深板拆掉，把"U"形弯板固定在镇压轮限深杆末端，然后调节深度调节板孔眼的位置，便可达到要求的深度。

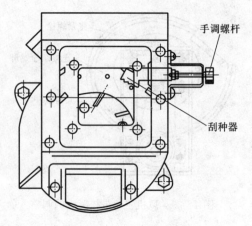

图 4-41　刮种器的调整

（7）覆土量的调整　调整覆土环弹簧的挂接孔位便可调整覆土量。当弹簧两端的距离变大时，弹簧的拉力增大，使覆土环的刮土力增大，覆土量增加；反之减少。

（8）镇压力的调整　深度调节板上的连杆有 3 个不同位置的开口销孔，供调整压力选用。弹簧被压位置越低，对镇压轮的压力越大；反之压力减小。此外，根据需要可在镇压轮上安装配重铁。

（9）四杆组合中限深杆弹簧压力调整　限深杆上弹簧靠螺母来调整弹簧压力大小。弹簧压力越大，工作部件入土力越大。一般用于中耕作业。

3. 中耕部件的调整

（1）根据农艺要求调节单翼铲、双翼铲、深松铲等工作部件的入土深度。将中耕小架上面的铲柄固定螺栓松开，使铲柄在安装孔内上下移动，达到要求深度时紧固螺栓。

（2）根据农艺要求选择护苗宽度。将中耕小架上的"U"形卡丝螺母松开，使中耕小架上的小横梁连同单翼铲一起作横向移动，达到要求后，紧固螺母。

4. 施肥部件的调整　外槽轮排肥器排肥量的调整。用手扳动调整手柄，左右移动外槽轮及排肥轴，使肥料流量变大或变小，选取合适的排肥量，用螺栓固定调量手柄。

三、玉米播种机的安全作业

1. 播种前的准备

（1）整好地　播种前地块要耕翻耙平，要求地面平整，土壤细碎，无太多的杂草。

（2）备好种子　种子的好坏及纯洁度，直接影响到播种和出苗质量。种子要清选，不得大小悬殊和含有杂质。发芽率要求达到95％以上。根据实际情况，播前可进行农药浸种处理，以防地下害虫，保证全苗。

（3）备好化肥　化肥应为颗粒状，干净无杂质，不可结块，水分不宜过大。

（4）进行试播　播种机调整后，要进行试播，达到要求后，方能进行正常作业。

2. 操作要领

（1）工作时拖拉机液压操纵杆应放在浮动位置。

（2）严禁风机不工作时播种，这样会使种子破碎，堵死气道。排种盘转动时，不可用手触摸，以免发生人身伤亡事故。

（3）作业过程中应随时监视和监听播种机的工作状况，如发现不正常现象和听到不正常音响应立即停车检查处理。

（4）要及时添加种子和肥料，不要等种、肥完全排空后再加，以免造成缺苗、缺肥。在更换种子时，必须彻底清除种室及排种器内的残留种子后再加入新种。

（5）启动风机前，用手转动万向联轴节，如无卡滞等异常现象，才能启动。风机是以动力输出轴转速为 540 r/min 设计的，禁止使用超过540 r/min的动力输出轴转速。

（6）田间作业起落机具和划印时，禁止旁边站人，以免碰伤。地轮着地后，拖拉机不可倒车。长距离运输时，必须插上销子，以防机具损坏。

第四节　玉米播种机的维修

一、玉米播种机的保养

1. 在使用中的保养

（1）凡是旋转的地方轴套等转动副必须每天加注机油或黄油1次。

（2）作业结束后应清除泥土、清洗肥箱、各活动关节加注润滑油，易锈表面涂油防锈。

（3）每班作业前后，均应检查各部位的紧固件，尤其是各个调整紧固螺栓、螺钉，如有松动，及时紧固。

（4）经常检查各转动部位是否灵活，遇有异常，及时处理。

（5）长期不用时，要及时入库。机具应注意防止雨淋，避免与酸性物质接触。以免腐蚀，开沟器应涂油处理。

2. 入库停放前的保养

（1）彻底清除机具表面的泥污，并进行涂油防锈工作。

（2）卸下各传动链条，柴油清洗干净后涂油防锈并封存。

（3）清除种子箱内的种子及肥箱里的剩余肥料。

（4）检查机具的磨损、变形、损坏、缺件情况及轴承、轴套的间隙，并及时调整，采购配件，使来年的春播工作有保证。

（5）机具要存放在库房内，防日晒，防雨淋，最好罩上篷盖。

二、玉米播种机常见故障的诊断与排除

玉米播种机的常见故障主要有排种器排种不稳定、播种深度不稳定、排种器不排种等。

1. 排种器排种不稳定或漏播

（1）故障原因

① 吸气管路出现问题。吸气管路有漏气的地方，如接头松动裂纹，或个别排种器接管口不规则等，导致负压下降，吸力减小，一部分或全部漏播，主要表现为个别垄播量减少或漏播。

② 吸气管问题。吸气管老化、破损或内壁产生剥离层而使气流阻力增加，气压降低，难以吸附种子，出现排种量减少或漏播现象。

③ 风机气压不足。可能是风机两侧轴承磨损严重、缺油、阻力增大、转速下降，或是传动轴故障、三角皮带陈旧、拉长等都会导致风机转速下降。

④ 排种盘问题。排种盘因保管、安装不当而产生变形，锈蚀严重使排种盘与种子室密封不好，产生漏气，导致种子吸力不足；孔眼过小，吸力不足，导致无法吸附种子，导致漏播。

（2）故障排除方法

① 对排种器和吸气管相连接的部位进行精加工，保证圆度，保证与吸气管紧密结合，防止漏气。对气吸室结合面、排种盘更要进行精加工，以保证气吸室良好的真空度。真空度直接关系到种子能否吸附在排种盘表面上，它与重力、种子的惯性力、摩擦力、离心力共同构成一个动态平衡，确保气吸排种器正常工作。

② 排种器腔体内的形状要尽量减少棱角结构，增加光洁度，减少种子与腔体壁摩擦力，以免种子架空。

③ 选择适当孔径的排种盘。排种盘吸孔的大小影响种子能否准确而稳定地被吸附在排种盘上。一般排种盘的孔径为种子直径的 0.5～0.7 倍。

④ 选择适当的作业速度。一方面作业时行进速度越高，排种盘的转速越高，种子的离心力越大，种子落地时与沟底的碰撞及弹跳越厉害，造成株距不准确。另一方面，随着排种盘转速的提高，吸孔对种子的吸附时间缩短，使得部分吸孔由于来不及吸种或吸种不充分而脱落造成空穴。因此为保证气吸式排种器的排种质量，作业速度不宜过高。一般时速为 6 km/h 以下。

2. 播种深度不稳定

（1）故障原因

① 开沟仿形机构不灵敏，或是机具使用时间过长，机件磨损严重，致使播深稳定性不佳，播深变化幅度大。

② 开沟器磨损后入土困难，开出的沟变浅。

③ 覆土板磨损后，覆土量减少，使覆土厚度变薄而播深变浅。

④ 深浅调节丝杆严重锈蚀不能调节，或作业中受到振动自行退扣，改变了原来的调整深度。

⑤ 覆土器拉力弹簧弹力减弱，使覆土量减少，播种深度也随之变浅。

（2）故障排除方法　作业前应对整台机器认真检修，对上述各零部件的磨损程度做出鉴定，尤其要重视开沟仿形机构不灵敏或使用年限长的播种机。若调节丝杆严重锈蚀或损坏，必须更换新件。作业结束后将丝杆或螺母涂上润滑脂，以防锈蚀。覆土器拉力弹簧过弱，可将弹簧缩短或更换新件，季节作业完成后将其卸下，恢复自由状态，表面要涂油防锈。覆土板变形要矫正，磨损严重不能修复的要更换新件。

3. 排种器不排种

（1）故障原因　播种机在作业中完全不排种，是由于风机风量、风速不足，造成负压值过小；或传动件磨损严重或运输、保管不当造成传动件变形所致。如方轴、轴套、伞齿轮、万向节及排种器等严重磨损变形。

（2）故障排除方法　作业前认真全面地检修播种机，如方轴要矫直；配合松旷可加垫片消除间隙；磨损严重要焊补后磨平；伞齿轮副磨损过大要成对更换，磨损不太严重可加垫片消除间隙；万向节可用堆焊法填补磨痕，然后在车床上修理矫正表面，装复后应转动灵活。保养维护时要注意方轴套、轴和伞齿轮的润滑，以减缓磨损和降低传动阻力。

4. 几种玉米播种机的常见故障诊断与排除方法

（1）2BQ - 6 型气吸式玉米播种机的常见故障与排除方法见表 4 - 11。

表4-11 2BQ-6型气吸式玉米播种机的常见故障与排除方法

故障现象		故障原因	排除方法
地轮滑移率大		① 地轮安装位置过高 ② 四连杆及镇压轮弹簧加力过大 ③ 主梁不平 ④ 传动机构阻卡	① 将地轮下降 ② 减小弹簧压力 ③ 调节拖拉机上悬挂杆长度 ④ 排除故障，清除传动机构的阻卡，润滑链条
播种	不排种	① 种子架空 ② 气吸管脱落或堵塞 ③ 传动失灵 ④ 刮种器位置不对	① 搅动架空的种子 ② 安装好气吸管，排除堵塞 ③ 检修传动机构 ④ 调整刮种器
	开沟器 不入土	① 镇压轮弹簧压力过大 ② 调节深度板插销位置不对	① 调整压垫和开口销孔位置 ② 调整插销孔至适宜位置
	开沟器堵塞	① 农具降落过猛，或未升起倒车 ② 土壤过湿 ③ 负角入土	① 停车，升起农具清理 ② 停车清理 ③ 调整拖拉机中央拉杆
	排种不均匀 和空穴多	① 种子内含有杂质 ② 排种孔堵塞 ③ 作业速度过快 ④ 排种盘选择不当 ⑤ 气压不足 ⑥ 种子量过少 ⑦ 气吸管堵塞 ⑧ 排种盘不平 ⑨ 排种盘松脱	① 清除种子中的杂质 ② 停车清除阻塞物 ③ 选择合适的作业速度 ④ 换上合适的排种盘 ⑤ 调整风机皮带张紧度 ⑥ 添加种子 ⑦ 取下排除或更换 ⑧ 平整排种盘 ⑨ 紧固排种盘
	传动轴销 受剪切	① 啮合不好 ② 气吸室壳体卡齿轮 ③ 传动机构卡阻 ④ 排种盘变形造成卡阻	① 检查和调整啮合间隙或更换齿轮 ② 检查并排除排种壳体阻碍部位 ③ 检查传动部位，消除故障 ④ 平整或更换排种盘
中耕	锄草不干净	① 工作部件重叠量小 ② 锄铲刃口磨钝 ③ 锄铲浅深调节不当	① 增加重叠量 ② 重磨刃口或更换 ③ 调节入土深度
	锄草铲不入土， 仿形轮离地	① 铲尖部翘起 ② 铲尖磨钝 ③ 四连杆机构倾角过大	① 调短拖拉机中央拉杆，使中耕小架水平 ② 重磨铲尖刃口或更换 ③ 调节地轮支架臂固定位置，使主梁降低，减小四连杆倾角
	仿形轮下陷	四连杆上仿形量过小	提高主梁高度

（续）

故障现象		故障原因	排除方法
中耕	耕后地表起伏不平	土壤工作部件工作角度不对	清除铲上铁锈，并使刃口锋利、清除黏土或调长拖拉机中央拉杆
	埋苗压苗	① 播行不直，行距不对 ② 土质过黏，苗过小 ③ 拖拉机行走不正 ④ 速度过快	① 调整机具行距 ② 选择适宜的耕作时间 ③ 注意走正 ④ 选择合适的作业速度
	铲柄弯曲	深松时过深	松开铲柄螺栓，调好位置，紧固
起垅	垅形小，垅顶尖，培土器壅土，沟底浮土过厚	① 培土板张角过大 ② 开沟过深	① 减小培土板的张角度 ② 减小开沟深度
	垅形低矮，坡角大，垅顶凹陷	① 开沟浅 ② 培土板张角小	① 加深开沟深度 ② 增大培土板张角
施肥	排肥中断，排肥量显著增加或减少	① 排肥孔堵塞 ② 肥料过湿 ③ 输肥管或施肥开沟器堵塞 ④ 调整手柄固定位置不对	① 清理排肥孔 ② 更换肥料 ③ 停车清除堵塞 ④ 调整手柄至合适位置

（2）2BCYF-3（或2、4）型仓转式玉米播种机的常见故障与排除方法见表4-12。

表4-12　2BCYF-3（或2、4）型仓转式玉米播种机的常见故障与排除方法

故障现象	故障原因	排除方法
播种深浅难调或各行深浅不一，旋转限深手轮仍存在	① 机架前后不平 ② 机架左右不平	① 旋转拖拉机中央拉杆 ② 旋转拖拉机悬臂吊杆
漏种或播量异常大	① 输种管脱口 ② 排种盘与外壳间隙大 ③ 排种盘内有异物或失常	① 接好输种管 ② 重装排种盘并拧紧螺母 ③ 取出异物，必要时调整
地里种子没盖上土	① 播种深度过浅 ② 覆土器角度不合适	① 逆时针旋转限深手轮 ② 调整覆土盘

（续）

故障现象	故障原因	排除方法
漏播	① 链条掉落 ② 地轮或链轮顶丝失灵 ③ 排种盘内缺种子 ④ 排种盘内有异物或失常 ⑤ 排种器型孔堵塞	① 挂好链条，调好张紧轮 ② 拧紧顶丝 ③ 及时加种或疏通输种管 ④ 取出异物，必要时调整 ⑤ 清理型孔

（3）2BFM-4型玉米免耕播种机的故障诊断与排除方法　2BFM-4型玉米免耕播种机的常见故障与排除方法见表4-13。

表4-13　2BFM-4型玉米免耕播种机的常见故障与排除方法

故障现象	故障原因	排除方法
地轮打滑	① 两竖拉杆没调平 ② 肥箱内杂物卡住	① 调平两竖拉杆 ② 清理肥箱内杂物
排种不均匀	① 种子没筛选 ② 排种盘不合适	① 筛选种子 ② 更换排种盘
排肥不均匀	肥料过湿	干燥肥料
播种过深或过浅	① 中央拉杆调整不合适 ② 开沟器安装位置不对 ③ 限深螺母安装位置不对	① 调整中央拉杆 ② 上下调整开沟器 ③ 上下调整限深螺母
开沟器排肥管堵塞	① 未升起开沟器排肥管就倒车 ② 开沟器输种管前面的防土板丢失	① 疏通，并注意倒车时提升起开沟器 ② 注意装好

（4）2BYQF-2型免耕气吸式玉米播种机的常见故障与排除方法见表4-14。

表4-14　2BYQF-2型免耕气吸式玉米播种机的常见故障与排除方法

故障现象	故障原因	排除方法
空穴率高	① 发动机转速低 ② 管路密封性差 ③ 排种盘不平 ④ 清种器位置不对	① 适当加大油门 ② 拧紧接头处卡子 ③ 调整或更换排种器 ④ 调整清种器位置
单粒率低	清种器位置不对	调整清种器位置

施肥机的使用与维修

第一节 施肥机的类型与结构

一、肥料的种类及施用方法

1. 肥料的种类 肥料是提供一种或一种以上植物必须的营养元素，或兼可改善土壤性质，提高土壤肥力水平的一类物质。肥料一般可分为化学肥料和有机肥料两大类，每一大类中都有固体和液体两种形态。近年来，我国已成功研制出叶面肥并推广应用。

（1）化学肥料 化学肥料简称化肥。用化学和（或）物理方法人工制成的含有一种或几种农作物生长需要的营养元素的肥料。作物生长所需要的常量营养元素有碳、氢、氧、氮、磷、钾、钙、镁、硫。微量营养元素有硼、铜、铁、锰、钼、锌、氯等。

化肥一般多是无机化合物，仅尿素是有机化合物。凡只含一种可标明含量的营养元素的化肥称为单元肥料，如氮肥、磷肥、钾肥等。凡含有氮、磷、钾三种营养元素中的两种或两种以上且可标明其含量的化肥称为复合肥料或混合肥料。品位是化肥质量的主要指标，它是指化肥产品中有效营养元素或其氧化物的含量百分率。

化肥一般加工成颗粒状、晶状或粉状。

化学肥料具有如下优点。

① 养分含量高。尿素含氮 46%，硝酸铵含氮 34%，普通过磷酸钙含磷 14%～18%。所以化肥的单位面积使用量少。

② 肥效快。化肥都是水溶性或弱酸溶性，施入土壤后能迅速被作物吸收利用，肥效快而且显著。

③ 原料丰富。生产化肥都是用天然的矿物资源为原料，如石油、天然气、煤炭、磷矿石等，这些原料丰富，可以大量开采。

④ 采用工业化生产。可大规模工业化生产，不受季节限制，产量大、成本低。

⑤ 便于运输，节约劳力。化肥养分高，用量少，因而运输和施用所支出的费用和劳力都比较节省。

⑥ 易于保存。化肥较农家肥体积小，养分稳定，容易保存，且保存期长，不易变质。

⑦ 多种效能。有些化肥不仅提供作物养分，而且还有提高抗逆作用和防病杀虫作用。

（2）有机肥料 有机肥料主要是由人畜粪尿、植物茎叶及各种有机废弃物堆积沤制而成，亦称农家肥。

有机肥能增加土壤中的有机质含量，改善土壤结构，提供作物所需的多种养分，但肥效缓慢。

与化学肥料相比，有机肥料具有如下特点。

① 有机肥料含有大量的有机质，具有明显的改土培肥作用；化学肥料只能提供作物无机养分，长期施用会对土壤造成不良影响。

② 有机肥料含有多种养分，所含养分全面平衡；而化肥所含养分种类单一，即使复混肥料可以增加多种养分，也很难做到像农家肥那样全面。长期施用容易造成土壤和食品中的养分不平衡。

③ 有机肥料养分含量低，需要大量施用；而化学肥料养分含量高，施用量少。

④ 有机肥料肥效时间长；化学肥料肥效期短而猛，容易造成养分流失，污染环境。

⑤ 有机肥料来源于自然，肥料中没有任何化学合成物质，长期施用可以改善农产品品质；化学肥料属化学合成物质，施用不当会降低农产品品质。

⑥ 有机肥料在生产加工过程中，只要经过充分的腐熟处理，施用后便可提高作物的抗旱、抗病、抗虫能力，减少农药的使用量；长期施用化肥，由于降低了植物的免疫力，往往需要大量的化学农药维持作物生长，容易造成农产品中有害物质增加。

⑦ 有机肥料中含有大量的有益微生物，可以促进土壤中的生物转化过程，有利于土壤肥力的不断提高；长期大量施用化学肥料可抑制土壤微生物的活动，导致土壤的自动调节能力下降。

目前，我国在化肥的生产和使用中正在从重数量转向重质量，以满足可持续发展的需要。另外，即使化肥的数量和品种发展到相当水平的时候，有机肥料依然是农业上一个重要的、必需的肥源，应该有机肥料与化学肥料并用，取长补短，相得益彰。

2. 施肥方式　根据作物不同时期的营养需要和施肥时间，可把施用的肥料分成基肥、种肥和追肥。

（1）施基肥　在播种或移植前先用撒肥机将肥料撒在地表，犁耕时把肥料深盖在土中。或用犁载施肥机，在耕翻时把肥料施入犁沟内。灌水耕地后，均匀撒入肥料，然后再耙田。

（2）施种肥　在播种时将种子和肥料同时播入土中。过去多用种肥混施方法，近几年则广泛采用侧位深施、正位深施等更为合理的种肥施用方法。

（3）施追肥　在作物生长期间，将肥料施于作物根部附近；或用喷雾法将易溶于水的营养元素（叶面肥）施于作物叶面上，称为根外追肥。

3. 对施肥机的要求　施肥机应满足以下要求：

（1）要有一定的排肥能力，排肥量稳定均匀，不受地形起伏及作业速度等因素影响。

（2）能排施多种肥料，通用性好。即要求排肥器除了能排施流动性好的晶、粒状化肥和复合颗粒化肥外，应能排施流动性差的粉状化肥。

（3）排肥可靠，工作阻力小，排肥量调节方便、灵敏、准确，调节范围能适应不同化肥品种与不同作物的施用要求。

（4）便于作业后清理残存化肥。

（5）排肥器所有与肥料接触的机构、零件最好采用防腐耐磨材料制造。

二、施肥机的类型及结构

施肥机根据肥料种类和施用方式的不同，可分为化肥撒肥机、液氨及氨水施用机、厩肥撒布机、厩液施用机及播种机。

1. 化肥撒肥机　根据工作原理不同，化肥撒肥机有离心圆盘式撒肥机、气力式撒肥机和摆管式撒肥机三种。

（1）离心圆盘式撒肥机　离心圆盘式撒肥机的主要工作部件是一个由拖拉机动力输出轴带动旋转的撒肥圆盘，盘上一般装有 2～6 个叶片，如图 5-1 所示。

工作时，肥箱中的肥料在振动板作用下流到快速旋转的撒肥盘上，利用离心力将化肥撒

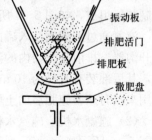

图 5-1　离心圆盘式撒肥机的结构

出。排肥量通过排肥口活门调节。单圆盘撒肥机肥料在圆盘上的抛出位置可以改变，以便在地边左、右单面撒肥，或在有侧向风时调节抛撒面。双圆盘式撒肥机两撒肥盘转向相反，能有选择地关闭左边或右边撒肥，以便单边撒肥。

离心式撒肥机在欧美各国应用较广。

（2）气力式撒肥机　气力式撒肥机的排肥器从肥箱中定量排出肥料至气流输肥管中，由动力输出轴驱动的风机产生的高速气流把肥料输送到分布头或凸轮分配器，肥料以很高的速度碰到反射盘上，以锥形覆盖面分布在地表，如图5-2所示。

（3）摆管式撒肥机　摆管式撒肥机的摆动撒肥管由动力输出轴传动的偏心轴使其作快速往复运动，进入撒肥管的肥料以接近正弦波的形状撒开，如图5-3所示。

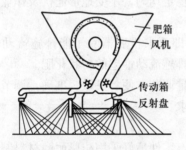

图5-2　气力式撒肥机的结构　　　　图5-3　摆管式撒肥机的结构

搅肥装置和排肥孔保证向撒肥管中均匀供肥。此外，还有缝隙式、栅板式、辊式、链指式及转盘式撒肥机。

2. 氨肥施用机　根据氨肥的特点，氨肥施用机有施液氨机和施氨水机两种。

（1）施液氨机　施液氨机主要由液氨罐、排液分配器、液肥开沟器及操纵控制装置组成，如图5-4所示。

液氨通过加液阀注入罐内。排液分配器的作用是将液氨分配并送至各个施肥开沟器。排液分配器内的液氨压力由调节阀控制。施肥开沟器为圆盘-凿铲式，其后部装有直径为10 mm左右的输液管，管的下部有两个出液孔。镇压轮用来及时压密施肥后的土壤，以防氨的挥发损失。

（2）施氨水机　施氨水机主要部件有液肥箱、输液管和开沟覆土装置等，如图5-5所示。

工作时，液肥箱中的氨水靠自流经输液管施入开沟器所开的沟中，覆土器随后覆盖，氨水施用量由开关控制。

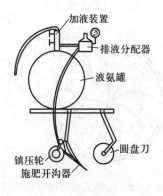

图 5-4　施液氨机的结构

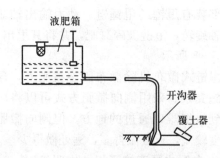

图 5-5　施氨水机的结构

3. 厩肥撒布机　根据施厩肥的方法不同，厩肥撒布机有螺旋式撒厩肥机、装肥撒肥机和甩链式厩肥撒布机三种。

（1）螺旋式撒厩肥机　螺旋式撒厩肥机在车厢式肥料箱的底部装有输肥链，输肥链使整车厩肥缓慢向后移动，撒肥滚筒将肥料击碎并喂送给撒布螺旋。击肥轮击碎表层厩肥，并将多余的厩肥抛向肥箱，使排施的厩肥层保持一定厚度，撒肥螺旋高速旋转将肥料向后和向左右两侧均匀地抛撒，螺旋式撒厩肥机的结构如图 5-6 所示。

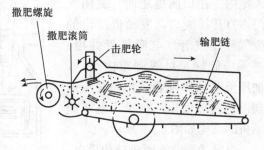

图 5-6　螺旋式撒厩肥机的结构

（2）装肥撒肥机　装肥时，撒肥器位于下方，将厩肥上抛，由挡板导入肥箱内。这时，输肥链反向传动，将肥料运向肥箱前部，使肥箱逐渐装满。撒肥时，撒肥器由油缸升到靠近肥箱的位置，同时更换传动轴接头，改变输肥链和撒肥器的转动方向，进

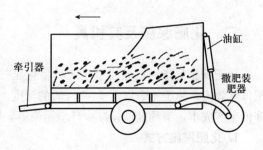

图 5-7　装肥撒肥机的结构

行撒肥，装肥撒肥机的结构如图5-7所示。

（3）甩链式厩肥撒布机　在圆筒形的肥箱内有一根纵轴，轴上交错地固定着若干端部装有甩锤的甩锤链。动力输出轴驱动纵轴旋转，甩链破碎厩肥，并将其甩出，如图5-8所示。

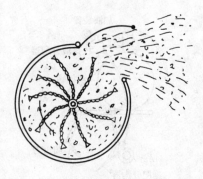

甩链式撒布机除撒布固态厩肥外，还能撒施粪浆。采用侧向撒肥方式可以将肥料撒到机组难以通过的地方。但侧向撒肥均匀度较差，近处撒得多，远处撒得少。

图5-8　甩链式厩肥撒布机的结构

4. 自吸式厩液施洒机　在吸液时，液罐尾端的吸液管放在厩液池内，打开引射器终端的气门，发动机排出的废气流经引射器的工作喷嘴，内流速增大，压力降低，从而使吸气室内的真空度增加并通过吸气室接口所装的吸气管与液肥罐接通，使液肥罐内处于负压状态，池内液肥在大气压力作用下不断流入罐内。在田间施肥时，关闭气门，打开排液口，发动机排出的废气经压气管（与吸气管共用）进入液肥罐，对液肥罐内增压，加压液肥从排液管流出，并压送到一定高度喷出。自吸式厩液施洒机的结构如图5-9所示。

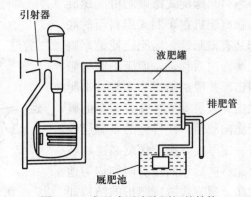

自吸式厩液施洒机结构简单、使用可靠，不仅可以提高效率，节省劳力，而且有利于环境卫生。

图5-9　自吸式厩液施洒机的结构

三、化肥深施及其机具

化肥深施是指用机械或手工工具将化肥按农作物生长情况所需的数量和化肥位置效应，施于土表以下6~10 cm的深度。由于化肥深施可以提高化肥肥效，降低生产成本，节约能源，减少环境污染等，因此，在广大农村广泛采用。

1. 化肥深施方式

（1）深施底肥　耕地时用施肥整地机械或在铧式犁和水田耕整机上附加肥

箱及排肥装置，在翻地的同时将化肥深施到土层中。

（2）播种深施肥 过去机械播种施肥常将种肥同床混施，化肥与种子直接接触，化肥分解后的铵离子和酸根离子极易腐蚀灼伤种子和幼苗根系，施用量大时，发生烧种烧苗现象。而播种同时深施化肥，由于种肥分离，避免了肥害，且能有效地减少化肥损失，降低用肥量，促进增产。按种子和肥料的相互位置关系，播种深施肥方式可概括为：正位深施肥、侧位深施肥、三相施肥和正位分层施肥四种，如图5-10所示。

① 正位深施肥。肥料在种子正下方（图5-10a），种肥之间有3～5 cm厚的土层，通常下层土壤湿度较大，肥料易于溶于土壤。这种方法有利于作物根系在耕居中向下均衡生长，一般用于谷物播种。

② 侧位深施肥。肥料位于种子一侧下方3～5 cm处（图5-10b），其作用与正位施肥相似。溶解于土壤中的肥料养分易被幼苗侧部根系所吸收，但肥效不均，根系易向一侧生长。是应用较多的一种施肥方式。

③ 三相施肥。即两侧深施肥（图5-10c）。这种方法比单侧深施肥效果更明显，种子发芽后直接吸收肥料养分，肥力发挥好。

④ 正位分层深施肥。种子的正下方分两层施肥（图5-10d），这种施肥方法效果明显。

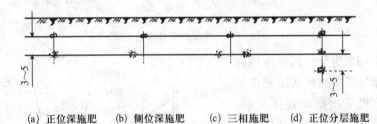

(a) 正位深施肥　　(b) 侧位深施肥　　(c) 三相施肥　　(d) 正位分层施肥

图5-10　种肥深施方式

（3）深施追肥 追肥的合理施用方法是将化肥施在作物根系的侧深部位。中耕作物施用追肥，通常是在通用中耕机上装设排肥器与施肥开沟器实现追肥深施。但对小麦等谷物，由于种植行距小，且分蘖后条行几乎相接，因此难以实现机械化深施追肥作业。用人力式旱田化肥深施器虽可进行谷物追肥深施，但效率很低。欧美等国常采用机械化顶施；我国目前多由人工进行顶施。

2. 化肥深施机具的类型及特点 化肥深施机具按肥料施用方法，可分为犁底施肥机、播种机和追肥机。按配套动力又可分为机力、畜力和人力化肥深施机3类，下面介绍几种主要机型。

（1）犁底施肥机　犁底施肥机通常是在铧式犁上安装肥箱、排肥器、导肥管及传动装置等，在耕翻的同时进行底肥深施。

一种与六铧犁配套的犁底施肥机如图 5-11 所示。该机主要由钢丝软轴、中间传动轴、变速箱、肥箱及排肥装置等组成。工作时，拖拉机动力经动力输出轴、钢丝软轴至变速箱，经过变速箱减速后用链轮带动搅刀-拨轮式排肥器。排出的化肥经漏斗、导肥管、散肥板后均匀地落在犁沟内，然后由犁铧翻土和合墒器将化肥严密覆盖。该机采用的搅刀-拨轮式排肥器，可排施吸湿潮解后流动性差的碳酸氢铵，也可兼施尿素、磷铵等流动性好的化肥；采用普通钢丝绳中间吊挂支撑软轴代替万向节传动，简化了传动结构。

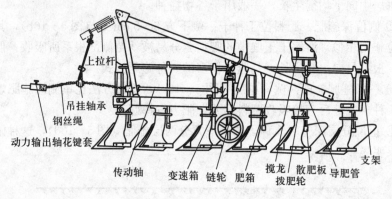

图 5-11　与六铧犁配套的犁底施肥机

图 5-12 为与小四轮拖拉机悬挂双铧犁配套的犁底施肥机示意图。该机采用摆动式排肥器，排肥器由限深轮通过摇杆机构带动，在一定的范围内摆动而将肥料破碎、疏导及排出。排出的化肥经导肥管散落在犁沟内，由犁铧翻土覆盖。该机结构简单，可排施碳酸氢铵等流动性差的化肥，排量及其稳定性受化肥湿度、作业速度、肥箱充满程度等因素的影响小，作业性能稳定。

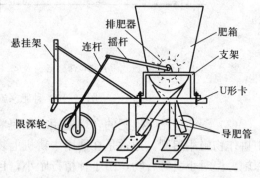

图 5-12　与小四轮拖拉机悬挂双铧犁配套的犁底施肥机

（2）播种机　种肥的合理施用方法是种、肥分开深施。一般是在播种机上采用单独的输肥管与施肥开沟器，也可采用组合式开沟器。

① 组合式开沟器。利用组合式开沟器可以实现正位深施，组合式开沟器有双圆盘式和锄铲式等（图5-13），其特点是导肥管和导种管单独设置，导肥管在前，导种管在后，工作原理基本相同。开沟器入土后开出种肥沟，肥料通过前部投肥区落入沟底，被一次回土盖住。种子通过投种区落在散种板上，反射后散落在一次回土上，由二次回土覆盖。

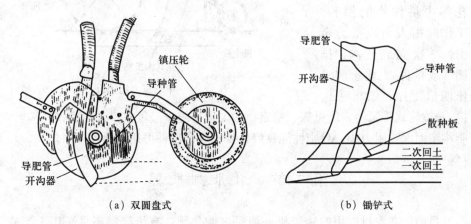

（a）双圆盘式　　　　　　（b）锄铲式

图5-13　组合式开沟器

② 谷物施肥沟播机。谷物施肥沟播机采用播后留沟的沟播农艺和种肥侧位深施。其机具结构如图5-14所示。作业时，镇压轮通过传动装置带动排种器和搅刀-拨轮式排肥器工作，化肥和种子分别排入导肥管和导种管。同时，施肥开沟器先开出肥沟，化肥导入沟底

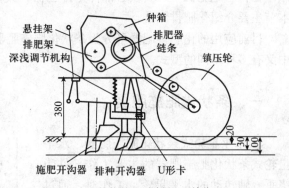

图5-14　谷物施肥沟播机（单位：mm）

后由回土及播种开沟器的作用而覆盖；位于施肥开沟器后方的播种开沟器再开出种沟，将种子播在化肥侧上方，然后由镇压轮压实所需的沟形。用谷物沟播机进行小麦沟播施肥，可以提高肥效，增加土壤含水量，平抑地温，减轻冻害和盐碱化危害，因而出苗率高，麦株生长健壮，成穗率高。在干旱和半干旱地区中低产田应用，具有显著的增产作用；在灌区高产田增产效果不明显。

（3）追肥深施机械
图 5-15 为单行畜力追肥
机，适用于旱地深施碳
酸氢铵，也可兼施尿素
等流动性好的化肥，还
可用于玉米、大豆、棉
花等中耕作物的播种。
工作时由人力或畜力牵
引，一次完成开沟、排
肥（或排种）、覆土和镇
压四道工序。该机采用

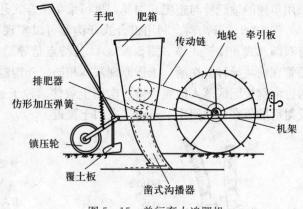

图 5-15 单行畜力追肥机

搅刀-拨轮式排肥器，能可靠、稳定、均匀地排施碳酸氢铵；采用凿式开沟器，
肥沟窄而深，阻力小，导肥性能良好；换用少量部件可用于播种中耕作物。

第二节　化肥排肥器

目前，在农村使用的施肥机一般是施撒化肥，有机肥料还是采用人工施
撒。在化肥施肥机中，其核心部件是排肥器，其他部件与播种机相似，因此，
本节主要介绍化肥排肥器。

目前应用的化肥排肥器可分为条状化肥施肥器和化肥撒肥器两大类。各类
中又有多种不同的型式。

一、条状化肥施肥器

1. 水平星轮式条状化肥施肥器　水平
星轮式条状化肥施肥器的主要工作部件为
绕垂直轴转动的水平星轮。工作时，通过
传动机构带动排肥星轮转动，肥箱内的肥
料被星轮齿槽及星轮表面带动，经肥量调
节活门后，输送到椭圆形的排肥口，肥料
靠自重或打肥锤的作用落入输肥管内，如
图 5-16 所示。

常采用相邻两个星轮对转以消除肥料

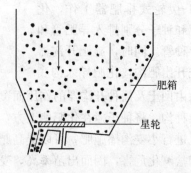

图 5-16　水平星轮式条状化肥施肥器

架空和锥齿轮的轴向力。排肥量用改变排肥活门开度和星轮转速来调节。

　　水平星轮式条状化肥施肥器适合排晶状化肥和复合颗粒肥，还可以排施干燥粉状化肥。排施含水量高的粉状化肥时，排肥星轮被化肥黏结，易发生架空和堵塞。主要用于谷物条播机上，中耕作物播种机上也有采用。

　　2. 振动式条状化肥施肥器　工作时，旋转的排肥凸轮使排肥振动板不停地振动，肥料在振动力和重力的作用下在肥箱内循环运动，可消除肥箱内化肥架空。化肥沿振动板斜面下滑，经排肥口排出，如图 5－17 所示。

　　排肥量大小用调节板调节，一般振动板倾角为 60°，振幅为 18～20 mm，振动频率为 250～280 次/min。

　　振动式条状化肥施肥器既能排施粒状和粉状化肥，也能排施吸湿性强的粉状化肥，施肥量适应范围大，结构较简单。多用于中耕作物播种机和中耕追肥机上。

　　3. 摆抖式条状化肥施肥器　工作时，摆抖体以绕轴线在 60° 范围内左右摆动，摆抖体上部的刮条和搅拌器破碎结块肥料并将肥料从肥箱内输送出来，摆抖体下部的刮条则把化肥排出摆肥孔，如图 5－18 所示。

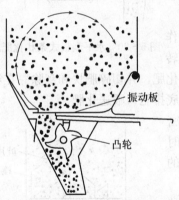
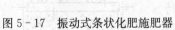
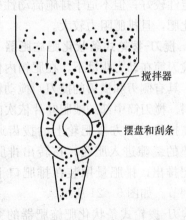

图 5－17　振动式条状化肥施肥器　　　图 5－18　摆抖式条状化肥施肥器

　　摆抖器摆幅通过调节摆杆长度来改变，排施流动性好的肥料或排肥量小时用较小摆幅；排施流动性差的粉状易潮解化肥时，则选用较大摆幅。摆动频率通过变速箱改变传动轴转速来调节。频率提高则排肥量增大、排肥均匀性和稳定性改善。排肥量主要是通过肥量调节板来调节。

　　4. 螺旋式条状化肥施肥器　螺旋式条状化肥施肥器的主要工作部件是水平配置的排肥螺旋。工作时随着排肥螺旋的旋转，肥箱底部的肥料被均匀地输送到排肥口，强制排出，通过输肥管落入沟内，如图5-19所示。

排肥螺旋有叶片式、中空叶片式和钢丝弹簧式三种，工作原理相同。排肥量由排肥口插板调节。

螺旋式条状化肥施肥器可以排施晶状化肥、复合颗粒肥和干燥粉状化肥，施肥量较大。

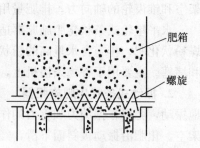

图5-19　螺旋式条状化肥施肥器

5. 水平刮板式条状化肥施肥器　水平刮板式条状化肥施肥器是我国为解决碳酸氢铵排施问题而研制的一种排肥器（图5-20）。是利用水平回转的排肥刮板将化肥排出，排肥刮板有曲面刮板和弹击刮板两种。

水平刮板式条状化肥施肥器的优点是能可靠地排施碳酸氢铵等流动性差的化肥，排肥稳定性较好；但不适于排施流动性好的颗粒状化肥，且排肥阻力较大。

6. 搅刀-拨轮式条状化肥施肥器　工作时，搅刀筒在动力驱动下，在肥箱内作回转运动。具有侧刃和横刃的搅刀，搅动箱内化肥，并切碎肥块和刮除黏在箱壁上的肥料。搅刀筒中部的喂肥叶片依次向箱底排肥口喂送化肥。

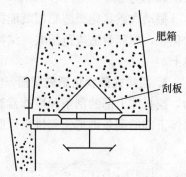

图5-20　水平刮板式条状化肥施肥器

在排肥口下方拨肥轮上的拨齿通过密封胶垫的缝隙进入肥箱，在转出排肥口时将化肥排出，排肥量用装在排肥口下面的活门调节。如图5-21所示。

搅刀-拨轮式条状化肥施肥器的突出特点是能有效地消除肥料的架空，可靠地排施含水量大（达9%）的碳酸氢铵，排肥稳定性与均匀性良好；也可用于排施颗粒状化肥，还可用于播种玉米、大豆等流动性好的种子。缺点是清肥不便。

图5-21　搅刀-拨轮式条状化肥施肥器

7. 钉齿式条状化肥施肥器　钉齿式条状化肥施肥器的主要工作部件为排肥钉轮，排肥钉轮上有均匀分布的钉齿。钉轮转动时，钉齿将肥箱中的肥料拨出落入导肥管，如图5-22所示。

钉齿式排肥器适用于排施流动性好的松散化肥和复合粒肥；对于流动性差、吸湿性大的粉状化肥不适用。

8. 外槽轮式条状化肥施肥器　外槽轮式条状化肥施肥器的工作原理和结构与播种机上外槽轮式排种器相似，仅槽轮直径稍大，齿数减少，使齿槽容量增大，其结构如图5-23所示。

外槽轮式排肥器结构较简单，适于排施流动性好的松散化肥和复合粒肥；对吸湿性强的粉状化肥易黏结槽轮，引起架空、堵塞，故不宜采用。

9. 刮板弹击式排肥器　当动力经锥齿轮传动到排肥器轴后，刮板弹击器与搅拌器同时作顺时针方向转动，把肥料强制推送至排肥口，并由弹击器弹入排肥口。旋转清肥杆不断地清除排肥口的肥料堆积，使其顺利落入输肥管内，完成排肥过程，如图5-24所示。

刮板弹击式排肥器采用强制排肥、搅拌器消除架空、清肥杆防堵三项措施，适于潮湿化肥的排施。

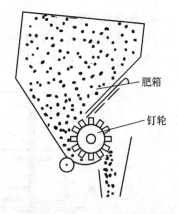

图5-22　钉齿式条状化肥施肥器

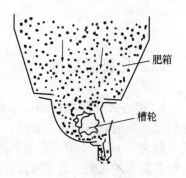

图5-23　外槽轮式条状化肥施肥器

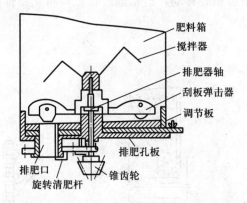

图5-24　刮板弹击式排肥器

10. 水平拨轮式排肥器　工作时，动力通过锥齿轮和主轴驱动排肥拨轮和搅拌器旋转，拨轮弧板推动肥料作逆时针方向转动，肥料沿弧板由内向外移动直至肥箱壁两侧的排肥口，排出体外落入输肥漏斗，完成排肥过程，如图 5 - 25 所示。

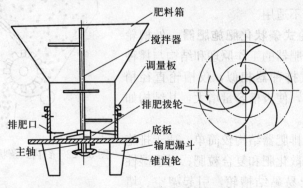

图 5 - 25　水平拨轮式排肥器

二、化肥撒肥器

1. 离心式化肥撒肥器　工作时，撒肥器高速回转，在离心力的作用下，肥料全方位的撒向四处，如图 5 - 26 所示。撒肥盘上的叶片有直形和曲叶形，叶片数为 2～6 个不等。在一个撒肥盘上安装不同形状和不同角度的叶片，使各叶片撒出的化肥远近不同，可提高撒布均匀性。为了抛撒得远，有的撒肥盘是一下凹锥面，其母线与水平面的夹角向上倾斜 3°～5°。

2. 链指式化肥撒肥器　链指式化肥撒肥器的工作部件为回转链条，链节上装有斜置的链指。工作时，链条沿箱底移动，链指通过排肥口将化肥排出，如图 5 - 27 所示。

图 5 - 26　离心式化肥撒肥器

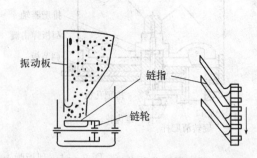

图 5 - 27　链指式化肥撒肥器

　　为了清除肥箱底部被链指压实的化肥层，在链条上每隔一定距离装有一把刮刀。肥箱前壁的振动板不停地振动，以防肥箱内化肥架空。

　　链指式化肥撒肥器撒下的化肥沿纵向和横向均有较好的分布均匀性，排肥量由排肥口高度和链条速度控制。

　　3. 斜装圆盘式化肥撒肥器　斜装圆盘式化肥撒肥器是在肥箱内一个转动的轴上装有许多倾斜圆盘，当轴旋转时，圆盘使肥料交替移动，并通过后壁上的缝隙或底板上的长孔排出，如图 5-28 所示。斜装圆盘式化肥撒肥器适合排撒粉状和粒状化肥。

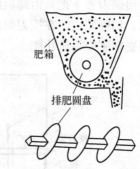

肥箱

排肥圆盘

图 5-28　斜装圆盘式化肥撒肥器

第三节　施肥机的使用

一、小型施肥机的使用

　　小型施肥机可由畜力牵引或机力驱动作业，一次完成开沟、排肥（或排种）、覆土和镇压四道工序，如图 5-29 所示。

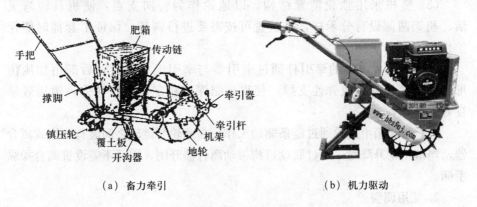

手把　肥箱　传动链

撑脚　牵引器　牵引杆　机架

镇压轮　覆土板　开沟器　地轮

（a）畜力牵引　　（b）机力驱动

图 5-29　小型施肥机

　　下面以 2FT-1 型畜力牵引小型施肥机为例，介绍其使用与维护方法。

1. 结构特点

（1）2FT-1 型畜力牵引小型施肥机采用搅刀-拨轮式排肥器，其结构如图

5-30所示。肥箱底部呈圆筒形，搅刀筒在其中作回转运动。搅刀筒上装有左、右向搅刀各3把，沿螺旋线方向均布，其作用是搅动和刮除黏在箱壁四周的化肥、切碎肥块。在搅刀筒的中央部位装有4个喂肥叶片，当其转动时，依次向箱底排肥中喂送化肥。

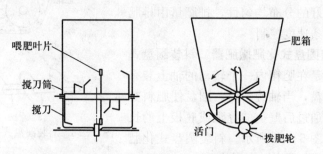

图5-30 搅刀-拨轮式排肥器

在肥箱底部，排肥口下方装有一拨肥轮，当它转出排肥口时，就可将化肥排出，排肥量由装在排肥口下面的活门调节。

（2）凿式开沟器由铲尖、开沟器柄与导肥筒三部分构成，铲尖用锰钢制成，具有较好的耐磨性，磨损后可拆换。开沟器柄插装在机架横梁中部的柄孔中，并用两个固定螺丝将其紧固，柄上设有施肥深度定位孔。导肥筒承接排肥器排出的化肥，将其导入沟底。

（3）整机采用独轮前置结构，以地轮作为转向支点，使机具转弯灵活。机架两侧设有分禾杆，其位置可按需要进行调整，保证了套播时能保护作物。

（4）施肥机前端的牵引杆通过牵引器与牵引绳相连接；后部由加压仿形装置与镇压轮构成弹性支撑，使得施肥深度稳定，操作省力，镇压效果良好。

（5）排肥箱由地轮通过链条驱动工作。在地轮与链轮之间装有牙嵌式离合器，当镇压轮升降时，通过联动机构带动离合器开闭，因而不需设置离合操纵手柄。

2. 使用调整

（1）牵引孔高低位置的调整　选择适当的牵引孔，使牵引线的仰角为15°～20°，以保证牵引省力，地轮滑移率小，排肥（或排种）稳定均匀。

（2）机架前后水平的调整　施肥机工作时，机架前后要保持水平。在牵引孔确定后，如果机架后倾，应将镇压轮的挺杆弹簧座下面的开口销向上移一个孔距。注意：支撑弹簧不应调得过紧，否则将不能起仿形作用。

（3）开沟深度的调整　开沟器柄是用两个顶丝固定在柄孔内，松开前方与侧面的顶丝，即可视刻度线的标深调节开沟铲入土深度。

（4）排肥量的调整　用改变活门插板位置来完成，为使施肥量准确，在施肥前应进行施肥量调整试验。按规定的追肥量用下式计算地轮转 n 圈后应排出的化肥量。

$$q = 2.56nBQ$$

式中　　q——地轮转动 n 圈后应排出的化肥量；

n——试验时转动圈数，一般可取 $n=5$；

B——施肥行距（m）；

Q——规定的施肥量（g）。

调整排肥量的具体方法是：架起施肥机，使地轮自由转动，垫高镇压轮，使离合器啮合，在开沟器下方放置容器盛接排出的化肥。匀速转动 n 圈，称量排出的化肥量是否符合公式中所得排肥量 q。若不相符，应松开活门插板顶丝，移动活门位置，调节排肥量大小，直至完全符合施肥量要求，再锁紧顶丝。

（5）覆土板高低位置的调整　覆土板的高低应适当，过高不能起覆土作用，过低会出现刮土、推土现象，不仅影响覆盖深度，而且增加阻力。

（6）不同用途的调整

① 用作追施流动性好的化肥时，如尿素、硫酸铵等，只需将排碳酸氢铵的活门换成带胶垫的尿素活门。

② 用作播种玉米、大豆时，需拆去搅刀筒，并将拨肥轮（8 齿）与排肥活门换成拨种轮（5 齿）与带胶垫的玉米（大豆）活门。

③ 用于播种棉花时，需将搅刀筒换成搅拌器，将排肥活门换成带胶垫的棉花活门。胶垫剪口宽 8 mm、长 20 mm，仍用 8 齿拨肥轮。

二、播种机的使用与维修

目前国内外大量使用的非中耕作物播种机（主要播种麦类、牧草、亚麻等）和中耕作物播种机（主要播种玉米、大豆、棉花、甜菜等），主要功能是播种，同时可施种肥。

排肥器是播种机上一关键工作部件。由于化肥具有结晶状、颗粒状及粉末状等形态，同时物理——力学特性在一定范围内有较大的变化，因此要根据不同的化肥选用不同的排肥器。属于晶状、颗粒体、流动性好的化肥，常用的排肥器为星轮式、刮刀转盘式、螺旋输送式、外槽轮式等。

在播种机中，2BF-24A 型应用最广，本节主要以此型号播种机为例，介绍其使用与维护方法。

1. 结构特点 2BF-24A 型播种机为牵引式播种施肥联合作业机具，主要适用于三麦（小麦、大麦、元麦）的条播，经调整与改装，亦可播种玉米、大豆、高粱和谷子等作物。其播种量、排肥量、开沟深度、行距等均可调整，在我国的东北、华北、西北、淮北平原等旱作农区使用广泛。如图 5-31 所示。

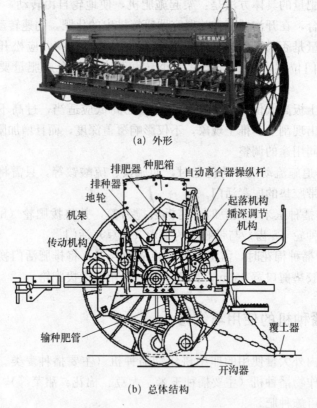

(a) 外形

(b) 总体结构

图 5-31 24 行谷物播种机

2. 主要技术参数 2BF-24A 型播种机的主要技术参数见表 5-1。

表 5 - 1　2BF - 24A 型播种机的主要技术参数

参数名称		参数值
外形尺寸（长×宽×高）（mm）		3 260×4 280×1 415
结构质量（kg）		1 150
配套动力（kW）		36.7～58.8
工作幅宽（mm）		3 600
播种深度（mm）		30～100
行宽（mm）		36～40
开沟器形式		双圆盘式 24 个
起落机构		自动器（手杆控制）
离合器		爪轮离合器
覆土器形式		拖环式
排种器	形式/个数	外槽轮式/24
	速比	6 种
排肥器	形式/个数	水平星轮式/24
	速比	24 种
行距（mm）/行数		150/24、200/18、300/12 400/9、450/8、500/8 550/7、600/6、700/5
地轮直径（mm）		1 220
牵引阻力（N）		工作阻力约 5 000～6 000
作业速度（km/h）		7～9
生产率（hm²/h）		1.33～1.67

3. 组成　2BF - 24A 型播种机由机架、地轮、传动、起落、离合、排种、排肥、开沟、覆土和划印机构等组成。2BF - 24A 型播种机在拖拉机的牵引下，通过安装在机架两侧的地轮，经二级变速，驱动排种轴及排种槽轮旋转，从而将种子排出种盒，经输种管进入开沟器而落至种床。排肥器的动力由排种轴驱动箱体端壁上的一对直齿轮，再经一对锥齿轮减速，使水平星轮转动，而进行排肥。肥料和种子入种床后，再经覆土器稍稍压平和压实，即完成作业。

（1）机架与地轮　机架为封闭式矩形框架热轧槽钢焊接结构，中间焊有 3 根角钢制成的纵梁。开沟器梁用方钢管制成，装在 3 个支撑板上，支撑板分别焊在左、右梁和纵中梁的前端下部。后梁上装有拉筋，用两个调整螺杆支撑，以防止后梁弯曲。由左、中、右三根牵引梁组成的三角形牵引架，固定在框架上。

　　地轮安装在机架的两侧，用销钉和顶丝固定在主轴上，两根主轴用浮动的轴套和轴架固定在机架中部的上方。主轴的里端装有自动器，中部装有主动链轮和离合器。在脚踏板两端支板上安装有刮泥刀，用以刮除粘在地轮缘上的泥土。

　　（2）排种排肥部分　整体式种肥箱用支撑固定在机架上主轴的正上方，如图 5 - 32 所示。种箱在前，肥箱在后，中间用隔板分开。

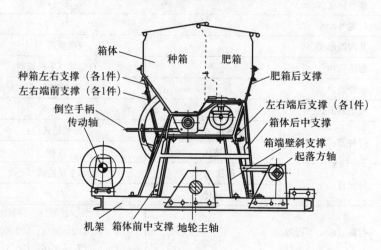

图 5 - 32　种肥箱的安装

　　24 个外槽轮排种器和 24 个水平星轮排肥器（图 5 - 33）分别装在种箱底板和肥箱底板下面。肥箱内设有排肥活门，以调整施肥量。当排肥轴转动时，通过一对锥齿轮带动星轮转动，箱内肥料被星轮齿槽和表面带动，经过肥量调节活门后到排肥口，落入输肥口，星轮式排肥器适用于干燥颗粒状化肥。

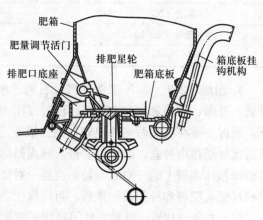

图 5 - 33　水平星轮式排肥器

　　（3）传动及离合部分（图

5 - 34）　地轮用销钉及开口销固定在主轴的外端。固定在主轴上的主动链轮通过铸造钩形链条，将来自地轮的动力传给安装在机架前梁上部的传动轴，此为一级变速。再通过传动轴外端的链轮及链条，传给种箱两端的排种轴，此为二级变速。排肥机构是通过箱体端壁上的一对直齿轮由排种轴传给排肥轴，再经过一对锥齿轮减速，将水平星轮底内圈的肥料推送入排肥口。

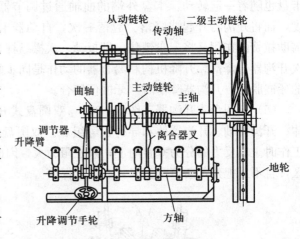

图 5-34　传动及离合机构

离合器由安装在主轴上的齿形离合器套、离合器弹簧及离合器叉组成。离合器主动套用键固定在主轴上，可在主轴上滑动，外端由弹簧向里压着。离合器的从动套活套在主轴上，它的两端带有结合爪，分别与主动链轮和主动套结合，离合器叉卡在主动套和从动套之间，一端和安装在起落方轴上的曲轴相连。在开沟器升起过程中，方轴回转一个角度后，曲柄推动离合器叉楔入两套之间，将主动套沿轴线向外推移，使弹簧压缩，结合齿脱开，各部传动被切离，排肥、排种工作立即停止。当开沟器降落时，方轴将离合器叉拉出，弹簧将主动套推向从动套而结合，接通动力，排种、排肥器开始工作。

（4）升降机构（图 5-35）升降机构由自动器、曲轴调节器、升降方轴、操纵杆等部分组成。升降和起落状态下，自动器操纵杆和卡盘被操纵杆滚轮锁在一定位置上。这时卡盘起主轴轴承作用，主轴在卡盘孔内转动。需要升降时，扳动操纵杆使滚轮和卡盘脱开，这时操纵杆上的滚子在操纵杆拉簧的作用下，卡入自动器卡盘的凹窝内，所以主轴转动时，

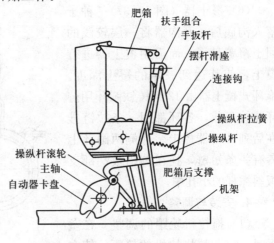

图 5-35　升降机构

卡盘也随着一起转动。卡盘外端的曲轴通过调节器推动升降方轴转动一个角度,而将开沟器升起或降落。起落一次,自动器卡盘和曲轴转180°,操纵杆借助拉簧的作用又将卡盘锁住。即扳动一次操纵杆,开沟器就升起,再扳动一次开沟器便降落。升降机构和离合器的动作是同步的,开沟器升起时,离合器的牙嵌脱开,开沟器降落时,牙嵌便接合。

(5)双圆盘式开沟器(图5-36) 双圆盘式开沟器主要由圆盘、内外锥体、开沟器轴、开沟器体和导种板等组成。双圆盘式开沟器属钝角式开沟器,工作时土壤反力的分力垂直向上,入土阻力大,因此适用于沙壤土和轻壤土地区,且不易把残茬杂草翻上来,有利于保墒。

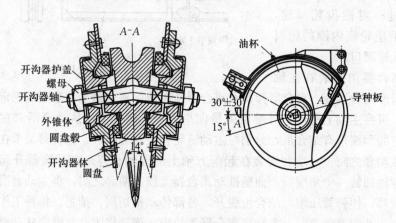

图5-36 2BF-24A的双圆盘式开沟器

(6)覆土器(图5-37) 种子落入沟底后,开沟器将一层较浅的回土覆盖种子,尚需用覆土器进行覆土,使其达到一定的覆土深度。拖环式覆土器由12个铸铁圆环用链环连接而成,各环都用一条拉链挂在后列开沟器体上。外侧两圆环上各有一条短链,挂在脚踏板端部支板斜撑杆的小孔中。

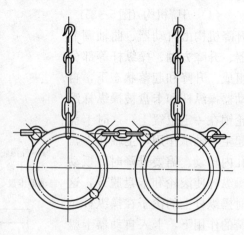

图5-37 拖环式覆土器

4. 安装与调整

(1)拖拉机轮距的调整 在垄播时,要调整拖拉机的轮距,使它行走在垄沟的中心部位。

（2）播种机的挂结 用支柱将播种机牵引架支撑于适当高度，将拖拉机慢慢后退至牵引杆的孔对准播种机"U"型钩的孔，插上牵引销。把变速杆放在空挡位置，停机熄火。注意挂接后要保持机架的水平，否则会影响播深的一致性。

（3）排种量的调整 在第二级传动上有 10 齿、15 齿和 20 齿 3 种链轮，将其互相倒换安装，可得 6 种速比供排种时选用（图 5 - 38、表 5 - 2）。然后通过播量调整手柄来调整。手柄位置的改变，也即槽轮工作长度（对应播量）的改变，用指示盘刻度来表示。

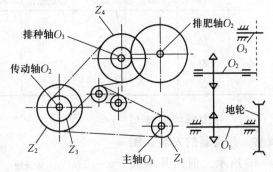

图 5 - 38 排种速比配换图

表 5 - 2 排种量参考表

链轮配换				排种量（kg/hm²）（小麦）			
Z_1	Z_2	Z_3	Z_4	排种速比			
10	18	10	20	3.6	11.07	40.8	92.4
10	18	10	15	2.7	14.4	54.5	110.25
10	18	15	20	2.4	16.2	61.2	137.55
10	18	20	15	1.35	29.25	106.65	242.1
10	18	15	10	1.2	31.5	121.35	275.55
10	18	20	10	0.9	42.75	144	361.5

（4）排肥量的调整 安装在排肥轴和排种轴上的一对直齿齿轮，备有 20 齿、47 齿、27 齿和 40 齿 4 个齿轮，互相倒换安装，可得 4 种速比供排肥时选用（图 5 - 39、表 5 - 3）。然后通过手柄改变活门相对于星轮表面的间隙而改变排肥量，活门开度可

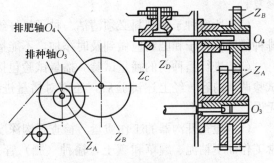

图 5 - 39 排肥速比配换图

在 0°～30°范围内调节。

表 5-3　排肥量参考表

齿轮配换					排肥量（kg/hm²）（粒状尿素）	
Z_A	Z_B	Z_C	Z_D	排肥速比	活门开口 0 mm	活门开口高度 6 mm
20	47			4.50	6.15	12.75
27	40	12	23	2.04	9.45	21.3
40	27			1.29	20.45	49.35
47	20			0.82	26.4	65.4

（5）开沟器的安装与调整　开沟器的安装如图 5-40 所示。前列开沟器拉杆较短，后列开沟器拉杆较长。通过拉杆接头和 U 形螺栓装于开沟器梁上，两列相间安装，不能装错。升降拉杆下端用开口销与开沟器体连接，上端分别插入升降臂接头中，种肥管的下端装入开沟器体内，上端的种肥漏斗卡簧装于排种（肥）盒上。开沟器的入土深度是由弹簧来控制的，加大弹簧压力会使入土变深。

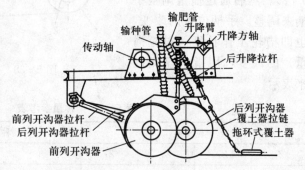

图 5-40　开沟器及种肥管的安装

5. 使用与保养

（1）检查部件　检查各部件上的螺母是否松动，磨损严重的零件须更换或修复。

（2）所有种子和肥料必须清洁　种子最好经过清选过筛，以免堵塞，影响排种排肥。种子和肥料应做到及时添加，不能播完再添。

（3）进行播种前的播量试验　播量试验包括各行播量一致性试验和总排量试验两项内容。经上述试验后，还需对播量进行田间复查及校正，以求准确无误。

（4）检查开沟器的工作质量　检查开沟深度是否合乎要求，开沟器是否正常工作而不粘泥、缠草和壅土，输种（肥）管是否插在开沟器内，有无堵塞情况。

（5）更换种子品种　更换种子品种时，必须彻底清扫种子箱及排种器。

（6）清洁机具　清除机具上的泥土、油污及种（肥）箱内的种子及肥料等杂物。种肥箱用清水冲洗，晾干擦净。肥箱和排肥星轮涂防腐漆。

（7）加润滑油　各润滑点按时加注润滑油。有条件的清洗轴承。

（8）松弹簧　放松开沟器等压缩弹簧，使之保持在自由状态。

（9）置干燥处　将机器置于干燥的室内存放。

6. 故障诊断与排除　2BF－24A 型播种机的常见故障与排除方法见表 5－4。

表 5－4　2BF－24A 型播种机的常见故障与排除方法

故障现象	故障原因	排除方法
开沟器堵塞、壅土	① 圆盘转动不灵 ② 圆盘左右晃动而张口 ③ 开沟器内导种板与圆盘间隙过小 ④ 地面不平，作物残茬过多 ⑤ 开沟器未提升即倒车 ⑥ 土壤湿度过大	① 增加内外锥体间的垫片 ② 减少内外锥体间的垫片 ③ 调整间隙 ④ 提高整地质量，清除地面残茬 ⑤ 提升开沟器后再倒车 ⑥ 待土壤稍干后再播
播深不一致	① 机架前后左右不水平 ② 各开沟器压缩弹簧弹力不一致 ③ 开沟器圆盘磨损不一致	① 正确连接，使机架前后左右水平 ② 调整一致 ③ 更换磨损过度的圆盘
漏播	① 输种（肥）管堵塞或脱落，输种（肥）管损坏 ② 种子不清洁，排种口堵塞 ③ 排肥星轮的销子脱出或被剪断 ④ 排肥大、小锥齿轮破碎 ⑤ 肥箱内肥料架空	① 注意经常观察，及时排除 ② 将种子清选干净，清除排种器处的堵塞物 ③ 更换 ④ 更换 ⑤ 扰动架空的肥料
播种量不均匀	① 地面不平，土块过大 ② 排种轮工作长度不一致，排种舌开度不一致 ③ 播种量调整手柄固定螺丝松动	① 提高整地质量 ② 播前进行播量试验，正确校正排种轮工作长度和排种舌开度 ③ 紧固在适当位置
起落机构失灵	① 自动器杠杆弹簧丢失 ② 自动器杠杆弹簧弹力失效	① 补装弹簧 ② 更换新弹簧
半部分不排种	① 链条折断 ② 离合器没接合上 ③ 传动轴端部结合套上开口销剪断 ④ 箱壁上传动轴头处开口销丢失或剪断	① 更换新链条 ② 检查弹簧压力 ③ 更换开口销 ④ 补装或更换开口销

（续）

故障现象	故障原因	排除方法
排种盒不下种	① 排种出口处被杂草堵塞 ② 排种轴和排种轮装配处没有销轴 ③ 排种轮损坏	① 清除杂草 ② 补装销轴 ③ 更换排种轮
某排肥口不排肥	① 大锥齿轮上开口销被剪断 ② 肥料箱内架空 ③ 进肥口及排肥口被堵住	① 更换开口销 ② 搅拌肥料 ③ 清除堵塞物
开沟器圆盘转动不良	① 粘泥将开沟器糊住 ② 泥土将两圆盘间堵住	① 清除开沟器泥土 ② 清除开沟器两圆盘间泥土
开沟器有异响	导种板没装正，与圆盘干扰	重新调整导种板

三、旋耕播种机的使用与维护

1. 结构特点　旋耕播种机是将旋耕机和播种机有机结合形成的新型联合作业机具。它一次作业可以完成旋耕、播种、施肥、覆土、镇压等多种功能，具有作业效率高、使用经济的特点，在我国应用日益广泛。

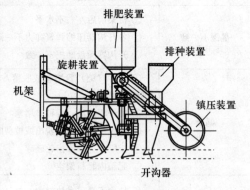

图 5-41　旋耕播种机

旋耕播种机主要由机架、旋耕装置、排肥装置、开沟器、排种装置和镇压装置组成，如图 5-41 所示。

2. 旋耕播种机的安装

（1）刀片的安装　为适用农艺要求，不同的安装方法，可得到各种不同的耕作效果，切忌刀片反装，使刀背先入土，因受力过大，损坏机件。

① 免耕作业时刀片的安装方法。正对种肥管前安装 3 组刀盘，两边刀盘弯刀的弯向向里，中间刀盘弯刀的弯向与刀座圆孔方向一致，刀刃向前，如图 5-42 所示。并在有掏草刀座位置安装掏草刀，安装完成应先试运转，若有碰撞应立即停车检查调整。

② 平作时刀片的安装方法。从整个刀轴看，左右弯刀是交错安装的，即

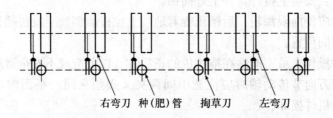

图 5-42 免耕作业时刀片的安装方法

在同一截面上安装一左一右弯刀，弯刀的弯向与刀座圆孔方向一致，刀刃向前，如图 5-43 所示。这种排列方法，耕后地面平整，适于平作。在地黏、杂草多时，两种管之间安装一把掏草刀，防止壅堵。

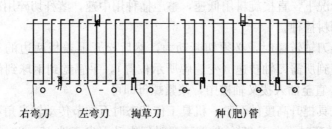

图 5-43 平作时刀片的安装方法

③ 条耕带耕作时刀片的安装方法。种管前对称留 6 把刀，将其余的全拆下，适合于三夏季节抢墒，抢种玉米用。种子播在条带耕宽内，可节约灌水，是旱季播种玉米较好的一种耕作方法。

（2）输种（肥）管的安装

① 种（肥）管是用 U 形螺栓固定在机架后梁上的，安装应使定位块与后梁上平面接触；小麦、玉米输种（肥）管下端种（肥）口向后，切忌不能装反。

② 弯刀、输种（肥）管安装完毕后，应先进行试运转，若有碰撞，应立即停车检查，微调种（肥）管的位置，直到不碰撞为止。

③ 与拖拉机的挂接。

第 1 步：将拖拉机倒退，对准机具悬挂架中间，提升下拉杆至适当高度，倒车至能与机具左右悬挂销连接为止。

第 2 步：安装万向节传动轴，并上好插销。

第 3 步：安装机车左右下拉杆，并上好插销。

第 4 步：安装上拉杆，并上好插销。

工作时应使前限深轮、后镇压辊着地，上拉杆插销处于旋耕播种施肥机上拉杆条孔中间位置。

倒车时操作人员不能站在拖拉机的正后方，以免造成不安全事故。

在使用万向节传动轴时应注意中间两夹叉必须在同一平面内，若方向装错，将引起机件损坏。

3. 旋耕播种机的调整

（1）机具的水平调整

① 机具左右水平的调整。与耕深、播深同时调整，方法见耕深调整。

② 机具前后水平的调整。与耕深、播深同时调整，方法见耕深调整。

（2）刀轴转速的调整　原则是在保证作业质量的前提下，尽可能提高效率。一般情况下，直接旋耕用低速，整地播种用中速，茎秆切碎用高速，然后再变低速深耕播种。

在变换刀轴转速时，必须切断动力，然后松开上盖板两边的 M14 螺栓，扳动操纵杆到所需刀轴转速（变速牌所示位置），手感觉到钢球到位后，拧紧 M14 螺栓，直至插入拨叉轴槽中，锁紧螺母即可。

（3）机具提升高度的调整　机具工作状态时万向节传动轴夹角不得大于±10°，地头转弯时不大于 25°，地头转弯时仅提升刀尖离地 15～20 cm，如遇沟坎或路上运输，需要升得更高时，必须切断动力，在田间作业时，要求做最高提升位置的限制，通过拖拉机液压定位系统调整实现。

（4）耕深的调整　耕作深度的要求，取决于各地的农艺要求。

本机具耕深调整是通过改变前限深轮和后镇压辊的上下固定位置来实现的。调整时，将前限深轮和后镇压轮同时向上调整，则深；同时向下调整，则浅。这样反复调整，直至达到所需耕深和前后水平（前两限深轮必须处于同一位置）为止，锁定前后各自位置（前限深轮调整范围为 7.5～17.5 cm，后镇压辊调整范围为 7.5～15 cm）。

在正常播种状态时，应保持中央拉杆悬挂处于机具悬挂架条孔中间位置，同时使拖拉机液压系统处于浮动位置，以保证机具前后仿形，耕深、播深一致。

机具左右、前后水平位置的调整，与耕深调整同时进行。

在调节两限深轮时，要注意左右必须在同一孔位，调节镇压辊时要注意前后孔位，高度对应一致，使机具保持前后的水平状态。

（5）播深调整　播深主要是通过改变种管在后梁的上下位置来实现，应注意各种管深度平齐一致。

耕、播深工作部件安装调整好后，必须进行作业前的田间试验。经试验，确认孔位安装正确，若播深不合适，也可调节后镇压辊高度（耕、播深同时调），来达到调节播深的目的。

播玉米时，耕深调节好后，将种（肥）管固定在后梁的最深位置即可。

总之，应根据当地不同的农艺要求，不同的操作环境，灵活使用不同的调节方法。一般情况播种深度：小麦 3～6 cm，玉米 3～8 cm。

（6）行距调整

播小麦，由于采用高产宽幅条播（单播幅 12 cm）下种器，行距不需另外调整。

播玉米时由于各地行距差异较大，因此要进行调整，方法是移动种管在后梁上的位置，即可达到所需行距，如还需更大的行距，可用减少播行的方法实现。

（7）播种量的调整

① 小麦播种量的调整。机具在播小麦时，先插上玉米种室盖种板。根据当地农艺要求，调整种量调节手轮，使小麦排种槽轮端面与种量尺某刻度对齐。加上要播的种子，加入量不少于容积的 1/5。在闲地进行试验，用小袋接住全部排种盒排种口，使机组达到正常工作状态，将排种槽轮工作长度以 5 mm 至全长逐段进行测试。建议每增加 5 mm 测试一次（间隔越小越好），将测试结果记录表中（表 5－5），供使用时参考。如经过拌药的种子，根据含水量的大小，则要按上述方法重新测试。

表 5－5　槽轮工作长度与种子亩播量表

槽轮工作长度（mm）	5	10	15	20	25	30	35	40
亩播量（kg）								

② 玉米播量的调整。播玉米时，插上玉米盖种板。

种量及颗粒数量的调整：根据农艺要求调整种量调节手轮，以改变玉米槽轮的工作长度来调整种量。

窝距、种量的调整：用螺丝刀松开玉米槽轮上 M6 螺钉，调整窝眼的开度。

由于各地农艺差异较大，如每亩地的播量、株距、行距不同，再加上种粒的大小，出苗率的高低等因素的影响，在机具购回后或播前必须进行试播（按播小麦的试播方法进行）。

（8）排肥量的调整　排肥器只适于施颗粒肥，禁止使用失效结块肥和混肥。由于肥料含水量和颗粒大小不同，播施前必须按农艺要求进行实际测试，其方法和小麦排种量的调整方法相同。将测试结果记录表中（表5-6），供使用时参考。尿素与易挥发肥料最大施肥量不得大于300 kg/hm²（20 kg/亩）。

表5-6　槽轮工作长度与肥料亩播量记录表

尿素	槽轮工作长度（mm）	5	10	15	20	25	30	35	40
	亩播量（kg）								
磷酸二胺	槽轮工作长度（mm）	5	10	15	20	25	30	35	40
	亩播量（kg）								

机具各行排种量或排肥量不均匀的调整：移动排种轴或排肥轴上的卡片，消除排种槽轮或排肥槽轮与卡片之间的间隙，使排种槽轮或排肥槽轮工作长度一致。如果某行排种量或排肥量偏大或偏小，可适当调整该行的槽轮工作长度，以达到各行排种量或排肥量一致。

（9）主要传动件的调整　机具在使用50 h后需进行一次齿轮间隙与啮合印痕的调整，其方法如下：

① 第二轴轴承间隙的调整。拆开第二轴轴承盖，将调整垫片适当减去一些，再装回第二轴轴承盖，用手转动第一轴，至手感灵活，又无明显轴向间隙为止。

② 圆锥齿轮啮合印痕的检查与调整。将红丹油涂在大锥齿轮工作面上，按正常工作方向转动小锥齿轮轴，观察小锥齿轮工作印痕的大小及其分布情况，圆锥齿轮啮合印痕的检查与调整方法见表5-7。

表5-7　圆锥齿轮啮合印痕的检查与调整方法

印痕大小及分布情况		调整方法
	正常印痕	小锥齿轮正常的啮合印痕的长度应不少于齿宽的40%，印痕的高度应不少于齿高的40%，并分布在分度圆锥线附近，不需调整
	不正常印痕	减少第三轴左轴承盖与箱体之间的调整垫片，将取下的垫片加到第三轴右轴承盖与箱体之间，使大锥齿轮向箭头所示方向移动

（续）

印痕大小及分布情况	调整方法
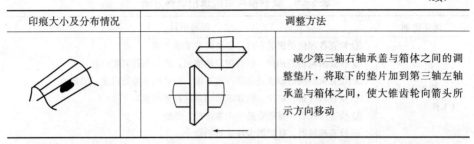	减少第三轴右轴承盖与箱体之间的调整垫片，将取下的垫片加到第三轴左轴承盖与箱体之间，使大锥齿轮向箭头所示方向移动

③圆锥齿轮齿侧间隙的调整。适当的齿侧间隙是齿轮正常工作的条件之一，间隙过大，产生较大的冲击和噪声；间隙过小，则润滑不良，加速磨损，甚至顶死。

齿轮间隙的测取方法：用保险丝弯曲成S形，置于齿轮非啮合面之间，按正常工作方向转动齿轮，将保险丝挤扁，然后取出测量，靠近大端处被挤压的厚度，即为齿侧间隙，正常值为 0.26～0.65 mm。如果齿侧间隙超过 0.8 mm，应该调整。调整方法参照圆锥齿轮啮合印痕的调整。

调整注意事项：圆锥齿轮齿侧间隙的调整，应在第二轴和第三轴轴向间隙调整完成后进行，当锥齿轮磨损需要调整齿侧间隙时，一般向右移动大锥齿轮即可。

4. 旋耕播种机的使用

（1）使用前的准备 机具出厂后，由于运输，变速箱内的油已放尽，使用前必须加足润滑油至检油孔高度位置；所有黄油嘴应该注足黄油；检查并拧紧全部连接螺栓；各传动部分必须转动灵活并无异常响声。

（2）前进速度的选择 机具前进速度的选择原则是：拖拉机不超负荷，碎土达到农艺要求，种子覆土好，沟底、地表平整，既保证耕播作业正常，又充分发挥拖拉机的额定功率，达到提高工效的目的。

一般情况下，直接旋耕、旋播 2～4 km/h，整地 3～6 km/h，比阻大的土壤，前进速度选小些，反之选大些。

（3）机组的起步 启动拖拉机，使机具刀尖离地 15 cm，结合动力输出，空转 1～2 min，挂上工作挡位，缓慢地松开离合器踏板，同时操作拖拉机液压升降调节手柄，随之加大油门，使机具逐步入土，直至正常耕深为止（前后仿形轮与地面接触）。此时操纵液压手柄，使液压处于浮动位置。

5. 旋耕播种机的维护保养 正确地进行维护与保养，是确保机具正常运转、工效高、寿命长的重要措施。旋耕播种机的维护保养方法见表 5-8。

表5-8 旋耕播种机的维护保养方法

保养级别	保养项目
班保养 （工作10小时）	① 检查各部位的锁紧零件，必要时拧紧或更换 ② 检查齿轮箱的油位，保持规定的油面，即检油孔高度位置 ③ 设有黄油嘴的轴承处必须注足黄油。传动轴伸缩管内涂一层黄油 ④ 检查刀片是否缺少、损坏或松动，应补齐拧紧 ⑤ 检查排种管、排肥管是否正常排种、排肥 ⑥ 检查排种器、排肥器卡片是否松动 ⑦ 用后及时清洗，防止酸碱性肥料腐蚀机器和零件
一级保养（工作一个季度或耕作2 000亩，先到为准）	除执行班保养事项以外，还应做下列事项： ① 更换齿轮油 ② 检查刀轴两端轴承是否因油封失效而进入泥水，必要时清洗，更换油封，加足黄油 ③ 检查各部位磨损情况，必要时应予以调整或更换。更换损坏机件后，涂防锈油漆 ④ 检查齿轮的磨损情况，必要时应予以调整或更换 ⑤ 检查万向节十字轴滚针，是否因松动或有泥土扳动不灵活，应拆开清洗后装上并注油 ⑥ 清除剩余种子、化肥 ⑦ 检查限深轮总成是否因油封失效进入泥土，必要时清洗更换油封，加足黄油
二级保养 （工作一年）	除执行班保养和一级保养外，还应做下列事项： ① 清除机具表面污物 ② 更换齿轮油，检查轴承磨损情况，必要时更换 ③ 拆洗刀轴、轴承，更换油封、注足黄油 ④ 对紧固件、开口销、刀片、刀座、种箱、肥箱、排种器、排肥器等进行严格检查，对锈蚀、磨损严重或损坏的要及时更换 ⑤ 拆洗传动部件，清洗十字轴滚针，如有损坏应更换
长期停放保养	放入室内，放平垫高，使刀尖离开地面，刀片、输入轴外露部分及排种链条排肥室等部位涂以防锈油，对非工作表面脱漆部分应涂以防锈油漆

6. 旋耕播种机的故障诊断与排除 旋耕播种机的常见故障与排除方法见表5-9。

表5-9 旋耕播种机的常见故障与排除方法

故障现象	故障原因	排除方法
小麦播幅窄，达不到12 cm	① 排种软管过长 ② 弹籽板弧度过小 ③ 播种过深	① 调整排种软管长度 ② 调整弹籽板弧度 ③ 调整播深

（续）

故障现象	故障原因	排除方法
种肥管弯曲	① 播深过大 ② 倒车时未将播种机提离地面 ③ 种肥管刮在硬物上	① 调整播深 ② 倒车时将播种机提离地面 ③ 校正种肥管
播种量过小	① 工作槽轮过短 ② 排种舌未放到位 ③ 主动链轮小 ④ 麦种太脏	① 调整槽轮工作长度 ② 调整排种舌位置 ③ 更换主动链轮 ④ 清选麦种
各行排种量不一致	① 零位不齐卡口螺丝松 ② 排种舌位置不统一 ③ 排种管堵塞 ④ 种箱中种子不均衡	① 调整槽轮、拧紧卡口丝 ② 调整一致 ③ 疏通排种管 ④ 添种或调整均衡
不排肥	① 排肥槽轮卡口丝松动 ② 下降过猛，堵塞排肥管 ③ 肥箱无肥	① 调整槽轮、拧紧卡口丝 ② 疏通排肥管 ③ 添加肥料
左右挂接销松动	左右挂接销未紧固	拧紧螺丝或加锁母
排种施肥链子容易脱落	① 链条不在同一平面上 ② 链轮顶丝松动 ③ 链轮轴弯曲 ④ 链轮装反 ⑤ 张紧轮未紧到位 ⑥ 主动链轮粘土缠草	① 调整链轮 ② 拧紧顶丝 ③ 矫正链轮轴或更换 ④ 调换链轮 ⑤ 调整张紧轮 ⑥ 密封下护链盒
（玉米）镇压辊脱落	① 轴端卡簧脱落 ② 挂接销脱落 ③ 刮土板卡住辊子 ④ 前后不水平	① 装上卡簧 ② 固定挂接销 ③ 调整刮土板 ④ 调整中间拉杆使前后水平
镇压辊不转或转动不灵活	① 种肥槽轮被异物卡死 ② 轴承缺油、损坏 ③ 链条过紧	① 清理异物，调整槽轮 ② 加油、更换 ③ 调整链条松紧度
地表有浮籽	① 播种机前后不水平 ② 种肥管调整过高 ③ 未安装后挡土板 ④ 重耕 ⑤ 软管从排种器脱出	① 调整播种机使前后水平 ② 重新调整 ③ 安装后挡土板 ④ 不要重耕 ⑤ 重新安装排种器上的软管

（续）

故障现象	故障原因	排除方法
松软地旋播易壅土	① 机具前高后低 ② 限深轮旋转不正常 ③ 前进速度过慢 ④ 挂接销松动	① 调整机具使后高前低 ② 调整限深轮 ③ 提高前进速度 ④ 拧紧
浅旋深耕种子浅	① 犁尖磨损过大 ② 机具不水平	① 更换犁尖 ② 调整机具
犁柱弯曲	开沟犁前方的旋耕刀磨损严重或刮在硬物	更换旋耕刀、矫正犁柱
玉米种量过大	① 毛刷磨损 ② 堵盘螺钉松动 ③ 调节手轮未锁紧	① 更换毛刷 ② 紧固堵盘螺钉 ③ 锁紧调节手轮
玉米种量过小	① 毛刷过紧 ② 堵盘螺钉松动 ③ 堵盘未动 ④ 镇压辊转动不灵	① 调整毛刷 ② 紧固螺钉 ③ 调整堵盘，放开窝眼 ④ 调整至转动灵活
传动轴响声过大	① 提升或摆动角度过大 ② 安装错误	① 控制提升高度、左右摆动幅度 ② 中间两夹叉须在同一平面内
齿轮箱有异声	① 箱体中有异物 ② 齿轮间隙过大 ③ 轴承损坏 ④ 齿轮打齿 ⑤ 脱挡或挡未挂到位 ⑥ 油不够，油号低	① 取出异物 ② 调整齿轮间隙 ③ 更换轴承 ④ 修复或更换 ⑤ 重新挂挡、拧紧顶丝 ⑥ 加足润滑油，改用适当标号的油
箱体温度过高	① 齿轮间隙过小 ② 缺油 ③ 齿轮油标号不准 ④ 油加多，气孔堵塞 ⑤ 转速过高	① 调整齿轮间隙 ② 按要求加油 ③ 按标号加油 ④ 疏通气孔，接规定加油 ⑤ 选择合适的转速
刀轴转动不灵	① 脱挡 ② 花键套、轴磨损 ③ 齿轮间隙过小 ④ 齿轮、轴承磨损咬死 ⑤ 刀轴变形、缠草 ⑥ 侧板变形 ⑦ 框架不正 ⑧ 拖拉机后输出动力故障	① 重新挂挡，拧紧顶丝 ② 更换花键套、轴 ③ 调整齿轮间隙 ④ 更换轴承及齿轮 ⑤ 矫正刀轴、清理杂草 ⑥ 矫正侧板 ⑦ 校正框架 ⑧ 检查拖拉机动力输出轴

（续）

故障现象	故障原因	排除方法
机具发出异声	① 护草圈与轴承座摩擦 ② 刀尖与箱体摩擦 ③ 万向节轴、套之间间隙大 ④ 安装错误	① 调整护草圈，防止与轴承座摩擦 ② 调整靠箱体刀座 ③ 更换 ④ 重新正确安装
机具进地后振动	① 刀片安装错误 ② 缺刀太多，磨损过大 ③ 地过硬，前进速度快 ④ 刀轴变形 ⑤ 油门不稳定 ⑥ 左右不水平 ⑦ 万向节安装错误	① 重新安装 ② 补充刀、更换新刀 ③ 调整前进速度 ④ 矫正刀轴 ⑤ 稳定油门 ⑥ 调整机具左右水平 ⑦ 重新安装
耕后地表不平整	① 刀片安装错误 ② 耕前地表不平 ③ 拖板变形 ④ 镇压辊或拖板两边压力不均衡 ⑤ 前进速度过快 ⑥ 机具左右不水平 ⑦ 刀轴转动不灵，齿轮、轴承间隙小 ⑧ 刀轴转速过低	① 重新正确安装 ② 平整土地 ③ 矫正拖板 ④ 调整镇压辊及拖板两边压力 ⑤ 降低前进速度 ⑥ 调整机具左右水平 ⑦ 调整间隙 ⑧ 提高刀轴转速
机具跑偏	① 机具左右不水平 ② 摆幅过大 ③ 犁体变形 ④ 刀片安装错误 ⑤ 齿轮、轴承间隙过小，刀轴转动不灵	① 调整机具左右水平 ② 调节左右限位一致 ③ 更换或矫正犁体 ④ 重新安装 ⑤ 调整间隙
拖拉机拉不动	① 配套不合理 ② 耕地过深 ③ 拖拉机有故障，功率不足 ④ 齿轮间隙小	① 合理配套 ② 减小耕深 ③ 检修拖拉机 ④ 调整齿轮间隙
过浅或不入土	① 刀片安装错误 ② 左右拉杆调整过高 ③ 前进速度过快 ④ 万向节轴、方套相抵 ⑤ 液压调节手柄未到位 ⑥ 外置油缸调整螺母未调整到位 ⑦ 前后水平未调好	① 重新正确安装 ② 调整拉杆 ③ 降低前进速度 ④ 调整万向节长度 ⑤ 调整液压调节手柄 ⑥ 调整调节螺母到位 ⑦调整调节螺母到位

（续）

故障现象	故障原因	排除方法
中间出现沟	① 杂草过多、犁体缠草 ② 耕地过深 ③ 中间拉杆过短 ④ 旋耕刀安装错误或刀具磨损	① 清理杂草 ② 调浅深度 ③ 调整中间拉杆 ④ 重新安装刀片或更换
操纵杆变速不动	① 顶丝未松 ② 操纵杆磨损出拨叉槽	① 放松顶丝 ② 更换拨叉
工作时万向节传动轴偏斜很大	① 机具左右不水平 ② 拖拉机左右限位链单边限位过短	① 左右调成水平 ② 调节限位链一致，限制左右摆动过大
十字传动轴损坏	① 传动轴装错 ② 缺黄油 ③ 倾角过大 ④ 猛降入土	① 应将中间两只夹叉开口装在同一平面内 ② 注足黄油 ③ 限制提升高度 ④ 应逐步入土

四、水稻施肥器的使用与维修

机动水稻施肥插秧机是一种施肥、插秧复式作业机械，即将水稻施肥器装配在机动插秧机上，进行边施肥，边插秧作业。下面以应用较广的 2ZTF 型水稻施肥器为例，介绍其安装在插秧机上的使用与维护方法。

1. 结构特点 2ZTF 型水稻施肥器是为机动水稻插秧机配套的侧条施肥作业机具，可安装在以下机型的插秧机上：吉林省延吉生产的 2ZT9356B 型、2ZT7358 型、2ZTR430 型、黑龙江省依兰生产的 2ZZA－6 型、2ZZB－6 型、日本生产的 NS450 型、YP450 型、MP450 型和南韩生产的 PF455 型、MSP4U 型、KP450 型等。

2ZTF 型水稻施肥器可以在插秧的同时，按着农艺要求，将化肥定量、均匀、准确地施入到与秧苗等距、等深的泥中，一次完成开沟、施肥及覆泥的全过程，具有节肥、增产、省工、省力、减少污染的优点，可节肥 30% 左右，增产达到 10%，省工 15%。

2ZTF 型水稻施肥器由机架、肥箱、排肥器总成、输肥管、驱动连杆、开沟器总成及施肥器调节机构等组成。

机架用于固定排肥器总成，由方管、立柱和 U 形卡子组成。

肥箱用半透明塑料制成，用于盛装肥料。

排肥器总成由排肥壳体、排肥轮、阻肥轮、排肥轴、肥量调节手轮、排肥漏斗等组成。旋转排肥手轮，改变排肥轮槽的长短，实现排肥量大小的调节。

输肥管上端与排肥漏斗卡紧，下部与开沟器上的排肥槽相连。

驱动连杆将插秧机栽植臂的动力传递给排肥器摆臂，带动排肥轴旋转，实现排肥作业。

开沟器总成包括滑刀式开沟部件、排肥槽及覆泥器等部分。

施肥器调节机构可实现施肥深度在 3～7cm 范围内的调节，还可将开沟器总成整体升起，以便机组转弯、过埂。

2ZTF 水稻施肥器有以下特点：

（1）用卡丝安装，不破坏插秧机原有结构，不影响插秧机作业性能。

（2）排肥器总成装卸方便，可迅速清肥、调节肥量和更换零部件。

（3）可按农艺要求，调整施肥深度和施肥量，开沟器总成可自由升降，转弯、过埂方便。

2. 主要技术参数 2ZTF 水稻施肥器的主要技术参数见表 5-10。

表 5-10 2ZTF 水稻施肥器的主要技术参数

参数名称	参数值
外型尺寸（长×宽×高）（mm）	650×1 700×600
适用颗粒肥料直径（mm）	2～4
肥箱容量（kg）	4×6
排肥器形式	外槽轮
排肥方式	单向间歇式回转
排肥量（kg）	0～400
施肥方式	侧条施肥
施肥深度（cm）	5
施肥位置（距离秧苗中心侧面距离）（cm）	5
作业效率（hm²/h）	0.1～0.3
整机质量（kg）	30

3. 调整

（1）排肥器槽宽的调整 拔下手轮排肥总成，拧动调肥轮，手轮每转一周槽宽增减 3 mm，顺时针转动调肥轮，排肥槽宽加大，反时针转动调肥轮，槽宽变小。调好槽宽后，把调肥轮插入壳体，并用锁片锁定位置。

（2）手轮排肥总成在排肥轴上位置的调整　拔下驱动连杆上端与排肥轴上摆臂的销轴，松开摆臂的紧固螺丝，窜动排肥轴，使其与手轮排肥总成较远的轴头（有圆截面的轴头）端面及远离壳体座的轴套端面重合，并使轴在轴向定位。同时还要调整手轮排肥轮槽在排肥器壳体的圆周位置，先将排肥轴上的摆臂调到水平位置，转动排肥轮，使排肥轮两个槽之间的中心线在轴线位置上，这时两个槽在轴向的平分面正好与垂直于不锈钢片的两个斜面前后壁中心面相平行，即两前后壁都有半个肥槽（如不是半个，两面露出的槽相等也可）。当轴向和圆周位置都调整合适后，紧固摆臂螺丝，这时摆臂应处在水平位置。如果驱动连杆长度调到 195 mm 时，插秧机栽植臂曲柄也应在水平位置，再用销轴连上摆臂的驱动连杆叉。

（3）排肥器壳体上刷肥胶皮的调整　排肥器壳体两个斜面侧壁端面与排肥轮的外圆周围间隙为 5 mm，在壳体斜面上用螺钉紧固压片，把 2.5 mm 厚的胶皮固定好，胶皮端面与排肥轮外圆面的间隙为 0.5 mm，这样可使胶皮在排肥轮摆动时胶皮有个弹性空间，达到排肥准确、耐磨、耐用的目的。

（4）开沟器安装位置及深浅的调节　开沟器在安装时，有 60 mm 施肥距离和 40 mm 施肥距离两种。开沟器的深度是通过调节固定在插秧机左牵引杆的调节架中的调节螺杆实现的，顺时针转动调节螺杆，开沟器沟深加深，反时针转动时开沟器沟深变浅。调节深度为 30～70 mm，在过埂时，由于过埂器与开沟器调节架联动，所以在踩过埂器时，开沟器也相应升起。

4. 使用注意事项

（1）在使用施肥机前，须检查施肥机具与插秧机连接部位的可靠程度，螺丝是否拧紧，销轴是否插好，各调节部位是否调整到要求的尺寸，驱动连杆长度与摆臂连接的相位是否一致，排肥量是否均匀，开沟器是否深浅一致等。

（2）启动插秧机前，要用摇把摇动插秧机，看栽植臂和排肥器等部件有无卡阻、脱落及其他异常现象，待插秧机栽植臂栽植 5 次以上无问题时，方可启动发动机。

（3）在插秧机运输过程中，要把施肥机调节架上的调整螺丝调到开沟器最高（浅）的位置，防止碰撞。作业时要把开沟器调到所需的施肥深度。

（4）作业时要保证肥箱和各排肥部件的干燥。

在停机超过两小时时，应将排肥轮拔出，把肥箱清除干净，防止潮湿粘肥。要经常利用停机时间清除开沟器、排肥槽、覆泥器和输肥管上的泥和草，清除堵塞隐患，晚间停机时要取下排肥轮放在屋内干燥，以备第二天再用。

（5）插秧机转弯时，要踩下过埂器，使开沟器升起，防止两边开沟器壅泥挂草。在向秧箱上浇水时，注意不要把水浇在肥箱和排肥器上，以免影响正常作业。

（6）雨天作业时，要注意防雨，防止肥箱、排肥机构内部进水及肥料潮解，以免影响正常作业。

5. 故障诊断与排除　2ZTF 水稻施肥器的常见故障与排除方法见表 5 - 11。

表 5 - 11　2ZTF 水稻施肥器的常见故障与排除方法

故障现象	故障原因	排除方法
施肥机过后秧苗倒伏	① 整地质量不佳，沉淀时间短 ② 肥沟与秧苗距离小 ③ 开沟器、覆泥器上有拖挂物	① 提高整地质量，延长沉淀时间 ② 把开沟器固定在远离栽植臂的下梁孔上（60 mm） ③ 清除拖挂物
肥沟不合垄或盖不上泥	① 耙地后沉淀时间过长 ② 覆泥器覆泥位置不对或变形 ③ 开沟器、覆泥器上有杂物	① 缩短沉淀时间 ② 调整覆泥器覆盖角度和位置，或矫正覆泥器 ③ 清除杂物
输肥管不排肥	① 输肥管内进水、进泥或潮湿，挂肥过多 ② 排肥漏斗堵塞进水 ③ 排肥器槽堵塞或槽轮不转 ④ 肥箱无肥 ⑤ 手轮排肥总成没放在排肥位置上 ⑥ 肥料不标准，碎末多或潮解	① 清除肥管、漏斗、排肥槽中的堵塞物，擦干水分 ② 定期提前清除堵肥隐患 ③ 排除槽轮不转的故障，紧固各部件连接部分 ④ 肥箱加足肥料 ⑤ 将手轮排肥总成放在排肥位置上 ⑥ 更换符合标准的粒肥
肥料断条	① 个别排肥器槽堵塞，排肥轮相位不对 ② 肥箱肥料不足 ③ 排肥管不畅，排肥槽内有堵塞物	① 清理排肥器槽，调整排肥轮相位 ② 加足肥料 ③ 疏通排肥管及排肥槽

（续）

故障现象	故障原因	排除方法
6 组排肥器排肥量不均	① 排肥轮槽尺寸不一致或摆臂相位不相同 ② 驱动连杆长度不等	① 调整排肥轮槽及摆臂相位 ② 调整连杆长度
开沟深度不够，沟迹不清晰	① 开沟器深度不够 ② 开沟器、覆泥器缠草	① 调节开沟器位置，保证开沟深度 ② 清除杂草
排肥量越来越大	① 排肥壳体两斜侧壁或不锈钢片脱落 ② 排肥胶皮没有按要求调整出弹性空间，排肥胶皮脱落	① 换新壳体或不锈钢片 ② 安装胶皮时端面与排肥轮圆柱面要留有 0.5 mm 间隙并紧固，胶皮端面要平直

第六章

其他播种机的使用与维修

第一节 棉花播种机的使用与维修

一、棉花播种机的结构

棉花播种机目前在向复式作业的方向发展，一次可完成旋耕、铺膜、开沟、播种、覆土、覆膜、施肥等多道工序。结构基本上与谷物播种机相似，主要由旋耕装置、排种器、排肥器、输种管、深浅调节机构、覆土器、开沟器、机架和传动机构等组成，如图6-1所示。排种器多选用圆盘式或勺式排种器，适用于脱绒籽或短绒籽的播种。

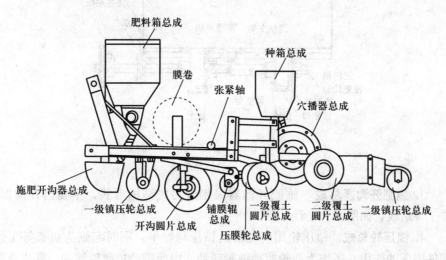

图6-1 棉花播种机的结构

1. 机架 机架是播种机的基础部件，用槽钢及扁钢焊接组成一个框架结构，如图6-2所示。所有工作部件均安装在机架上。

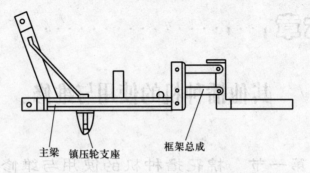

图 6-2 2BMG-2AG 型播种机的机架

2. 肥料箱总成　肥料箱总成主要由肥箱、链轮、排肥轮轴、排肥轮总成及调整手柄总成组成，如图 6-3 所示。

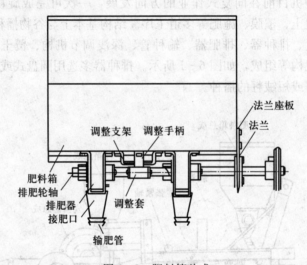

图 6-3 肥料箱总成

3. 施肥开沟器总成　施肥开沟器采用滑刀式结构形式，主要由开沟器、卡子等组成，如图 6-4 所示。

4. 镇压轮总成　镇压轮用于垄面的镇压与整平，同时起到为机架等工作部件限深的作用，还作为地轮驱动链轮转动，由此带动排肥轮转动，完成施肥工作。镇压轮由轴支座、镇压轮圈等组成，如图 6-5 所示。

5. 开沟圆片总成　开沟圆片用于开膜沟，主要由弹性套、立柱、轴、圆片等组成，如图 6-6 所示。

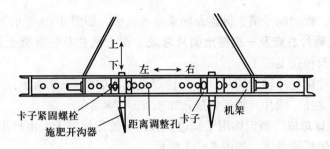

图 6-4　施肥开沟器总成

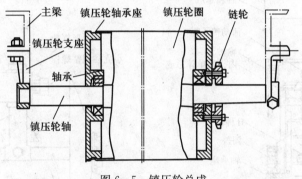

图 6-5　镇压轮总成

6. 铺膜辊总成　铺膜辊采用浮动式结构，主要由铺膜辊、球座、框架等组成，如图 6-7 所示。

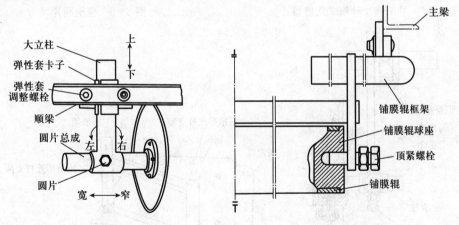

图 6-6　开沟圆片总成　　　　　图 6-7　浮动铺膜辊总或

7. 种箱及穴播器总成　种箱及穴播器用于存放种子和完成穴播工作。种箱与播种装置分为两部分，种箱设置在穴播器上部，主要由种箱、内单体、外单体、活动鸭子嘴、侧盖及轴承座等组成，如图6-8所示。

8. 覆土圆片总成及一级覆土圆片总成 覆土圆片及一级覆土圆片用于膜边覆土压严及种孔上覆土。

覆土圆片由圆片轴、圆片、小立柱等组成，如图6-9所示；一级覆土圆片由支臂、立柱、圆片、轴等组成，如图6-10所示。

9. 额定体总成 额定体用于膜边及膜孔上的定量覆土，由槽形连杆支座、额定体底、侧板等组成，如图6-11所示。

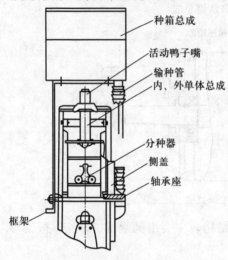

图6-8 种箱式穴播器

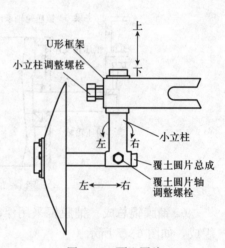

图6-9 覆土圆片

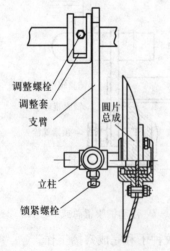

图6-10 一级覆土圆片总成

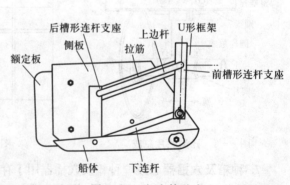

图6-11 额定体总成

10. 二级镇压轮总成　二级镇压轮用于对种孔覆盖土壤的镇压，由镇压轮、U形架、刮板等组成，如图6-12所示。

11. 压膜轮总成　压膜轮用于将边膜压入膜沟内，便于压实膜边，由压膜轮、支臂、轴及立柱等组成，如图6-13所示。

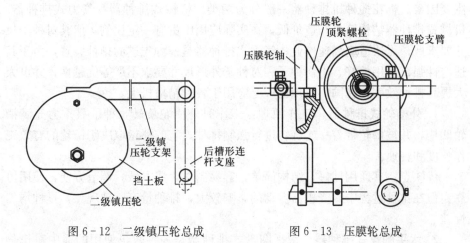

图6-12　二级镇压轮总成　　　图6-13　压膜轮总成

二、棉花播种机的工作过程

工作时，首先由机具前部的施肥系统施肥，随着镇压轮在地面滚动，地轮所产生的动力，经链条、链轮传给排肥轮轴，驱动排肥轮转动，肥料由肥箱底部的排肥器均匀地排入输肥管中，然后进入施肥开沟器，最后施入土壤。接着由机具中部的铺膜装置将膜平铺于垅面上，工作前，先将机具提升离地面150～200 mm高度，将薄膜从膜卷上拉出经张紧轴至铺膜辊铺放到展膜盘及额定体下面的垅上，放下机具，埋好薄膜横头。机具作业时，由于薄膜横头及膜边已埋入土中，机具前行时，铺放好的薄膜不断拉动膜卷使之转动，薄膜不断地被拉出，同时膜边被镇膜盘不断地压入开好的膜沟内，覆土器随之覆土，埋好边膜。随后由机具后部的播种装置，在已铺好的膜面上滚动，依次完成取种、分种、排种、打孔、穴播等工序。最后由机具尾部的覆土装置完成对垅面、膜边及种孔上的镇压与覆土工作，此时，覆土圆片将膜边侧碎的土翻到额定体外侧的膜面种孔上及膜沟内，额定体将膜面种孔多余的土刮去，额定体后的二级镇压轮将种孔上的土壤压实。

三、棉花排种器

棉花播种机的核心部件是排种器，是决定棉花播种机的特性和工作性能的主要因素。棉花播种机排种器一般分为两类：机械式排种器和气力式排种器。机械式排种器结构简单，造价低，在实际应用中占有一定比例，但其对种子尺寸要求严，无法适应高速作业；气力式排种器是一种先进的排种装置，由于其适应性强、通用性好、不伤种子和对种子外形尺寸要求不严等优越性，并可大大提高排种效率，在国内外现已广泛应用于各种精播机上。

1. 外槽轮式排种器　工作原理：工作时外槽轮旋转，种子靠重力充满槽轮凹槽，并被槽轮带着一起旋转进行强制排种，它的播量取决于槽轮的有效工作长度和转速。

优缺点：其通用性好，结构简单，容易制作，成本低，调节方便，使用可靠。但在排种过程中，受机器振动的影响较大，排种量有脉动现象，排种均匀性差。

2. 水平圆盘式排种器　水平圆盘式排种器是一种较早使用的播中耕作物的排种器，它以更换排种盘来实现穴播或单粒点播多种中耕作物。

水平圆盘式排种器内设有棉籽搅种盘（梳齿盘），并在传动轴后端装有匀籽轮。搅种盘将棉籽输送到排种口处，由匀籽轮将棉籽强制排出，从而进行条播，如图 6-14 所示。在开沟器处装有成穴器，可将数粒种子点播成穴，并使穴距相等。

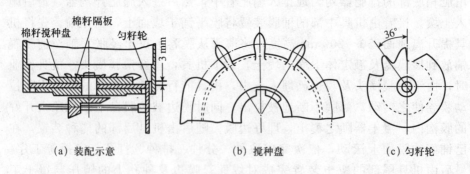

（a）装配示意　　　　　（b）搅种盘　　　　　（c）匀籽轮

图 6-14　棉籽排种器

优缺点：水平圆盘排种器的特点是结构简单、工作可靠、均匀性好；可换装能播带绒棉籽的棉花排种器，供棉花条播机使用；还可换装磨盘式排种器以条播中耕作物，扩大了播种机的使用范围。但水平圆盘排种器的排种盘线速度的许用值较低，从而对高速播种的适用性较差。在单粒精量播种时，对尺寸要求严格，种子必须按尺寸分级，并且要按照各种种子的不同尺寸级配备相应的排种盘，增加了备用件、选配、使用及保管的作业工序。

3. 气力式排种器 气力式排种器是利用真空吸力原理排种的，以气流为载体完成充种和排种，利用气流压力差从种子室摄取单粒种子并依次将其排出，气力式排种器分为负压式和正压式。

优缺点：这种排种器通用性好，更换具有不同大小吸孔和不同吸孔数的排种盘，便可适应各种不同尺寸的种子及株距要求。不伤种子、对种子外形要求不严、作业速度高。但气力式排种器充种室种子分布不合理，影响排种性能，气室密封要求高，一般气压（或真空度）在 2.9～7.8 kPa，对风机及其动力传递结构要求较高，结构复杂，且易磨损。

4. 勺式排种器 其工作原理是利用型孔大小取种，来实现单粒穴播和点播。

图 6 - 15 所示为倾斜勺式排种器，当排种盘转动时，随着勺子向上旋转，多余的种子因重力而自行滑落，勺内可舀 1～2 粒种子，当转到上方时，勺内种子靠自重通过隔板开口落入与排种勺盘同步转动的导种轮的槽内，再经底座排出口落入种沟。作业速度一般不能大于 8 km/h，否则会严重影响播种质量。

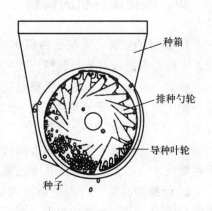

优缺点：结构简单，对种子的形状、尺寸要求不高，工作可靠。但它的结构和其调节方式导致穴粒数不稳定，

图 6 - 15 勺式排种器

种箱
排种勺轮
导种叶轮
种子

当滚筒转速较低时，充种时间长，无空穴，清种不顺，穴粒数不稳；当滚筒转速较高时，充种时间短，种子在进种口容易堵塞，形成空穴。

5. 钳夹式排种器 钳夹式排种器是利用机械力夹持种子进行排种。适用于大株距作物的精播。

钳夹式棉花膜上精量穴播器由接种杯、取种装置、取种导轨、成穴器动嘴、加种管、定钳、动钳、成穴器定嘴等零部件组成。取种装置主要由动钳和定钳组件等零部件组成，其中动钳组件主要由弹簧、滚轮保持架、滚轮、轴承、滚轮轴、动钳、动钳轴等零件组成（图6-16）。

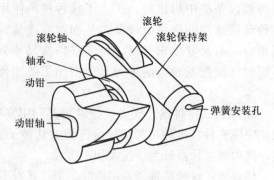

图6-16 动钳组件

导轨控制着定钳的运动，定钳组件中的滚轮在导轨上运动，带动动钳克服弹簧弹力运动，周期性地使动钳与定钳形成取种槽，实现取种装置的取种、清种和投种。

优缺点：钳夹式排种器较其他机械式棉花排种器有较高的速度，取种可靠。但是夹持力过大会损坏种子，容易伤种，通用性较差，不能精播小株距作物。

四、棉花播种机的调整

1. 整机的安装 棉花播种机出厂时，是以部件形式出厂的。用户在使用前，需按要求进行安装与调整。整机安装顺序：

机架→主梁→镇压轮→肥箱总成→开沟圆片总成→铺膜辊总成→穴播器总成→覆土轮总成→覆土圆片总成→二级镇压轮总成→一级覆土总成→压膜轮总成。

安装时要注意工作部件的方向性，如种箱穴播器、覆土轮均具有方向性，不得装反，否则无法工作；并要注意工作部件左右对称安装。

2. 行距的调整 行距是指两穴播器的鸭子嘴中心之间的距离，调整时，先将后横梁上定位套螺栓松开，然后左右移动穴播器框架总成，调到所需位置，锁紧各定位螺栓即可。

3. 穴距的调整 穴播器穴距可进行有级调整，调整数据见表6-1。调整方法：松开穴播器的紧固螺栓，增减单体数量，即可进行穴距的调整。

4. 种量的调整 穴播器每穴种量的调整范围是2～10粒/穴。播量大小的调整是通过调整排种器的存积容积来实现的，容积增加，播量增加，反之减少。容积的大小通过调整排种器挡舌与进种口之间的间隙来实现，增大挡种舌与进种口之间的间隙，可增大播量，反之减少。

表 6-1　穴距调整选用值

鸭子嘴的位置刻度	穴距（mm）	
	滚筒直径为 300 mm	滚筒直径为 400 mm
14	—	105
13	—	115
12	—	125
11	—	135
10	115	145
9	125	160
8	140	180
7	163	—
6	180	—

5. 施肥行距的调整　施肥行距应根据播种行距进行调整，即肥料应施在种行侧面，距种行 50～80 mm。施肥行距的调整通过改变施肥开沟器固定卡在前横梁的安装位置来实现，松开周定卡紧固螺栓，左右移动固定卡，使之达到合适位置，紧固螺栓即可。同时，可根据农艺要求调整施肥深度，调整时，上下移动施肥开沟器柄至合适位置即可，一般调整深度为 50～80 mm。

6. 施肥量的调整　施肥量大小的调整可通过改变外槽轮工作长度来实现。将播种机升起呈水平状态，使镇压轮离地，松开外槽轮调整手柄的锁紧螺栓，扳动调整手柄，使外槽轮的工作长度为全长的 1/3。用手均匀转动地轮，通过链条等零件带动槽轮转动 5 圈，即为机组直行 6.28 m，则每行施肥量应为 6.28 g，将排出的肥料进行称重，与规定值比较，待调整到规定的施肥量后，重新测试 3～5 次，稳定后即可。

7. 开沟圆片之间相对距离的调整　开沟圆片所开出的膜沟，应距膜边 75 mm 左右。调整方法是：松开大立柱套上的锁紧螺栓，移动圆片轴在大立柱套中的安装位置，即可进行调整。同时，可根据土壤情况，调整圆片入土深度（45～60 mm）及圆片与前进方向之间的夹角（15°～20°）。调整方法是：松开弹性套与顺梁的连接螺栓，左右转动、上下移动弹性套中的大立柱，实现深度及角度的调整。调整合适后，紧固螺栓。

8. 覆土圆片及一级覆土圆片的调整

（1）覆土圆片的调整　松开 U 形框架及小立柱锁紧螺栓即可调整圆片入

土深度及角度，增大入土深度和角度，即可增大覆土量。

（2）一级覆土圆片位置的调整　松开铺膜辊框架上的固定螺栓及小立柱锁紧螺栓进行圆片位置的调整，松开支臂上的螺栓调整角度。

9. 额定体的调整

（1）额定体与种孔位置关系的调整　种孔中心线与额定体侧板外侧的距离应保持在 10～20 mm。调整时，松开槽形连杆支座与 U 形框架的连接螺栓，左右移动额定体总成，即可调整其距离。

（2）种孔上覆土厚度的调整　额定板上的调整长条孔是用于调整额定板的，种孔上的覆土厚度一般保证在 10～15 mm，调整时，松开其螺栓，即可上下调整。

10. 压膜轮的调整　调整压膜轮的目的是保证压膜轮行走在膜沟内。方法；压膜轮支臂与铺膜辊框架连接处有两个定位套，用于压膜轮的调整。拧松定位套螺栓，左右移动支臂，使压膜轮走在膜沟内，锁紧定位套螺栓即可。

五、棉花播种机的使用

1. 播前准备

（1）清洗、加油、固紧各部件　清洗各轴承，更换或添加适量的润滑脂。检查各转动部件和浮动部件，保证转动灵活，无卡滞现象。检查各紧固螺栓，必须紧固可靠，不得松动。检查各传动链的松紧度，必要时进行调整。

（2）检查、调整播量　根据农艺要求，检查穴播器的播量、行距和穴距，必要时进行调整。检查排种器，必须紧固可靠，不得有杂物、泥土、棉绒等堵塞进种口及输种过道。活动鸭嘴必须转动灵活，不得锈死和卡滞，与固定鸭嘴的相对位置应正确，张开度保持在 10～14 mm 范围内，否则应予调校、修理或更换。

（3）调整悬挂架　水平调整：调整拖拉机中央拉杆长度，使机架处于水平工作状态。横向调整：调整拖拉机左右限位链，保证各组之间的距离相互对称，机具工作中心应与拖拉机牵引中心一致。

（4）过筛肥料、清选种子　肥料要求过筛，颗粒直径不大于 4 mm，保持干燥，有较好的流动性，宜用颗粒状肥料。种子要清洁、饱满、无杂物、无破损、无棉绒。

2. 安全操作

（1）拖拉机挂接机具必须可靠　张紧链的张紧度要调整合适，机具悬离地面后，左右不能有大的摆动，起步、运转、倒车时，要观察机组前后是否有人。

（2）经常检查　播种时应经常检查活动鸭嘴是否有堵塞或脱落，以及其他工作部件的情况。

（3）及时检查播量　播完一定长度后，应及时检查种箱及穴播器的种子，穴播器中的存种量最好不得少于容量的1/4，否则将影响播种质量。及时添加化肥。

（4）排故须停机　必须停机熄火后方能排除故障。机具在未悬离地面时，不得倒车或急转弯。田间转移和运输时，应将机器尾部的额定体等部件折叠起来。

3. 保养

（1）每天作业完毕后，应及时清除机器上的泥沙、杂草（物）。检查各工作部件有无变形或损坏，若发现问题，及时予以校正或更换。对传动链条、链轮、地轮、各轴套和铺膜辊轴承加注润滑油。将肥、种箱清理干净。

（2）穴播器轴承每工作3～5个班次进行一次润滑保养，并检查活动鸭嘴和销轴，如磨损严重应予更换。

（3）开沟圆片轴承、覆土圆片轴承、镇压轮轴承每年进行一次保养。

（4）长期存放时，应将穴播器和链条拆卸下来。所有工作部件应支离地面，清除干净，各工作表面涂防锈油，存放于干燥室内。

六、棉花播种机的常见故障诊断与排除

1. 钳夹式棉花播种机的常见故障诊断与排除

（1）空穴现象　空穴率是考察播种机播种质量最重要的指标之一。造成空穴的原因是：取种器没取上种子；取种器虽取上了种子，但未能播到种穴内。

① 取种器没取上种子。

a. 排种器内根本就没有种子，无种可取。检查时，首先看种箱内是否有种子，若无种子，则需要立刻停车加种子；若有种子，就要检查排种管是否堵塞，排种管堵塞一般发生在早晨刚开始播种的时候，这是因为机手没有及时处理头天排种箱内剩下的、晚上受潮膨胀、堵塞排种管的种子，此时可以震动排种管使种子下落，若还不能解决，则要把排种管取出来，用棍棒等物体疏通一下，即可排除该故障。

b. 排种器内有种子，但取种器取不上种子，这会造成每个周期内该位置

都是空穴。检查时，首先查看种盘是否变形，若种盘变形量过大，致使种腔和工作腔封闭不严，种子往工作腔泄露，种子进入工作腔后将滚轮和滚轮保持架卡死，导致取种器不转动，无法实现取种。接着，打开排种器，检查弹簧是否安装正确、是否已经断裂、是否超过其疲劳极限而使弹簧无法实现自身功能。如果一切正常，则检查接种杯是否安装正确，如接种杯方向装反也将造成空穴。

② 取种器虽取上了种子，但未能播到种穴内。

a. 成穴器未开出种穴。若播种地块土质坚硬、石块多等播种环境造成成穴器无法扎入土地内，造成播种器悬空，成穴器张开角度小，种子卡在成穴器内，无法排出；成穴器定嘴过短，会造成成穴器不能完全打开。前者可以增加播种机的配重，比如在播种机机架上放置种子或者薄膜等，增加成穴器定嘴的压力；或者减小成穴器定嘴刃口的厚度，使成穴器扎入土地内。后者需要更换长定嘴。

b. 成穴器堵塞，造成种子不能播入种穴内。土地为黏土地或者播种地块墒较足，造成土块黏结在成穴器内，堵塞成穴器。可以将黏结在成穴器中的土块取出，待土地晾晒一段时间后再播种，即可解决此问题。

c. 动嘴弹簧失去作用，致使动嘴不能与定嘴合上，造成种子在未到达种穴时，已经被抛出。这种情况必须停机，更换动嘴弹簧。

（2）播种深度不均匀　播种深度是保证作物发芽生长的主要因素之一，播得过深，种子发芽时所需要的空气不足，幼芽不易出土；过浅，会造成水分不足而影响种子发芽。因此，农艺上棉花播深规定为 20～30 mm，墒好时取小值，墒不足时取大值。播种深度由成穴器和仿形地轮控制，对地块硬度较大，致使播种深度较浅时，可以在播种机上适当增加配重或者减小成穴器定嘴的刃口厚度；对于土质松软，致使播种较深时，可增加防形轮高度，抬高播种机，使成穴器作用长度减小。

（3）后覆土不合理　播后覆土压实可增加土壤紧实程度，使水分上升，种子紧密接触土壤，有利于种子发芽出苗。适度压实在干旱地区尤其在新疆是保证全苗的有效措施。通常覆土状况的好坏由后覆土圆盘的角度、位置（与覆土滚筒轴的相对位置）决定，覆土圆盘的角度是指其与机车牵引方向之间的夹角，夹角过大则对覆土圆盘转动的阻力增大，导致覆土圆盘推不动土，且后覆土圆盘有远离覆土滚筒方向运动的趋势；夹角过小则推土量减少，覆土滚筒获得的土量减少，覆土性能下降。后覆土圆盘上的土有 2 个方向的运动趋势：一是向后运动（相对机车），一是向上运动并最终翻入滚筒。位置靠前，后覆土圆盘与覆土滚筒的相对重合面积减小，覆土滚筒获得的土量减少，覆土性能下降；位置靠后，将有大量的土翻出覆土滚筒，也会使覆土性能下降。后覆土圆盘的最佳位置为触地点与覆土滚筒轴线处在同一铅垂面内，而其夹角要依靠土壤特性及耕作阻力来决定，在播种时进行调整。

（4）错位现象　错位率也是衡量播种好坏的指标之一，错位将影响种子的发芽和生长。若没有错位现象，种子发芽后将直接从鸭嘴器打的穴孔中长出来，但错位时，部分错位种子就会在薄膜下面。新疆地区中午地表温度很高，膜下温度更高，一般超过 50 ℃，这样的温度将直接烧伤甚至烧死幼芽。造成错位的原因主要是：播种作业时，展膜轮在铺膜时对膜有一定的拉力，使膜发生弹性变形，如果此时前覆土圆盘不能及时覆土，就只能靠后覆土圆盘覆土，而膜过了压膜轮后弹性变形恢复，即产生错位现象。调节前覆土圆盘与调节后覆土圆盘的方法相同，也是调节夹角和位置，但前覆土圆盘的刚性要保证。

（5）膜未打透　膜没有打透造成排出的种子部分或全部留在膜上，使种子失去生长的媒介，造成出芽率下降。原因：固定鸭嘴处于打孔状态时并不是垂直进入，或在打孔时受的压力不够。前者可以将鸭嘴口修整一下，使其处于垂直状态；后者可以适当加配重以增加压力。

2. 2BMG - 2AG 型棉花播种机的常见故障诊断与排除　2BMG - 2AG 型棉花播种机的常见故障与排除方法见表 6 - 2。

表 6 - 2　2BMG - 2AG 型棉花播种机的常见故障与排除方法

故障现象	故障原因	排除方法
切破覆盖膜	① 开沟过浅 ② 压膜轮或展膜盘未走在膜沟内 ③ 展膜盘有毛刺飞边	① 调深开沟圆盘入土深度 ② 调整开沟圆盘或穴播器位置，使展膜盘走在膜沟内 ③ 消除展膜盘外缘上的毛刺飞边
鸭嘴夹土	① 鸭嘴变形或卡滞 ② 鸭嘴中有异物 ③ 穴播器转动方向错误	① 校正鸭嘴，保持开度在 10～14 mm ② 清除异物 ③ 纠正穴播器转动方向
下种不均	① 排种器脱落 ② 排种器内有杂物 ③ 排种器调整不当 ④ 鸭嘴阻塞	① 重新铆接 ② 清除杂物 ③ 重新调整排种器 ④ 清理鸭嘴

（续）

故障现象	故障原因	排除方法
滚筒缠膜	① 地膜铺放方法错误 ② 地膜张紧度不够 ③ 地头地膜掩埋不好 ④ 薄膜质量不符要求 ⑤ 机具纵向不水平	① 按正确方法铺放 ② 适当张紧地膜 ③ 掩埋好地头地膜 ④ 更换合格地膜 ⑤ 调整中央拉杆，使机具处于水平状态
断膜	① 机架不平 ② 地膜张紧过度 ③ 地块不平整	① 调整中央拉杆，使机架保持水平 ② 适当调整地膜张紧度 ③ 重新整地，整平沟埂
排肥不均	① 排肥轮调整不一致 ② 排肥轮阻塞 ③ 传动系统工作不正常 ④ 化肥过湿或有过大的结块	① 调整排肥轮，使其保持一致 ② 排除阻塞物 ③ 调整传动系统，排除链条卡滞现象 ④ 过筛化肥，或选用干燥化肥
种孔上覆土不均或无土	① 覆土量不足 ② 覆土轮装反 ③ 覆土轮槽口未对正种孔	① 调整圆片，加大覆土量 ② 重新正确安装 ③ 重新调整使之对正
鸭嘴打不穿地膜	① 地膜张紧不够 ② 土壤中杂草及大土块过多	① 张紧地膜 ② 重新整地
铺膜质量不好	① 行距过宽 ② 地膜宽度不够 ③ 机架不平 ④ 圆片覆土不够	① 调小行距 ② 更换标准地膜 ③ 调整中央拉杆，调平机架 ④ 增加覆土量

七、棉花播种机的修理

棉花播种机，操作方便，效果好，但工作环境差，易损坏。现介绍其主要部件的修复方法：

1. 地轮轴、轴座的修复 地轮轴磨成椭圆后，应用堆焊法复原，再将轴锉圆磨光。轴磨损后，用锉或刮刀将座孔扩圆，再镶配合适尺寸的轴套，同时在轴座上钻出加油孔，确保油道畅通。

2. 排种部分的修复 对碱、锈破损的排种箱，选薄铁皮或易拉罐桶用铆或焊的方法进行修复。搅龙弯曲时应矫直。对断、损齿要焊接新齿。

3. 开沟、扶土铲及耧脚的修复 把磨损严重的铲尖和耧脚切掉，选用相同厚度的铁板，将标准件平放在铁板上，沿两边线顺序地划线得到标准的铲尖和耧脚配件，剪下打压成型，进行焊接，并把焊缝打磨光滑。

4. 压膜海绵轮的修复　选用一定厚度的海绵，切割出标准的圆轮。再在绵轮外周包几层布或薄膜，包胶皮更好。

5. 各部件检修好后，对螺丝涂黄油进行组装调试，直至调好为止。

第二节　马铃薯播种机的使用与维修

一、马铃薯播种机的优点

1. 节约人工　传统的马铃薯种植需要很多人力，而马铃薯播种机不需人工点种、施肥、灌水、铺膜、扶犁，节约了大量的人力。

2. 节约灌溉用水量　传统的马铃薯种植，先在垄沟内灌一遍水再播种，灌水量大，水灌得不准确，效果还不好。而马铃薯播种机在播种的同时，就实现了灌溉作业，用水节约，灌溉效果好，提高了土壤墒情。

3. 节约施肥量　在传统的马铃薯种植中，用人工施肥，不但施肥量不匀，不准确，还伤及人的皮肤，浪费化肥较严重。而马铃薯播种机就克服了这一问题，从而节约了化肥用量。

4. 发芽率高　在传统的马铃薯种植中，用人工方式施肥，使化肥与种子接触，易烧种芽，影响了种子的发芽生长。而使用马铃薯播种机，种肥分开，克服了这一问题，从而提高了种子的发芽率，有利于种子的生长。

5. 土壤不板结　在传统的马铃薯种植中，先用拖拉机在垄上开沟，再点种、施肥、合垄、镇压，需要拖拉机在田间反复行走，土壤被压得很硬，土壤板结，不利于蓄水保墒，不利于马铃薯生长。而使用马铃薯播种机，就克服了这些问题。

6. 节约油料　在传统的马铃薯种植中，拖拉机要开沟、合垄、镇压等，不能一次完成，需要反复作业，消耗很多柴油。而马铃薯播种机播种一次完成，大大节约了耗油量，节约了种植成本。

7. 种子株距均匀不重不漏　在传统的马铃薯种植中，用人工点种，难免有种子远近不一、种子叠加和漏播现象。而使用马铃薯播种机，不但播种均匀一致，而且没有重播、漏播现象。

8. 提高土壤温度　在传统的马铃薯种植中，人工铺膜用时很长，用人很多，铺膜效果不好。而用马铃薯播种机能轻松实现大垄铺膜，提高土壤温度，保墒蓄水。

9. 保墒性好，免除草 传统的马铃薯播种，土壤水分很容易散失，使种子不易发芽生长，而杂草生长很快，还得除草。使用马铃薯播种机进行大垄铺膜，不但保持土壤水分，而且膜内草也不易生长。

10. 芽壮，抗病能力强 用马铃薯播种机播种，出来的马铃薯芽壮实，抗病能力强。

11. 增产增收 使用马铃薯播种机播种，株距均匀，芽全、芽壮，土壤温度高，水分足，环境好，化肥的助长作用强，使马铃薯苗生长旺盛，扎根快，根系发达，结薯数量多，个头大，从而提高了马铃薯的产量，增加了种植收入。

二、马铃薯播种机的结构原理

马铃薯播种机由机架、地轮、肥箱、种箱、开沟铲、覆土盘、镇压辊等部件构成（图6-17）。采用靴式开沟器增加驱动地轮作为施肥排种的动力源。可根据不同地区的种植要求，调整深浅、行距和株距。

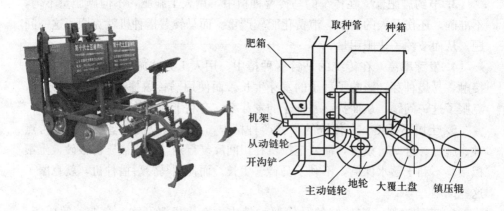

图6-17 马铃薯播种机

马铃薯播种机在配套拖拉机的带动下前行，开沟，同时驱动轮开始转动，通过驱动轮轴带动链轮、链条传动实现播种、施肥。薯杯在链条带动下，提升并装上种薯，当运动到最高点时进入种薯导向管，然后排放到播种沟内。随着播种机的前进，倒八字覆土铲将前面开沟铲开沟壅起的浮土逐渐推入沟，将种薯覆盖，在种薯上方覆土5～8 cm。肥料通过施肥装置和施肥导向管，将肥料施于种薯覆土的上面，接着覆土铲将沟边浮土，全部覆盖在所开沟的上方，并起出小垅。

三、马铃薯播种机的使用

1. 播种前的准备

（1）肥料的准备　肥料箱只适合施颗粒状的复合肥。农家肥需要在翻地之前，人工撒施在地面上，每亩地一般撒施 1 500 kg。复合肥播种时施用，施肥量的多少要根据当地的土壤肥沃程度而定，一般每亩地复合肥的用量为 50 kg 左右。

（2）耕整土地　实行机械化播种最适合平坦的耕地，坡地的坡度应小于8％。10 cm 左右的土壤层内，地温稳定在 7～8 ℃，土壤绝对含水率在 12％～15％时，适时播种。如果在旱作区沙质壤地播种，由于土质松软，只要耙平整就可以了。在黏质土壤区播种，撒完基肥后，必须用旋耕机深翻土地。

（3）种子的准备　播种前要通过选种、晒种、浸种、切种这四个环节处理种薯。切种与机械播种紧密相关，必须按标准切种。要求马铃薯种块儿大小相近，种块的质量保持在 50 g 左右，种块的大小应控制在 3.5～4.5 cm。切种前准备好 1∶1 500 的高锰酸钾液。用于切刀和切板的浸泡消毒。种薯要放在75％的稀土旱地宝 1∶1 000 的溶液中浸泡 30 min，不仅可以杀菌防腐，也可以促进种薯发芽、生根，还能增强抗旱能力。

2. 播种机的连接

（1）在水平地面上，将播种机置于拖拉机的后方，调整拖拉机左右悬挂杆的长度和播种机悬挂销挂接，然后调整悬挂机构中央拉杆的长度与播种机的中心挂接点挂接，并确保播种机前后左右处于水平状态。

（2）转动调整螺杆，调节播种链条松紧度，以播种链不摆动为宜。

（3）排种杯在排种链上的安装位置应相互垂直，以保证排种链向上运动时，种杯中的种块不至于脱落造成空穴。

3. 作业前马铃薯播种机的技术状况检查

（1）传动机构的检查　传动机构应旋转灵活，不掉链，不卡滞。

（2）开沟铲高度一致性的检查　4 个开沟器的铲尖应在同一高度。高低相差不超过 5 mm，4 个限深轮应在同一高度，相差不超过 5 mm。

（3）行距一致性的检查　VL‐20L 型马铃薯 4 行播种机出厂时行距为90 cm，相差不超过 5 mm。

（4）起垄圆盘高度、宽度一致性的检查　4 组圆盘（共 8 个，2 个 1 组）的宽度、高度应一致，相差不超过 1 cm。

（5）电子振动器振动频率一致性的检查　振动频率的大小分 5 级，4 组振动器的频率应调整一致，以确保播种的均匀性。

（6）种子箱插板高度的检查、调整　种子箱 4 个插板应高度一致，以不架空、不堆积为宜。

（7）划印器长度及划印深度的检查　划印器应轻便灵活，连接牢靠不位移，所划印迹清晰。与 JDT - 804 型拖拉机配套的 VL - 20 L 型 4 行播种机划印器的长度以 1.5～1.6 m 为宜，左右两个划印器长度相等。

（8）喷药压力的检查　为了保证喷药机喷药压力正常，4 个喷头都应雾化良好、均匀，喷药压力为 1.5～2 MPa 为宜。

4. 试播　试播过程中应检查和调整播种量、播种深度、株距、行距、邻接行距、起垄高度及宽度、播种均匀性等，确认合适后方可正式作业。其试播方法：

（1）测试传动系统的运行情况　提升播种机，用手转动驱动轮，检查机具的传动系统是否灵活，下种、施肥装置是否正常。查看薯杯链条在运行过程中有无碰撞、磕卡现象。

（2）调试入土角度　开沟铲入土的角度以 15°最为适宜。

（3）调试播种的深度　马铃薯的播种深度范围为 10～15 cm。

（4）调试播种行距　行距的调整主要是通过调整轮距的宽窄来实现。行距的宽度可根据当地的实际情况确定，一般行距为 60 cm。

（5）测定化肥实际排量　确定试播地段长度 L，计算出该长度内应施肥量可按下式计算：

$$q=QBL/667$$

式中　Q——农艺要求亩施肥量（kg）；

　　　B——单行程排肥幅宽（m）；

　　　L——试播地段长度（m）；

　　　q——应施肥量（kg）。

若播完 L 长地段后的施肥量与理论施肥量有误差，应重新调整。

（6）播种均匀性的检查及调整　在试播中如发现有重播、漏播、播种均匀性达不到要求时，应重新调整电子振动器的振级和微调。

（7）播种作业速度的确定　播种作业速度与作业质量关系极大，作业时应匀速行驶，3～5 km/h 为最佳作业速度，通用用拖拉机 1～2 挡作业。

5. 下地播种　种子和肥料都不一定要加满，以盛装种、肥箱的 1/3～2/3 为宜。最好不要在田块的中间停机。

6. 播种作业时的注意事项

（1）驾驶员应集中精力，精心操作，要求播行直、邻接行距一致，地头整齐，与农具手相互配合，发现问题及时停车检查。

（2）划地头线和地边线，地头线宽度以 6 m 为宜，地边线宽度以左（右）地边距拖拉机前轮中心线 3 m 为宜。

（3）拖拉机到达地头后，农具手应及时升起划印器，拖拉机掉头后停车，农具手放下一边的划印器，再起步作业。

（4）驾驶员应做到一听、二看、三查、四清。

一听：听电子振动器的振动声音是否正常。

二看：一看输种带上每个薯杯的工作状况，有无重播、漏播；二看喷药压力表的工作压力是否达到要求，如达不到工作压力应及时调整。

三查：一查作业质量即播种深度、起垄高度、宽度、邻接行距等是否达到要求；二查各部位紧固件是否牢固，如有松动及时紧固；三查各传动件是否正常，如有异常及时排除。

四清：一清理薯杯上的药垢，每作业 2 h 停车清理薯杯上的拌种药垢；二清洗喷头、滤芯，每班清洗 1 次；三清除开沟器上的残膜秸秆等，每趟清理 1 次；四清洗药罐、滤清器、管道等，每班作业后，放出药罐内的全部药液，加入清水，结合动力输出轴，彻底清洗滤清器、管道、喷头及滤芯等。

四、马铃薯播种机的维修

1. 维护保养

（1）班次保养　每班作业前必须检查重要的连接螺栓，是否松动或脱落。作业时经常检查机器各部件的使用情况，如有异常立即停车进行调整和维修。每班作业后将机器清理干净。

（2）季度保养　每季作业结束后，彻底清除泥土、缠草等杂物，清空肥箱中残余化肥，清洗擦拭干净。检修和更换失效零部件。放松输送链条并加防锈油。拆下传动链条，浸上机油并用塑料袋包裹存放。机器存放在干燥通风的机库内，露天存放必须用篷布罩上，防止雨雪侵蚀，并将机体垫起，使地轮离开地面。

2. 常见故障的排除　播种时，会遇到薯杯升运链不转动，或者不下种的现象，故障发生时，松离合，挂空挡，停机；降低主机高度，使地轮接触地面；适当紧固驱动轮轴螺母，即可成功排除。

第七章

播种机的修理

播种机的修理主要包括拆卸、清洗、修复、装配等几个工艺过程。

第一节　播种机的拆卸与清洗

一、播种机外部的清洗

播种机在解体之前应先进行外部清洗，目的是去除表面灰尘、泥土及油污，便于拆卸工作和发现外部损伤，并保持拆卸场所的清洁，改善劳动环境。播种机的外部清洗一般采用以下三种方法：

1. 固定式外部清洗机清洗　固定式外部清洗机的两侧及底部清洗台上均设有若干可旋转、直射或斜射的喷水头。清洗时由水泵将水压送到各喷水头，对播种机各部位同时进行喷射清洗。其清洗均匀，效率高，但设备投资多，多用于大型农机修理厂。

2. 移动式外部清机清洗　移动式外部清洗机如图 7-1 所示。由电动机带动水泵将水压提高到 1 010 kPa 以上，然后由喷水口或喷水枪喷向拖拉机播种机表面进行清洗。其水流冲击力强，清洗效果好，设备投资少，使用方便，但耗水多，效率低，多用于中、小型农机修理厂。

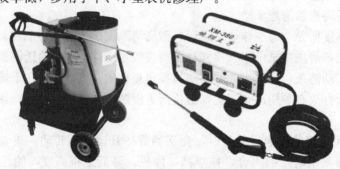

图 7-1　移动式外部清洗机

3. 用自来水冲洗 即手持橡胶水管用自来水对播种机表面直接进行冲洗。其清洗效果差，效率低，适用于小型农机修理厂。

二、播种机的拆卸

拆卸是播种机修理工作的重要环节。播种机是由许多零部件组成的，在进行修理时，必须经过拆卸才能对失效零部件进行修复或更换。如果拆卸不当，往往会造成播种机的零部件损坏，机械的精度、性能降低，甚至无法修复，直至报废。因此，为保证修理质量，在动手解体播种机前，必须周密计划，对可能遇到的问题有所估计，做到有步骤地进行拆卸。

1. 拆卸前的准备工作

（1）在拆卸前，详细了解播种机各部分的结构原理、传动方式，以及零部件的结构特点、用途和相互间的配合关系。

（2）选择适当的拆卸方法，合理安排播种机的拆卸步骤。

（3）选用合适的拆卸工具或设备。

（4）准备好清洁、方便作业的工作场地，安全文明地进行修理作业。

2. 拆卸的一般原则

（1）选择合理的拆卸步骤 播种机的拆卸顺序应与装配顺序相反。在切断播种机动力后，即发动机一定要熄火，分离动力传动轴。一般按由附件到主机，由外到内，自上而下的顺序进行，先由整机拆成部件，再由部件拆成组件，最后拆成零件。

（2）选择合适的拆卸方法 为了减少拆卸工作量和避免破坏配合性质，可不拆的尽量不拆，需要拆的一定要拆。应尽量避免拆卸那些不易拆卸的连接或拆卸后将会降低连接质量和损坏一部分连接零件的连接，如对于播种机的密封连接、过盈连接、铆接和焊接等；但是，对于不拆开难以判断其技术状态，而又可能产生故障的，则一定要拆开。

（3）正确使用拆卸工具和设备 拆卸播种机时，应尽量采用专用的或选用合适的工具和设备。避免乱敲乱打，以防零件损伤或变形。如拆卸联轴器、滚动轴承、齿轮、带轮等应使用拔轮器或压力机；拆卸螺柱或螺母，应尽量选用尺寸相符的扳手。

3. 拆卸时的注意事项

（1）用手锤敲击零件时，应该在零件上垫好软衬垫或者用铜锤、木锤等敲击。敲击方向要正确，用力要适当，落点要得当，以防损坏零件的工作表面，给修复工作带来麻烦。

（2）拆卸时，特别要注意保护主要零件，防止损坏。对于相配合的两个零件，拆卸时应保存精度高、制造困难、生产周期长、价值较高的零件。

（3）零件拆卸后，应尽快清洗，并涂上防锈油，精密零件还要用油纸包裹好，防止其生锈或碰伤表面。零件较多时，应按部件分类存放。

（4）比较长的零件，如丝杠、光杠等拆下后，应垂直悬挂或采取多支点支撑卧放，以防变形。

（5）易丢失的细小零件，如垫圈、螺母等清洗后应放在专门的容器里或用铁丝串在一起，以防丢失。

（6）拆下来的液压元件、油管、水管、气管等清洗后应将其进出口封好，以防灰尘杂物侵入。

（7）拆卸旋转部件时，应尽量不破坏原来的平衡状态。

（8）对拆下的不可互换零件要做好标记或核对工作，以便安装时对号入位，避免发生错乱。

4. 螺纹连接件的拆卸　播种机修理中经常遇到对螺纹连接件进行拆卸，但往往由于重视不够，拆卸时方法不当而造成损坏。由于播种机的工作环境比较恶劣，螺母生锈和螺钉断头等情况时常发生，这些都给维修工作带来一定困难。当拆卸困难时，不能盲目拆卸，可按下列方法进行拆卸。

（1）正常螺纹连接件的拆卸　拆卸时必须用合适的固定扳手或套筒扳手。一般不宜用活扳手，同时要按一定方向加一定的力量。若用不合适拆卸工具易使螺母及螺钉损伤，例如扳手的开口宽度大于螺母宽度会将螺母棱角揉圆，螺丝刀头厚度与螺钉凹槽不符会将螺钉槽边削平，螺母难拆时使用过长的加力杆或不了解正、反扣方向拧反会将螺钉折断等。当拆卸困难时应进行分析，不能盲目动手。

（2）双头螺栓拆卸法

① 双螺母法。将两个螺母旋紧在螺栓一端，拧动下面的螺母，双头螺栓即可拧出。

② 长螺母法。用制动螺钉来阻止长螺母和双头螺栓间的相对运动，拧动长螺母，即可拧出双头螺栓，如图 7-2 所示。

（3）锈死螺钉、螺母的拆卸　锈死螺钉、螺母是很难拆卸的，如果拆卸不当，就会造成滑

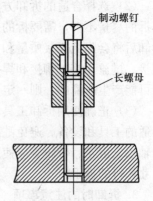

图 7-2　用长螺母法拆卸
双头螺栓

丝，损坏螺纹。对于锈死的螺钉、螺母可采用下列方法进行拆卸。

方法1：徐徐拧进1/4圈，再退出，反复紧松，使压平和剪切同时进行，即可逐步拧出。

方法2：用手锤敲击螺母四周，震碎锈层后，再拧出。

方法3：在煤油中浸20～30 min再拆卸。煤油的渗透力很强，可以渗透到锈层中去，使锈层变松，易于拆卸。

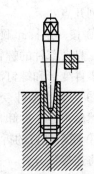

图7-3　用多角淬火钢钎拆卸断头螺钉

方法4：用前三种方法都不能拆开时，可用喷灯烧螺母，使螺母受热膨胀，趁螺钉受热较小时，迅速拧松。

（4）断头螺钉的拆卸

① 如果螺钉断在机体表面及以里时，可在螺钉上钻孔，打入多角淬火钢钎，将螺钉拧出。注意打击力不可过大，以防损坏机体上的螺纹，如图7-3所示。

在螺钉断头端的中心钻孔，攻反向螺纹，拧入反向螺钉则可将断头螺钉旋出，如图7-4所示。

在螺钉上钻直径相当于螺纹小径的孔，再用同规格的螺纹刃具攻螺纹；钻相当于螺纹大径的孔，重新攻一个比原螺纹直径大一级的螺纹，再用相应的工具拧出螺钉。

② 如果螺钉的断头露在机体表面外一部分时，可在螺钉的断头上用钢锯锯出沟槽，然后用一字旋具将其拧出或在断头上加工出扁头或方头，然后用扳手拧出，或在螺钉的断头上加焊一弯杆或加焊一螺母，再拧出，如图7-5所示。

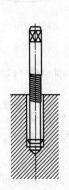

图7-4　攻反向螺纹拆卸断头螺钉

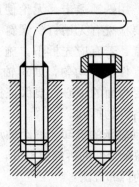

（a）加焊弯杆　（b）加焊螺母

图7-5　露出机体表面外断头螺钉的拆卸

③ 断头螺钉较粗时，可用扁凿子沿圆周剔出。

④ 未经淬火的螺钉，如果螺孔允许加大时，可用钻头把整个螺钉钻掉，重新攻螺纹。

(5) 螺钉组的拆卸　螺钉组的拆卸除应按拆卸单个螺钉的方法外，还应注意下列几点：

① 按一定拆卸顺序拆卸。如按对角线对称的拆卸，可防止零件的变形和损坏。悬臂部件的螺钉组，应先拧松下部螺钉，再拧松并拆卸上面几只螺钉，防止零件变形和螺钉滑扣。

② 为防止零件变形和使拆卸容易，拆卸时，应先将各螺钉都拧松 1～2 圈，然后再逐一拆卸，避免力量集中到某一螺钉上。

③ 隐蔽螺钉的拆卸。当确认螺钉已完全拆除后，再用螺丝刀、撬棒等工具，将连接件分开，否则容易损坏零件。

(6) 打滑六角螺钉的拆卸　六角螺钉用于固定连接的场合较多，当内六角磨圆后产生打滑现象而不容易拆卸时，可用一个孔径比螺钉头外径稍小一点的六方螺母放在内六角螺钉头上，然后将螺母与螺钉焊接成一体，待冷却后用扳手拧六方螺母，即可将螺钉迅速拧出，如图 7-6 所示。

5. 过盈配合件的拆卸　拆卸过盈配合件，应根据零件配合尺寸和过盈量的大小，选择合适的拆卸方法、工具和设备，如顶拔器、压力机等，不允许使用铁锤直接敲击零部件，以防损坏。在无专用工具的情况下，可用木锤、铜锤、塑料锤或垫以木棒（块）、铜棒（块）用铁锤敲击。无论使用何种方法拆卸，都要检查有无销钉、螺钉等附加固定或定位装置，若有应先拆下；施力部位应正确，以使零件受力均匀，如对轴类零件，力

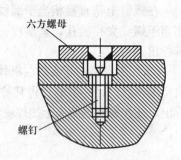

图 7-6　拆卸打滑六角螺钉

应作用在受力面的中心；要保证拆卸方向的正确性，特别是带台阶、有锥度的过盈配合件的拆卸。

6. 滚动轴承的拆卸　滚动轴承的拆卸属于过盈配合件的拆卸，在拆卸时除遵循过盈配合件的拆卸要点外，还要注意尽量不用滚动体传递力。下面介绍几种常用的拆卸方法：

方法一：用拉具拆卸。拉具的脚应放在轴承的内套圈上，不能放在轴承外套圈上，否则将拉坏轴承。拉具丝杆的顶点要对准轴的中心，拉具的杠杆

要保持平行，不能歪斜（如歪斜要及时纠正），手柄用力要均匀，旋转要慢，如图 7 - 7 所示。

方法二：用金属棒拆卸。在没有拉具或不适用拉具的情况下，可把金属棒（一般是铜棒）放在轴承的内套圈上，用手锤敲打金属棒，把轴承慢慢敲出，如图 7 - 8 所示。

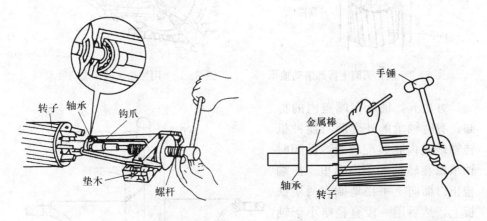

图 7 - 7　用拉具拆卸滚动轴承　　　　图 7 - 8　用金属棒拆卸滚动轴承

切勿用手锤直接敲打轴承，以免把轴承敲坏。敲打时，要使内套圈的一周受力均匀。可在相对两侧轮流敲打，不可偏敲一边，用力也不宜过猛。

方法三：放在圆筒上拆卸。如在轴承的内套圈下面垫两块铁板，铁板搁在一只圆筒上面（圆筒的内径略大于转子的外径），轴的端面上放一块铅块或铜块，用手锤敲打（不允许用手锤直接敲打轴端面，不然会造成轴弯曲），如图 7 - 9 所示。

敲打时着力点应对准轴的中心，用力不可偏歪，也不宜过猛。圆筒内要放一些柔软的东西以防轴承脱下时跌坏转子和转轴。当敲到轴承逐渐松动时，用力应减弱。若备有压床，还可以放到压床上把轴承压卸下来。

方法四：用加热法拆卸。由于装配公差过小或轴承氧化等原因，采用上述方法不能拆卸时，可将轴承内套圈加热，使之膨胀。在加热前，先用湿布包好转轴，以防热量发散。然后，把机油加热到 100 ℃ 左右，淋浇在轴承的内套圈上，趁热拆卸，如图 7 - 10 所示。

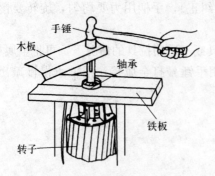

图 7-9 放在圆筒上拆卸滚动轴承

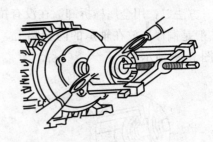

图 7-10 用加热法拆卸滚动轴承

方法五：轴承在端盖内的拆卸。有时轴承的外套圈与播种机转轴端盖内孔装配较紧，拆卸时轴承留在转轴端盖内孔里。把端盖止口面向上平稳地搁在两块铁板上，然后用一段直径略小于轴承外径的金属套筒，放在轴承外套圈上，用手锤敲打金属棒，将轴承敲出，如图 7-11 所示。

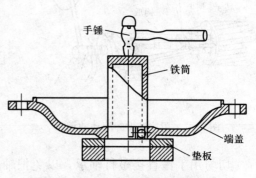

图 7-11 滚动轴承在端盖内的拆卸

7. 焊、铆连接件的拆卸 焊接件的拆卸可用锯割、等离子切割，或用小钻头排钻孔后再锯或錾，也可用氧乙炔焰气割等方法。铆接件的拆卸可錾掉、锯掉或气割掉铆钉头，或用钻头钻掉铆钉等方法。操作时，应注意不要损坏基体零件。

三、播种机零件的清洗

对拆卸后的零件的清洗方法和清洗质量对维修质量、维修成本和使用寿命等均有重要影响。

1. 清洗工具 在进行零件清洗时，除清水、干布，及选择适当场所外，还应准备工作服（破旧衣服）、刷子（旧牙刷或毛刷）、破布、肥皂、亮光蜡、海绵、手套、雨靴等，如图 7-12 所示。

2. 清洗方法

（1）清除油污 清除零件上的油污，常采用清洗液，如有机溶剂、碱性溶

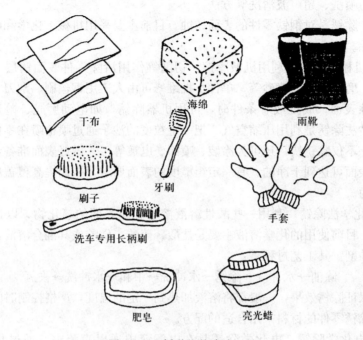

干布　海绵　雨靴

刷子　牙刷　手套

洗车专用长柄刷

肥皂　亮光蜡

图 7-12 播种机的清洗工具

液、化学清洗液等。清洗方法有擦洗、浸洗、喷洗、气相清洗及超声波清洗等。清洗方式有人工清洗和机械清洗。

清除零件表面的油污常用擦洗的方法，即将零件放入装有煤油、柴油或化学清洗液的容器中，用棉纱擦洗或用毛刷刷洗。这种方法操作简便、设备简单，但效率低，适用于单件小批生产的中小型零件及大型零件的工作表面的除油。一般不宜用汽油作清洗剂，会损害身体且容易造成火灾。

喷洗是将具有一定压力和温度的清洗液喷射到零件表面，以清除油污。该方法清洗效果好、效率高，但设备复杂，适用于零件形状不复杂、表面有较严重油垢的清洗。

清洗动、植物油污，可用碱性溶液，因为它与碱性溶液起皂化作用，生成肥皂和甘油溶于水中。但碱性溶液对不同金属有不同程度的腐蚀性，尤其对铝的腐蚀较强。因此，清洗不同材料的零件和不同润滑材料产生的油污，应选用不同的清洗剂。

矿物油不溶于碱溶液，因此清洗零件表面的矿物油油垢，需加入乳化剂，使油脂形成乳油液而脱离零件表面。为加速去除油垢的过程，可采用加热、搅拌、压力喷洗、超声波清洗等方法。

（2）除锈　对钢铁零件的表面锈蚀，目前主要采用机械、化学和电化学等方法去除。

① 机械法除锈。利用机械摩擦、切削等作用清除零件表面锈层。常用方法有刷、磨、抛光、喷砂等。单件小批维修可由人工用钢丝刷、刮刀、砂布等打磨锈蚀表面；成批或有条件时，可用机器除锈，如电动磨光、抛光、滚光等。喷砂法除锈是利用压缩空气，把一定粒度的沙子通过喷枪喷在零件锈蚀的表面上，不仅除锈快，还可为涂装、喷涂、电镀等工艺做好表面准备，经喷砂处理的表面可达到干净的、有一定粗糙度的表面要求，从而提高覆盖层与零件的结合力。

② 化学法除锈。利用一些酸性溶液溶解金属表面的氧化物，以达到除锈的目的。目前使用的化学溶液主要是盐酸、硫酸、磷酸或其混合溶液，加入少量的缓蚀剂。其工艺过程是：

除油→水冲洗→除锈→水冲洗→中和→水冲洗→去氢

为保证除锈效果，一般都将溶液加热到一定的温度，严格控制时间，并要根据被除锈零件的材料采用合适的配方。

③ 电化学除锈。电化学除锈是在电解液中通以直流电，通过化学反应达到除锈的目的。这种方法可节约化学药品，除锈效率高、除锈质量好，但消耗能量大且设备复杂。常用的方法有阳极腐蚀和阴极腐蚀，阳极腐蚀是把锈蚀件作为阳极，主要缺点是当电流强度过高时，易腐蚀过度，破坏零件表面，故适用于外形简单的零件；阴极腐蚀是把锈蚀件作为阴极，用铅或铅锑合金作阳极，阴极腐蚀无过蚀问题，但氢易浸入金属中，产生氢脆，降低零件塑性。

（3）清除涂装层　清除零件表面的保护涂装层，可根据涂装层的损坏程度和保护涂装层的要求进行全部或部分清除。涂装层清除后，要冲洗干净，准备再喷刷新涂层。

清除方法一般是采用手工工具，如刮刀、砂纸、钢丝刷或手提式电动、气动工具进行刮、磨、刷等。有条件时可采用各种配制好的有机溶剂、碱性溶液、退漆剂等化学方法除锈。

（4）清除水垢　水垢是由于冷却水中的矿物盐在零件表面沉积而形成的。它将造成冷却系散热能力的下降。

水垢一般采用酸洗法或碱洗法清除，即通过酸或碱的化学作用，使水垢由不溶于水的矿物盐转变成可溶于水的物质而被除去。

水垢的成分主要是碳酸盐、硫酸盐和硅酸盐等。碳酸盐类水垢可用氢氧化钠溶液或盐酸溶液清除；硫酸盐类水垢应先用碳酸钠溶液处理后，再用盐酸溶液清除；硅酸盐类水垢可用加入适量氟化钠或氟化铵的盐酸溶液进行循环酸洗。或用浓度为 $2\%\sim3\%$ 的氢氧化钠溶液除去。此外，以上三类水垢可用 $3\%\sim5\%$ 的磷酸三钠溶液清除。

由于碱溶液对铝合金零件及散热器黄铜具有强烈的腐蚀性。而且碱洗比酸洗除垢能力差，目前多采用酸洗法去除水垢。

对于铸铁汽缸体和汽缸盖，可采用 $8\%\sim10\%$ 的盐酸溶液，并加入适量的缓蚀剂（六亚甲基四胺、若丁及 02 缓蚀剂等）浸泡 1 h，再用清水逆冷却水流向冲清。清洗时溶液的加热温度不超过 80 ℃，以防缓蚀剂分解降低缓蚀作用。清洗后还应用 $2\%\sim3\%$ 的氢氧化钠溶液对残留在汽缸套中的酸液进行中和。

对于铝合金汽缸体和汽缸盖，应采用弱酸性的磷酸溶液清洗，以减轻对零件的腐蚀，而且清洗后，应用 0.3% 的重铬酸钾溶液进行防锈清洗并吹干。

第二节　播种机零件的修复方法

播种机在使用过程中，因磨损、疲劳、变形和腐蚀等原因，改变了零件的原始尺寸、形状、表面质量和零件间的配合性质，致使零件丧失工作功能。为了恢复零件的工作能力和配合性质，视具体情况，可以对其进行修复，或用新的零件更换失效的零件。

一、机械加工修复法

机械加工修复法就是通过车削、磨削、镗削等机械加工的方式，恢复磨损和损伤零件的配合间隙或几何形状。

机械加工修复法是播种机零件修复过程中最基本和最主要的方法，它既可以作为一种独立的工艺手段直接修复零件，也可以是其他修理方法的修前工艺准备或最后加工必不可少的工序。

修复旧件的机械加工与新制件加工相比较有不同的特点：它的加工对象是成品，旧件除工作表面磨损外，往往会有变形；一般加工余量小；原来的加工基准多数已经破坏，给装接夹定位带来困难；加工表面性能已定，一般不能用工序来调整，只能以加工方法来适应它；多为单件生产、加工表面多样、组织生产比较困难等。了解这些特点，有利于确保修理质量。

要使修理后的零件符合制造图样规定的技术要求，修理时不能只考虑加工表面本身的形状精度要求，而且还要保证加工表面与其他未修表面之间的相互位置精度要求，并使加工余量尽可能小。必要时，需要设计专用的夹具。因此要根据具体情况，合理选择零件的修理基准和采用适当的加工方法。

加工后零件表面粗糙度对零件的使用性能和寿命均有影响，如对零件工作精度、稳定性、疲劳强度、零件之间配合性质、抗腐蚀性等的影响。对承受冲击和交变载荷、重载、高速运转的零件更要注意表面质量，同时还要注意轴类零件的圆角半径，以免形成应力集中。另外，对高速运转的零件修理时，还要保证其应有的静平衡和动平衡要求。

使用机械加工的修理方法，简便易行，修理质量稳定可靠，经济性好，在零件修理中应用十分广泛。缺点是零件的强度和刚度削弱，需要更换或修复相配件，使零件互换性复杂化。

机械加工修复法可分为修理尺寸法、镶加零件法、局部修换法、换位（翻边）修复法等。

1. 修理尺寸法 对农业机械的动配合副中较复杂的零件进行修理时，可不考虑原来的设计尺寸，而采用切削加工或其他加工方法恢复其磨损部位的形状精度、位置精度、表面粗糙度和其他技术条件，从而得到一个新尺寸（这个新尺寸，对轴来说比原来设计尺寸小，对孔来说则比原来设计尺寸大），这个尺寸即称为修理尺寸。而与此相配合的零件则按这个修理尺寸制作新件或修复，保证原有的配合关系不变。这种方法便称为修理尺寸法。

例如轴、传动螺纹、键槽等结构都可以采用这种方法修复。但必须注意，修理后零件的强度和刚度仍应符合要求，必要时要进行验算，否则不宜使用该法修理。对于表面热处理的零件，修后仍应具有足够的硬度以保证零件修理后的使用寿命。

修理尺寸法的应用极为普遍，为了得到一定的互换性，便于组织备件的生产和供应，大多数修理尺寸均已标准化，各种主要修理零件都规定有它的各级修理尺寸。

2. 镶加零件法 配合零件磨损后，在结构和强度允许的条件下，增加一个零件来补偿由于磨损和修复而去掉的部分，以恢复原有零件精度的方法称为镶加零件修复法。常用的有扩孔镶套、加垫等方法。

　　在零件裂纹附近局部镶加补强板，一般采用钢板加强，螺栓连接。脆性材料裂纹应钻止裂孔，通常在裂纹末端钻直径为 $\phi3\sim6$ mm 的孔，如图7-13所示。

　　对损坏的孔，可镗大镶套，孔尺寸应镗大，保证有足够刚度，套的外径应保证与孔有适当过盈量，套的内径可事先按照轴径配合要求加工好，也可留有加工余量，镶入后再切削加工至要求的尺寸。对损坏的螺纹孔，可将旧螺纹扩大，再切削螺纹，然后加工一个内外均有螺纹的螺纹套拧入螺孔中，螺纹套内螺纹即可恢复原尺寸，如图7-14所示。对损坏的轴颈也可用镶套法修复。

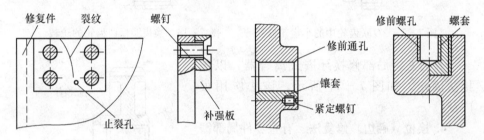

图7-13　镶加补强板　　　　　　图7-14　镶加零件修复法

　　镶加零件修复法在维修中应用很广，镶加件磨损后可以更换。有些机械设备的某些结构，在设计和制造时就应用了这一原理。对一些形状复杂或贵重零件，在容易磨损的部位，预先镶装上零件，以便磨损后只需更换镶加件即可达到修复的目的。

　　应用这种修复方法时，应注意镶加零件的材料和热处理一般应与基体零件相同，必要时选用比基体性能更好的材料。

　　为防松动，镶加零件与基体零件配合要有适当的过盈量，必要时可在端部加胶粘剂、止动销、紧定螺钉、骑缝螺钉或点焊固定等方法定位。

　　3. 局部修换法　有些零件在使用过程中，往往各部位的磨损量不均匀，有时只有某个部位磨损严重，其余部位尚好或磨损轻微。在这种情况下，如果零件结构允许，可将磨损严重的部位切除，将这部分制新件，用机械连接、焊接或粘接的方法固定在原来的零件上，使零件得以修复，这种方法称为局部修换法。

　　方法一：将双联齿轮中磨损严重的小齿轮的轮齿切去，重制一个小齿圈，用键连接，并用骑缝螺钉固定，如图7-15所示。

方法二：在保留的轮毂上铆接重制的齿圈，如图 7-16 所示。

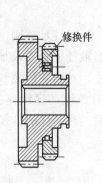

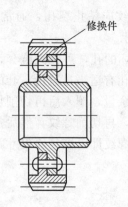

图 7-15　双联齿轮中的小齿轮修换　　图 7-16　换齿圈保留齿轮的轮毂

方法三：局部修换牙嵌式离合器，以粘接法固定，如图 7-17 所示。该法应用很广泛。

4. 换位（翻边）修复法　有些零件局部磨损可采用掉头转向的方法。如长丝杠局部磨损后可掉头使用，单向传力齿轮翻转 180°，利用未磨损面将它换一个方向安装后继续使用。但必须结构对称或稍微加工即可实现时才能进行。如轴上重新开制新槽（图 7-18a）。连接螺孔也可以转过一个角度，在旧孔之间重新钻孔（图 7-18b）。

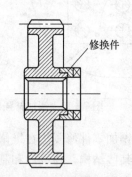

图 7-17　局部修换牙嵌式
离合器

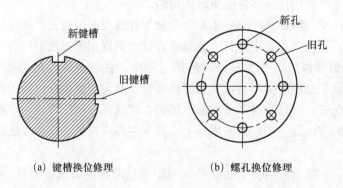

　　（a）键槽换位修理　　　　　（b）螺孔换位修理

图 7-18　换位（翻边）修复法

二、焊接修复法

利用焊接技术修复失效零件的方法称为焊接修复法。用于修补零件缺陷时称为补焊。用于恢复零件的几何形状及尺寸，或使其表面获得具有特殊性能的熔敷金属时，称为堆焊。焊接修复法在维修中占有很重要的地位，应用非常广泛。

1. 焊接修复法的特点

（1）焊接修复法的优点　结合强度高；可以修复大部分金属零件因各种原因（如磨损、缺损、断裂、裂纹、凹坑等）引起的损坏，可局部修换，也能切割分解零件，对零件预热和热处理，用于矫正形状；修复质量好、生产效率高，成本低；灵活性大，多数工艺简便易行，不受零件尺寸、形状和场地以及修补层厚度的限制，便于野外抢修。

（2）焊接修复法的缺点　热影响区大，容易产生焊接变形和应力，以及裂纹、气孔、夹渣等缺陷。对于重要零件焊接后应进行退火处理，以消除内应力，不宜修复较高精度、细长、薄壳类零件。

2. 常用焊接方法的特点与应用　常用焊接方法的特点与应用见表 7-1。

表 7-1　常用焊接方法特点及应用

种类	焊接方法	主要特点	应用
熔化焊	焊条电弧焊	采用手工操作，具有设备简单、易于操作、适用性较强的优点。但焊材的利用率较低，劳动强度大，难以实现机械化和自动化生产	焊接各种黑色金属，也可用于某些有色金属的焊接。对不规则的焊缝较适宜
	埋弧焊	在焊剂层下，焊丝端与焊件之间燃烧的电弧熔化母材和焊丝而形成焊缝。具有焊丝熔敷率高、熔深大、劳动条件好等特点	碳钢、低合金钢、不锈钢和铜等材料的中、厚板焊接。较适于平焊位置的焊接，对于其他位置焊接，必须采取特殊的保护措施
	熔化极气体保护焊	利用外加保护气体作为电弧介质，以隔离空气，防止空气侵入焊接区。常用的保护气体有 Ar、He、N_2、CO_2 及混合气体。其生产效率较高，质量较好，成本较低	惰性气体保护焊适于碳钢、合金钢及铝、铜、钛等金属材料的焊接。二氧化碳气体保护焊适于焊接碳钢，堆焊一般用于低合金钢及耐热耐磨钢

（续）

种类	焊接方法	主要特点	应用
熔化焊	钨极氩弧焊	以惰性气体（常用氩气）作保护气体，钨极为不熔化电极的电弧焊。具有焊接电弧稳定性好，热量集中，熔池金属不发生氧化反应等优点。但生产效率较低，成本较高，不宜用于厚壁件焊接	焊接各种钢材和合金，特别适于薄壁焊件和难焊位置的焊接
	电渣焊	利用电流通过液态熔渣所产生的电阻热来熔化金属，其热影响区宽，焊缝晶粒容易长大，焊后需热处理	碳钢、低合金钢厚壁结构件，容器的纵缝和环缝，以及厚的大钢件、铸件、锻件的焊接
	等离子弧焊	利用等离子弧加热焊件，能量密度大、热量集中、熔深大、热影响区小，且焊接速度快、生产效率高。但焊接设备较复杂。按特点可分为大电流、脉冲、微束等离子弧焊等	碳钢、低合金钢、不锈钢、耐热钢，以及铜、镍、钛及其合金等材料的焊接。微束等离子弧焊可焊金属箔及细丝
	气焊	利用可燃气体与氧混合燃烧的火焰加热焊件。其设备简单。操作方便，但加热区较宽，焊件变形较大，生产效率较低	焊接各种金属材料，特别是薄件焊接、管子的全位置焊接，零件预热，火焰钎焊、堆焊，以及火焰矫正
加压焊	电阻焊	利用电流通过焊件产生的电阻热来加热焊件，使之呈塑性状态或局部熔化状态，然后加压使之连接在一起。按焊接形式不同分点焊、缝焊、凸焊、对焊等。其生产效率高、节省材料、成本低，易于实现自动化生产	焊接各种钢、铝及铝合金、铜及铜合金等材料。主要用于焊接薄板（厚度 3 mm 以下）焊件
	摩擦焊	利用焊件接触面的相互旋转摩擦产生的热量，使局部达到热塑性状态，加压后形成焊接接头。可焊金属范围广，特别适于焊接异种金属，且接头质量好，易于自动化生产	铝、铜、钢及异种金属材料焊接
	冷压焊	不需外加热源，利用压力使金属产生塑性变形，将焊件焊接在一起	塑性较好的金属，如铝、铜、铅、钛等材料的焊接

（续）

种类	焊接方法	主要特点	应用
钎焊	烙铁钎焊	利用电烙铁或火焰加热的烙铁。局部加热焊件。其焊接温度低，要用钎料	钎焊导线、电子元件、电路板及一般薄件，使用的钎料熔点低于300℃
	电阻钎焊	利用电阻热加热焊件，加热速度快，生产效率高	钎焊铜及铜合金、银及银合金、钢、硬质合金材料，常用于钎焊刀具、电器元件等
	火焰钎焊	利用气体火焰加热焊件，设备简单、通用性好	钎焊钢、不锈钢、硬质合金、铸铁及铜、银、铝等有色金属材料

3. 用焊条电弧焊进行焊接修复

（1）焊条电弧焊的基本操作　焊条电弧焊是用手工操纵焊条进行焊接的一种电弧焊方法。焊接电弧是一种气体放电现象。焊条电弧焊引弧时，焊条与焊件接触后很快拉开。接触时焊接回路短路，很快拉起焊条以后，焊条与焊件之间的空气在引弧电压的作用下电离，发光发热，产生强烈而持久的气体放电现象，形成焊条电弧焊的电弧。

焊条电弧焊的过程如图7-19所示。焊件为一个电极，焊条为另一个电极。电弧在焊条和焊件之间形成，通过外加电压燃烧。在电弧热的作用下，焊件和焊条的焊芯熔化共同形成熔池。在电弧热的作用下，涂敷于焊芯外面的焊条药皮会分解产生 CO、H_2、CO_2 等保护气体，阻止空气与熔池的接触。药皮在电弧热的作用下，生成熔渣，浮于熔池表面，对其起保护作用，凝固后在焊缝表面结成渣壳。也就是说，焊条电弧焊时，焊接熔池的保护是气体和熔渣的联合保护。液态金属与液态熔渣之间还进行脱氧、去硫、去磷、去氢和掺合金元素等复杂的冶金反应，从而使焊缝金属具有合适的化学成分。

焊条电弧焊的基本操作技能包括：引弧、运条、焊道接头连接和收弧。

① 引弧。在进行焊条电弧焊时，

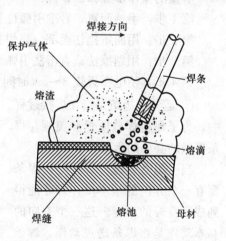

图7-19　焊条电弧焊示意图

引燃焊接电弧的过程，称为引弧。

在进行焊接操作之前，应先穿戴好焊接防护工作服、裤和手套，准备好面罩。

将焊机输出端电缆的地线夹夹在钢板上，然后打开焊机开关，调节焊接电流至所需要的值，将焊条按 90°夹于焊钳上。

平焊一般采用蹲式操作姿势，如图 7-20 所示。蹲姿要自然，两脚之间的夹角为 70°~85°，两脚距离约为 240~260 mm。持焊钳的胳膊半伸开，要悬空无依托操作。

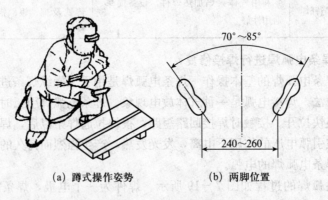

(a) 蹲式操作姿势   (b) 两脚位置

图 7-20 平焊操作姿势

引弧的操作步骤如下。

第 1 步：手持面罩，看准引弧位置。

第 2 步：用面罩挡住面部，将焊条对准引弧位置。

第 3 步：用划擦法或直击法引弧。

第 4 步：使电弧燃烧 3~5 s 时间，再熄灭电弧，反复做引弧和熄弧动作。

② 运条。运条是指在焊接过程中，为了保持焊缝质量和美观，焊条要做的必要的运动。

当引燃电弧进行焊接时，焊条要有三个方向的基本动作，才能得到成形良好的焊缝。这三个方向的基本动作是：焊条送进动作、焊条横向摆动动作、焊条前移动作（图 7-21）。

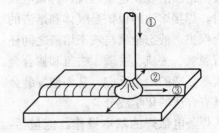

图 7-21 焊接时，运条的三个基本动作
①焊条送进 ②焊条左右摆动 ③焊条沿焊接方向移动

③ 焊道接头的连接。在长焊道焊接时，因受焊条长度的限制，一根焊条不能焊完整条焊道，为保证焊道的连续性，要求每根焊条所焊的焊道相连接，这个连接处称焊道接头（俗称焊条接头）。操作水平高的焊工焊出的焊道接头无明显接头痕迹，就像一根焊条焊出的焊道一样平整、均匀。在保证焊缝连续性的同时，还要使长焊道焊接变形最小。

焊道接头的连接方法主要有头尾相接法、头头相接法、尾尾相接法、尾头相接法等几种，其中头尾相接法采用较多。

头尾相接法指后焊焊缝的起头与先焊焊缝的结尾相接，如图 7-22 所示。它是使用最多的一种方法。其操作要点是：在弧坑前约 10 mm 处引弧，电弧长度可比正常焊接时略微长些（低氢焊条电弧不可拉长，否则易产生气孔），然后将电弧移到原弧坑的 2/3 处，填满弧坑后即向焊接方向移动进行正常焊接。此法操作必须注意电弧后移量，后移量过多或过少都会造成接头过高或脱节，并使弧坑填不满。这种接头法适用于单层焊及多层焊盖面层焊的连接。

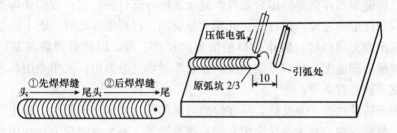

图 7-22　焊道接头的头尾相接法

④ 收弧。焊道的收弧是指一条焊缝结束时的熄弧操作过程。若焊缝采用立即拉断电弧收弧，则会形成低于焊件表面的弧坑，甚至易产生弧坑裂纹和应力集中，如图 7-23 所示。碱性焊条熄弧方法不当，弧坑表面会有气孔存在，降低焊缝强度。

（2）钢制零件的焊接修复　播种机所用的钢材料种类繁多，其可焊性差异很大。一般而言，钢中含碳量越高、合金元素种类和数量越多，可焊性就越差。一般低碳钢、中碳钢、低合金钢均有良好的可焊性，焊修这些钢制零件时，主要考

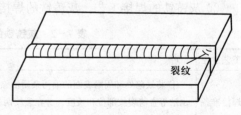

图 7-23　收弧不当引起弧坑裂纹

虑焊修时的受热变形问题。但一些中碳钢、合金结构钢、合金工具钢制件均经过热处理，硬度较高、精度要求也高，焊修时残余应力大，易产生裂纹、气孔和变形，为保证精度要求，必须采取相应的技术措施。如选择合适的焊条，焊前彻底清除油污、锈蚀及其他杂质；焊前预热，焊接时尽量采用小电流、短弧，熄弧后马上用锤头敲击焊缝以减小焊缝内应力；用对称、交叉、短段、分层方法焊接以及焊后热处理等工艺均可提高焊接质量。

（3）铸铁零件的焊接修复　铸铁主要有灰铸铁、可锻铸铁和球墨铸铁。在播种机齿轮和壳体一般采用灰铸铁，当其有裂纹时，可采用焊接方法进行修复。

① 灰铸铁焊接的特点。铸铁导热性和塑性差，脆性大，焊接比较困难。在焊接过程中，如果掌握不当，就会产生白口和裂纹。

在灰铸铁焊接时，应尽量避免出现白口铁。白口铁质硬而脆，难以进行机械加工。

焊缝白口化的原因主要有两个方面：一方面是由于焊缝的冷却速度过快，尤其是焊缝与基体交界的熔合面处焊缝金属的冷却过快；另一方面是焊条选择不当或焊接电流过大，使石墨化元素大量烧损，在焊缝冷却时，碳不能以游离状态析出而形成白口。防止白口的措施：预热工件，以降低焊缝与基体的温差；减缓冷却速度，采取保温措施，让石墨能够充分析出；采用专用焊条，如稀土钇基铁芯焊条等。

由于铸铁性脆，强度低，易在焊缝与基体的过渡区出现裂纹。防止裂纹的措施：焊前预热，减少焊接应力；焊后缓慢冷却，减少收缩应力；选用塑性和延展性好的金属焊条，如铜镍焊条、铜铁焊条、镍铁焊条和高钒焊条等；采用合理的焊接工艺，如小电流，断续焊、分散焊等工艺措施。

铸铁的焊修，按焊件是否预热，可分为热焊和冷焊。热焊指将工件预热到600～700 ℃后再施焊，在施焊中温度保持不低于 400 ℃。冷焊是指工件不需预热或预热温度低于 400 ℃的焊接。

② 灰铸铁的焊接工艺。灰铸铁的焊接工艺见表 7-2。

表 7-2　灰铸铁的焊接工艺

工艺过程	工艺特点
焊接准备	① 将缺陷处和周围表面的油污杂质清除干净。② 焊前可用放大镜、水压试验、煤油渗出法等查清裂纹部位和长度。并在裂纹两端钻止裂孔。③ 开 70°～80°的坡口，深度为工件厚度的 2/3。

（续）

工艺过程	工艺特点
焊接准备	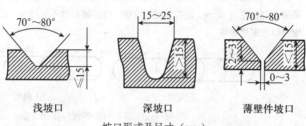 坡口形式及尺寸（mm） 浅坡口　　深坡口　　薄壁件坡口 对基体材质差而焊缝强度较高的深坡口焊件，可在坡口两侧拧入钢质螺柱。 焊接时，先围绕螺柱焊接后，再焊螺柱之间的空隙，使螺柱承受部分应力，以提高焊修强度。 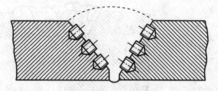 螺柱分布示意图

焊接工艺的要点是：小电流、分段、分层、锤击焊缝，减少焊接应力和变形。焊接时应选合适的小电流：但电流过小，起弧困难，电弧不稳定，不易焊透；若电流过大，则对工件热影响加剧，焊接接头过热将导致白口和裂纹。

铸铁焊接采用直流电源为宜。因为直流电源具有起弧容易、电弧燃烧稳定、飞溅少、电弧中正极温度高于负极等特点。焊接铸铁工件时，为减少基体金属过渡到焊肉中，减少过热和熔深，提高焊接质量，应采用反接，即焊条接正极，工件接负极。

电弧冷焊电流的选择

焊条种类	统一牌号	铸铁焊条直径（mm）			
		2.0	2.5	3.0～3.2	4.0
钢铁焊条	铸607（直流反接，A）	—	90	90～110	—
	铸612（交流，A）		100	100～120	
镍基	铸408(A)	—	60～80	70～110	100～130
焊条	铸508(A)		65～90	90～120	100～125
高钒 焊条	铸116(A)	40～50	50～65	90～95	100～125
	铸117(A)				

（注：焊接电流一列对应左侧"焊接电流"工艺过程）

（续）

工艺过程	工艺特点
焊接方法	采用"短段、断续、分层焊"。每道焊缝长度要短，对壁厚为 5～10 mm 的薄壁工件，每道焊缝长度为 15 mm 左右；对于厚壁工件焊道长度不超过 50 mm。不应连续施焊，而应分散在多处起焊。 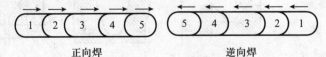 正向焊　　　　　　　逆向焊 单层（或二层）短段断续焊操作方法 一方面可以采用较细焊条，减小电流，另一方面，后焊的一层对先焊的一层有退火软化作用。焊接时，要在每道焊缝焊后待冷却至不烫手时，再焊下一道。工件较厚时，要采用分层焊。 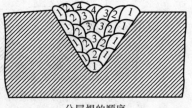 分层焊的顺序
锤击焊道	每焊一道，要立即用带圆角的尖头小锤趁热迅速击焊缝金属，以消除应力，砸实气孔，提高焊缝致密程度，防止裂纹和变形。

（4）铝合金零件的焊接修复

① 铝合金零件焊接的特点。铝氧化后生成一层致密而难熔的氧化膜造成焊缝夹渣；易使焊缝出现气孔；易产生较大的焊接变形和内应力，引起焊缝裂纹；铝及铝合金由固态转变为液态时，无明显颜色变化，难以判断加热程度而导致零件的过熔，同时高温强度低，施焊时易塌陷，给操作带来难度。

② 铝合金零件的焊接工艺要点。焊接前，清除焊接工件表面的氧化膜和油污，用细钢丝刷或刮刀在焊接区刷刮，露出金属光泽，后用有机溶剂丙酮、松香水或汽油洗净刷刮的表面。壁厚大于 5 mm 时一般开 60°坡口，必要时钻止裂孔。

焊接前，应在焊缝背面放置紫铜板或石棉板垫平，以防烧穿塌陷。

施焊前，应对工件预热，厚度超过 5 mm 时，预热至 200～300 ℃。为防止预热温度过高，经验作法是：可在焊件表面上用蓝粉笔画一道线，当这条线变成白色时，即已达到预热温度。气焊施焊时，采用小号嘴，中性焰或轻微碳化焰，切忌氧化焰。焊嘴与焊件的倾角为 25°～30°，焊丝应事先涂好焊粉。电焊时，采用直流反接，即焊条接正极，工件接负极。焊接的速度要快。铝合金汽缸盖焊修，可用 φ5 mm 铝铁镍焊条；焊接铝合金汽缸体的焊条与电流选择见表 7-3。

表 7-3 焊接铝合金汽缸体的焊条与电流选择

焊条直径（mm）	4	5	6	7	8
电流（A）	130～140	140～180	180～240	240～280	280～300

焊接后，在焊缝上及其附近的残渣对铝有腐蚀作用，必须及时清理干净：将焊件在 10%硝酸溶液中浸洗 10 min 之后，冷水冲洗，再用热空气吹干。

4. 用堆焊进行焊接修复 采用堆焊法修复机械零件时，不仅可以恢复其尺寸，而且可以通过堆焊材料改善零件的表面性能，使其更为耐用，从而取得显著的经济效果。常用的堆焊方法有手工堆焊和自动堆焊两类。

（1）手工堆焊 手工堆焊是利用电弧或氧乙炔火焰来熔化基体金属和焊条，采用手工操作进行的堆焊方法。由于手工电弧堆焊的设备简单、灵活、成本低，因此应用最广泛。它的特点是生产效率低、稀释率较高、不易获得均匀而薄的堆焊层，劳动条件较差。

手工堆焊方法适用于工件数量少且没有其他堆焊设备的条件，或工件外形不规则、不利于机械堆焊的场合。

手工堆焊工艺要点如下：

① 正确选用合适的焊条。根据需要选用合适的焊条，避免成本过高和工艺复杂化。

② 防止堆焊层硬度不符合要求。焊缝被基体金属稀释是堆焊层硬度不够的主要原因，可采取适当减小堆焊电流或采取多层焊的方法来提高硬度。此外，还应注意控制好堆焊后的冷却速度。

③ 提高堆焊效率。应在保证质量的前提下，提高熔敷率。如适当加大焊条直径和堆焊电流，采用填丝焊法以及多条焊等。

④ 防止裂纹。可采取改善热循环和堆焊过渡层的方法来防止产生裂纹。

（2）自动堆焊 自动堆焊与手工堆焊相比，具有堆焊层质量好、生产效率高、成本低、劳动条件好等优点，但需专用的焊接设备。

a. 埋弧自动堆焊。又称焊剂层下自动堆焊，其特点是生产效率高、劳动条件好等。堆焊时，所用的焊接材料包括焊丝和焊剂，二者必须配合使用以调节焊缝成分。埋弧自动堆焊工艺与一般埋弧焊工艺基本相同，堆焊时要注意控制稀释率和提高熔敷率。埋弧自动堆焊适用于修复磨损量大、外形比较简单的零件，如各种轴类、轧辊、车轮轮缘和履带车辆上的支重轮等。

b. 振动电弧堆焊。振动电弧堆焊的主要特点是堆焊层薄而均匀、耐磨性好、工件变形小、熔深浅、热影响区窄、生产效率高、劳动条件好、成本低等。

(3) 齿轮断齿的手工电弧堆焊　一般齿轮基体材料为 20CrNi3 或 18CrMnTi，其断齿的手工电弧堆焊修复工艺要点如下。

① 焊前表面处理，用砂轮除去损块处的疲劳层，去除焊接处的油、锈等污物。

② 用 $\phi3.2\,mm$ 的结构钢焊条 J507(E5015) 或 J506(E5016) 堆焊底层，堆至齿高的 2/3，齿宽部位留有适当余量。

③ 选用 $\phi4\,mm$ 的堆焊焊条 D217A(EDPCrMo - A4 - 15) 或 D172(ED-PCrMo - A3 - 03) 堆焊表层。堆焊时注意用样板找形，并留出适当加工余量。

(4) 高锰钢铸件的手工电弧堆焊　含锰量 10%～14% 的高锰钢（如 ZGMn13 - 1 等）为单相奥氏体组织，抗拉强度很高，韧性较好。它的硬度虽不高，但在受到冲击或表面挤压力的作用时，表面产生加工硬化，即表面硬度提高，耐磨性很好。

高锰钢堆焊时的主要困难是堆焊金属和热影响区容易产生裂纹。为避免裂纹，堆焊时常采取如下工艺措施。

① 焊接材料的选择。常用的高锰钢堆焊焊条有 D256 和 D266，它们可以直接用于拖拉机履带板等零件的堆焊。对于特别重要的高锰钢件应先用奥氏体不锈钢焊条堆焊隔离层，然后再用以上焊条堆焊。

② 焊接参数的选择。选用细焊条、小电流堆焊，并以足够快的速度冷却。必要时，可用流动冷水来加强冷却，或将高锰钢件放在水中只露出待焊部位进行堆焊。

③ 焊后热处理。如果条件允许，堆焊后的高锰钢铸件最好进行水韧处理。

5. 用钎焊进行焊接修复　采用比基体金属熔点低的金属材料作钎料，将钎料放在焊件连接处，一同加热到高于钎料熔点、低于基体金属熔点的温度，利用液态钎料润滑基体金属，填充接头间隙并与基体金属相互扩散。

(1) 钎焊的种类　主要有硬钎焊和软钎焊两种。

① 硬钎焊。用熔点高于 450 ℃的钎料进行钎焊称为硬钎焊，如铜焊、银焊等。硬钎料还有铝、锰、镍、钼等及其合金。

② 软钎焊。用熔点低于 450 ℃的钎料进行钎焊称为软钎焊，也称为低温钎焊，如锡焊等。软钎料还有铅、铋、镉、锌等及其合金。

（2）特点及应用　钎焊较少受到基体金属可焊性的限制、加热温度较低、热源较容易解决而不需要特殊焊接设备，容易操作。但钎焊较其他焊接方法焊缝强度低，适于强度要求不高的零件的裂纹和断裂的修复，尤其适用于低速运动零件的研伤、划伤等局部缺陷的补修。

（3）钎焊前的准备

① 准备好钎焊用的工具和辅助材料。

② 清理烙铁，将烙铁头部的杂物清理干净。

③ 清理零件，将零件焊接处清理干净，露出金属本质。

（4）钎焊操作

① 将零件固定，确定焊缝位置。

② 加热烙铁，使其达到需要的温度。

③ 先将烙铁蘸上焊剂，后熔化焊锡，使焊锡附着在烙铁头上。

④ 将焊剂涂在零件焊缝处。

⑤ 将烙铁放在焊缝处，停留一会儿，缓慢移动烙铁，使焊锡填满焊缝。

⑥ 清理焊缝。

⑦ 检查焊缝质量。

三、粘接修复法

采用胶黏剂等对失效零件进行修补或连接，以恢复零件使用功能的方法称为粘接（又称胶粘或胶接）修复法。近年来，粘接技术发展很快，在播种机维修中已得到越来越广泛的应用。

1. 粘接修复的特点

（1）粘接修复的优点

① 粘接力较强，可粘接各种金属或非金属材料，且可达到较高的强度要求。

② 粘接的工艺温度不高，不会引起基体金属金相组织的变化和热变形，不会产生裂纹等缺陷。因而可以粘补铸铁件、铝合金件和薄壁件、细小件等。

③ 粘接时不破坏原件强度，不易产生局部应力集中。与铆接、螺纹连接、

焊接相比，减轻结构质量20％～25％，表面美观平整。

④ 工艺简便，成本低，工期短，便于现场修复。

⑤ 胶缝有密封、耐磨、耐腐蚀和绝缘等性能，有的还具有隔热、防潮、防震减震性能。两种金属间的胶层还可防止电化学腐蚀。

（2）粘接修复的缺点　不耐高温（一般只耐150℃，最高300℃，无机胶除外）；抗冲击、抗剥离、抗老化的性能差；粘接强度不高（与焊接、铆接比）；粘接质量的检查较为困难。所以，要充分了解粘接工艺特点，合理选择胶黏剂和粘接方法，扬长避短，使其在修理工作中充分发挥作用。

2. 黏结剂

（1）黏结剂的分类　按基本组分（粘料）的类型分类　分为有机黏结剂和无机黏结剂（表7-4）。有机黏结剂又分树脂型、橡胶型和混合型三种；无机黏结剂有磷酸盐、硅酸盐、硫酸盐和硼酸盐等。现代技术中广泛使用的是合成有机高分子胶。

表7-4　黏结剂的分类

有机黏结剂										无机黏结剂				
树脂型		橡胶型		混合型			动物黏结剂	植物黏结剂	矿物黏结剂	天然橡胶黏结剂	磷酸盐	硅酸盐	硫酸盐	硼酸盐	低熔点金属
热固性黏结剂	热塑性黏结剂	单一橡胶	树脂改性	橡胶与橡胶	树脂与橡胶	热固性黏结剂与热塑性胶粘剂									

（2）无机黏结剂　无机黏结剂有磷酸盐型和硅酸盐型。磷酸盐型主要是由磷酸溶液和氧化物组成的，工业上大都采用磷酸和氧化铜。无机黏结剂所用的磷酸和氧化铜都是经过一定方法处理的。

在黏结剂中，也可加入以下辅助填料，以得到所需的各种性能。

① 加入还原铁粉，可改善黏结剂的导电性能。

② 加入碳化硼，可增加黏结剂的硬度。

③ 加入硬性合金粉，可适当增加粘接强度。

为改变黏结剂的性能，还可以加入石棉粉、玻璃粉、硼砂粉及氧化铝粉等。

粘接后的零件须经适当的干燥硬化才能使用。

无机黏结剂有粉状、薄膜、糊状、液体几种形态，以液体状态使用最多。无机黏结剂虽然有操作方便、成本低的优点，但与有机黏结剂相比也有强度低、脆性大和适用范围小的缺点。

（3）有机黏结剂　有机黏结剂通常由几种原料组合而成。常以富有黏性的合成树脂或弹性体作为基础（黏结剂的基本材料），再添加增塑剂（增加树脂的柔韧性、耐寒性和抗冲击性）、固化剂（改变固化时间）、稀释剂（降低黏度以便于操作）、填料（改善性能及降低成本）、促进剂（缩短固化周期）等配制而成。一般有机黏结剂由使用者根据实际需要自己配制，但也有些品种有专门厂家供应。

有机黏结剂是一种高分子有机化合物，常用的有机黏结剂有两种。

① 环氧黏结剂。黏结力强，硬化收缩小，能耐化学药品、溶剂和油类的腐蚀，电绝缘性能好，使用方便，并且施加较小的接触压力，在室温或不太高的温度下就能固化。其缺点是脆性大、耐热性差。由于其对各种材料有良好的黏结性能，因而得到广泛应用。

粘接前，粘接表面一般要经过机械打磨或用砂布仔细打光。粘接时，用丙酮清洗粘接表面，待丙酮风干挥发后，将环氧树脂涂在粘接表面，涂层约在0.1～0.15 mm，然后将两粘接件压合在一起，在室温或不太高的温度下即能固化。

② 聚丙烯酸酯黏结剂。这类黏结剂常用的牌号有 501、502。其特点是无溶剂，有一定的透明性，可在室温下固化。因固化速度太快，不宜大面积粘接，仅适用于小面积粘接。

（4）黏结剂的选择　只有熟悉黏结剂的性能，才能正确地选用。播种机修理中常用的黏结剂见表 7-5。

表 7-5　播种机修理中常用的黏结剂

类别	牌号	主要成分	主要性能	用　途
通用胶	HY-914	环氧树脂，703固化剂	双组分，室温快速固化，室温抗剪强度 22.5～24.5 MPa	60 ℃以下金属和非金属材料粘补
	农机 2 号	环氧树脂，二乙烯三胺	双组分，室温固化，室温抗剪强度 17.4～18.7 MPa	120 ℃以下各种材料
	KH-520	环氧树脂，703固化剂	双组分，室温固化，室温抗剪强度 24.7～29.4 MPa	60 ℃以下各种材料
	JW-1	环氧树脂，聚酰胺	三组分，60 ℃、2 h 固化，室温抗剪强度 22.6 MPa	60 ℃以下各种材料
	502	A-氰基丙烯乙酯	单组分，室温快速固化，室温抗剪强度 9.8 MPa	70 ℃以下受力不大的各种材料

（续）

类别	牌号	主要成分	主要性能	用　途
结构胶	J-19C	环氧树脂，双氰胺	单组分，高温加压固化，室温抗剪强度 52.9 MPa	120 ℃以下受力大的部分
	J-04	钡酚醛树脂，丁腈橡胶	单组分，高温加压固化，室温抗剪强度 21.5～25.4 MPa	250 ℃以下受力大的部分
	204（JF-1）	酚醛-缩醛有机硅酸	单组分，高温加压固化，室温抗剪强度 22.3 MPa	200 ℃以下受力大的部分
密封胶	Y-150 厌氧胶	甲基丙烯酸	单组分，隔绝空气后固化，室温抗剪强度 10～48 MPa	100 ℃以下螺纹堵头和平面配合处紧固密封堵漏
	7302 液体密封胶	聚酯树脂	半干性，密封耐压 3.92 MPa	200 ℃以下各种机械设备平面法兰螺纹连接部位密封
	W-1 耐压密封胶	聚醚环氧树脂	不干性，密封耐压 0.98 MPa	—

3. 粘接工艺　要取得良好的粘接效果，除了合理选择黏结剂外，接头设计尽可能增加粘接面积、使胶层承受剪切应力、免受剥离应力和不均匀扯离应力很重要。此外，必须采用合理的粘接工艺。

（1）确认粘接部位　对粘接部位的材料、表面状态、损伤程度、清洁程度和粘接位置要认真观察、检查确认。

（2）被粘表面预处理　其主要方法有：

① 溶剂、碱液和超声波脱脂。常温下丙酮、甲乙酮、汽油、甲苯等都是优良的有机溶剂，使用时注意防火和通风；碱液脱脂价廉而有效，对清洗矿物油的效果不好；超声波脱脂对复杂结构的细缝、低坑等死角处的杂质清理特有效。

② 机械加工、打磨和喷砂。机械加工可在除去表面污物的同时得到一定的表面粗糙度；用砂纸、钢丝刷等手工打磨的均匀性差，对要求不高的表面使用这些方法；喷砂对去除表面的锈斑、脱模剂等污物很有效，为防止油污转移，须先脱脂后再喷砂。

③ 化学腐蚀法。不少被粘物表面经过上述处理后还要放在碱液、酸液以及其他活性溶液中进行处理，可进一步去除表面的残留油污，更重要的是使表面活化或钝化。

④ 涂底胶法。在已经处理好的表面上，立即涂一层很薄的底胶，可有效

地防止表面被污染或锈蚀，还能改善粘接性能。

（3）配胶　单组分黏结剂一般可直接使用；但一些相容性差、填料多、须随用随配的黏结剂则不同，这些黏结剂使用前按规定的比例严格称取、搅拌，配胶容器使用前要用溶剂清洗干净；对双组分胶，应先把填料放入粘料中拌匀，再与固化剂调配均匀；对单组分胶加入填料后也应搅拌均匀；配胶场应明亮干燥、通风。

（4）涂胶　对黏结剂的不同形态可采用刷胶、喷涂、刮涂、滚涂注入等多种方法，都要求涂胶均匀，避免空气混入，达到无漏胶、不堆积。粘接后留有适当的厚度，用于对零件磨损或划伤时修复；胶层要达到尺寸要求并留出加工余量，用于结构件粘接时。在胶层完全浸润被粘表面、不缺胶的情况下，胶层应尽量薄，控制在 0.08～0.15 mm 为宜。

（5）晾置　溶剂型黏结剂涂胶后的晾置能使溶剂挥发，黏度增大，促进固化。对于无溶剂的环氧黏结剂，一般无需晾置，涂胶后即可叠合。

（6）粘合　粘合是将涂胶后或适当晾置的已粘表面叠合在一起的过程。粘合后适当按压、锤压或滚压，以赶出空气，使胶层密实。粘合后以挤出少量胶圈为好，表示不缺胶。如果发现有缝隙或缺胶应补胶填满。对于厌氧胶，粘合的过程很快，尤其是大面积叠合（镶嵌、装配）过程中一旦缺氧，厌氧胶趋于凝固，相配件之间难以移动，所以动作一定要快。

（7）固化　固化是获得良好粘接性能的关键过程，它随黏结剂品种有所不同，每种黏结剂都有特定的固化温度。加温固化的方式有：电热鼓风干燥箱、蒸汽干燥室、电吹风、红外线、电子束、高频电加热法等，可视实际情况选择。固化时施加压力的大小随黏结剂种类而异，应在基本凝胶后均匀施压；固化时间因黏结剂的种类不同差别很大，与固化的温度也相关，升高温度可缩短固化时间，降低温度可适当延长固化时间。

（8）胶层检验　目前常用的检验方法有目测法、敲击法、溶剂法、水压或油压试验法等。一些现代技术如超声波法、X 射线法、声阻法、激光法等也应用于胶层的质量检验。

（9）修整后加工　为满足装配要求，刮掉多余的胶，将粘接表面修得光滑平整；也可通过机械加工达到要求；需要注意的是，加工过程中要尽量使胶层免受冲击力和剥离力。

4. 接头的粘接方法

（1）粘接接头形式的设计要求

① 尽量使胶粘层承受剪切应力和拉伸应力，避免剥离应力和不均匀扯离

应力，如图 7 - 24 所示。

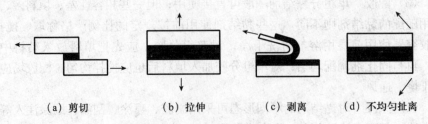

(a) 剪切　　　　(b) 拉伸　　　(c) 剥离　　　(d) 不均匀扯离

图 7 - 24　粘接接头的受力形式

② 尽可能增大胶粘面积。

③ 注意不同材料的物理性质差异。

④ 可以结合其他连接方法混合使用。

⑤ 便于加工、装配、粘接过程操作。

（2）粘接接头形式　　基本形式是搭接，其他形式的接头经常转化为搭接形式，如图 7 - 25 所示。

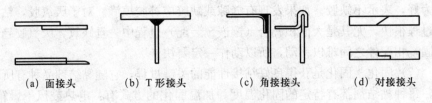

(a) 面接头　　　(b) T 形接头　　　(c) 角接接头　　　(d) 对接接头

图 7 - 25　粘接接头的形式

第三节　典型零件的修理

一、滚动轴承的修理

播种机大多采用滚动轴承。滚动轴承成本高，但从使用中的好处和维修费用等方面，一般比使用滑动滚动轴承节约 30％以上。

滚动轴承的组成如图 7 - 26 所示。

1. 滚动轴承的常见故障　　滚动轴承在使用过程中由于本身质量和外部条件的原因，其承载能力、旋转精度和耐磨性能等会发生变化。当轴承的性能指标低于使用要求而不能正常工作时，轴承就会发生故障甚至失效，机器将会停转，出现功能丧失等各种异常现象，因此需要在短期内查出发生的原因，并采

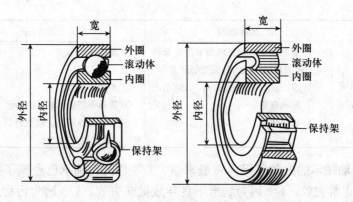

图 7-26　滚动轴承的构造

取相应措施。

为使轴承在良好的条件下能够保持应有的性能并长期使用，必须对轴承进行检查和保养，在运转中要重点检查轴承的滚动声、振动、温度和润滑剂。

滚动轴承运行日久之后会发生以下故障：

① 滚动轴承间隙过大，磨损严重。

② 保持架变形或碎裂。

③ 滚动体磨损变形，严重时破碎。

④ 滚动轴承过热，颜色变蓝色，大都是因轴电流或滚动轴承长期过热引起。

⑤ 滚动轴承内圈、外圈以及滚动体磨损，出现麻坑或锈迹。

滚动轴承的常见故障与排除方法见表 7-6。

表 7-6　滚动轴承的常见故障与排除方法

故障现象	故障原因	排除方法
滚动轴承过热，响声大	① 过载或选型不当 ② 润滑脂过多，过稠 ③ 径向间隙过小 ④ 转子不平衡或外界振动过大 ⑤ 滚动轴承滚道混入异物或脏物 ⑥ 滚动轴承安装不正 ⑦ 滚动轴承内、外圈松动	① 正确选型，调整负载 ② 减少润滑脂或更换 ③ 更换滚动轴承 ④ 对转子做平衡试验 ⑤ 清洗滚动轴承 ⑥ 按工艺规程正确安装 ⑦ 更换滚动轴承
滚动轴承内、外圈破裂	① 配合过紧 ② 疲劳破坏	① 车削滚动轴承室或轴颈，更换滚动轴承 ② 更换新滚动轴承

（续）

故障现象	故障原因	排除方法
滚动轴承滚道金属剥落	① 滚动轴承安装在椭圆形的配合面上，使滚动轴承内、外圈变形严重	① 更换滚动轴承
	② 滚动轴承内、外圈歪斜，安装不正	② 更换滚动轴承
	③ 转轴弯曲	③ 重新安装轴承或更换轴承
	④ 金属疲劳	④ 检修转轴弯曲、轴颈外圆尺寸和配合精度，或更换滚动轴承

2. 滚动轴承的失效原因　一般来讲，1/3 是因为轴承已经到了疲劳剥落期，属于正常失效；1/3 因为润滑不良导致提前失效，1/3 因为污物进入轴承或安装不正确，而造成轴承提前失效。

（1）润滑脂、润滑油过期失效或选型错误。

（2）轴承箱内润滑脂过满或油位过高；润滑脂不足或油位过低。

（3）接触油封过盈量过大或弹簧过紧；接触油封磨损严重，导致润滑油泄漏。

（4）轴的直径过大或过小。

（5）两个或多个轴承同轴度不好。

（6）轴和轴承内套或外套扭曲。

（7）由于轴肩尺寸不合理致使轴弯曲。

（8）轴肩在轴承箱内接处面积过小致使轴承外环扭曲。

（9）轴肩摩擦到轴承密封盖，轴承密封盖发生扭曲。

（10）紧定套筒锁紧，不够或过分锁紧。

（11）防松卡环接触到轴承。

（12）轴承游隙过大致使轴发生振动。

（13）轴承游隙过小；由于轴膨胀导致轴承间隙变小；导致轴承内圈膨胀严重，减小了轴承游隙。

（14）轴承箱内孔不圆、轴承箱扭曲变形、支撑面不平、轴承箱孔内径过小；轴承箱孔过大、受力不平衡。

（15）由于箱孔的材料材质过软，受力后孔径变大，致使外圈在箱孔内打滑。

（16）安装轴承前轴承箱内的碎片等杂物没有清除干净。

（17）杂物、沙粒、炭粉、水、酸、油漆等污物进入轴承箱内。

（18）不正确的安装方式，用锤子直接敲击轴承。

（19）由于急速启动，致使滚动体上有擦痕。

（20）机器中的转动件与静止件接触。

3. 滚动轴承磨损的检测 播种机未解体之前，对于小型播种机可用手摇动轴伸端，如发现松动现象则说明滚动轴承间隙磨损，不能再用，如图7-27所示。

播种机解体后，可用手摆动滚动轴承外圈，发现摆动过大，则说明滚动轴承已磨损，如图7-28所示。

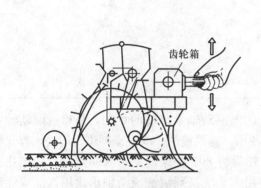
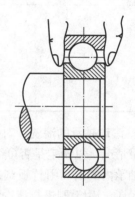

图7-27 可用手摇动轴伸端　　　图7-28 用手摆动滚动轴承外圈

（播种机解体前）　　　　　　（播种机解体后）

滚动轴承拆下之后，用手径向方向晃动（图7-29a），如滚动体有撞击声；用手轴向晃动滚动轴承（图7-29b），如内、外圈之间松动异常，则说明滚动轴承磨损，间隙过大。

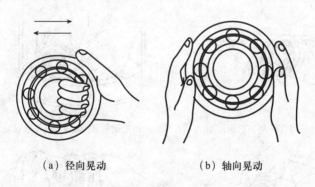

（a）径向晃动　　　　　（b）轴向晃动

图7-29 用手晃动滚动轴承（滚动轴承拆下后）

可用厚薄规检查滚动轴承的磨损情况，滚动轴承的磨损超过磨损限度时应更换新的同规格的滚动轴承。若无所需要的滚动轴承型号，在不得已的情况下，可使用另一规格的滚动轴承来代替，但代用滚动轴承的载重量应适合所代替的滚动轴承。代用滚动轴承的几何尺寸与原滚动轴承稍有差别时，应加设止推环或内、外套筒。

不同轴径对应的滚动轴承磨损许可值见表7-7。

表7-7　不同轴径对应的滚动轴承的磨损许可值（mm）

滚动轴承内径	最大磨损量
20～30	0.1
35～50	0.2
55～80	0.25
85～120	0.3
130～150	0.35

4. 滚动轴承的清洗　对拆下的旧滚动轴承清洗的目的，是检查滚动轴承的质量情况，以确定是否可继续使用。建议使用805洗涤剂进行清洗，首先将滚动轴承内的旧油用竹板刮净，然后将805洗涤剂兑水（98％左右）加热至60～70℃，用毛刷进行清洗。使用805洗涤剂清洗滚动轴承比用汽油或煤油清洗的优点是安全、无毒、节能、成本低。由于该洗涤剂具有暂时的防锈能力（能保持7天），所以不必担心清洗后的滚动轴承生锈。

除滚动轴承外，对于滚动轴承盖、密封圈、转动配合部位以及端盖滚动轴承室等，均可用805洗涤剂进行清洗，清洗后要擦干或吹干并涂上一层薄油。

滚动轴承的清洗方法如图7-30所示。

(a) 用竹板刮下旧润滑脂

(b) 用毛刷蘸805洗涤剂刷洗滚动轴承

(c) 再换805洗涤剂再反复清洗几次

(d) 用不掉毛的干净白布擦拭或用吹风机吹干

（e）将清洗干净的滚动轴承放在干净的白布上，不可再用汗手拿动

图 7 - 30 滚动轴承的清洗方法

5. 滚动轴承的修复

（1）若滚动轴承磨损超限，则应更换同规格的滚动轴承。

（2）滚动轴承拆卸下后，经洗净检查，若加工面上（特别是滚道内）有锈迹，可用 00 号砂布擦清，再放在 805 洗涤剂中洗净；若有较深的裂纹或内、外套圈碎裂，须更换滚动轴承。

（3）滚动轴承损坏时，可以把几只同型号的滚动轴承拆开，把它们的完好零件拼凑组装成一只滚动轴承。滚珠缺少或破裂，也可重新配上继续使用。

（4）有些用于高速电动机的滚动轴承，若磨损不很严重，可以换用在低速电动机上。

（5）若滚动轴承外盖将滚动轴承压得过紧，可能是滚动轴承外盖的止口过长，可以修正；如果滚动轴承盖的内孔与轴颈相摩擦，可能是滚动轴承盖止口松动或不同心，也应加以修正。

二、滑动轴承的修理

为了使制造成本降低，在一些播种机上采用了滑动轴承。一般播种机的滑动轴承多为带（或不带）轴承衬的油环润滑的整体滑动轴承，或直接用钢料制成圆筒形的轴承。其工作特点，都是轴颈包在轴承中间作相对滑动。虽然轴承中靠润滑油建立起一层油膜，但实际上常是半液体、半干性摩擦，所以在缺油等情况下轴承磨损很严重。当磨损超过所允许的间隙值时，就应停机修理。否则，温度升高会使合金熔化，损伤轴颈，或使排种轮与排种盒发生摩擦，造成播种量不均匀或漏播等现象。

滑动轴承的修复主要是重浇合金层，有时也可在铜铅合金层上加镀或纤焊第三工作层。

1. 铜铅合金轴承的修复 目前在国内外的高速柴油机中，广泛采用具有第三工作层的铜铅合金薄壁轴承，工作层磨损后可用以下工艺修复。

第1步：去除残留的原有第三工作层，一般镗削量为 0.04～0.06 mm。

第2步：扩大轴承的自由弹势。由于焊后轴承内径会有收缩，因此焊前应首先将轴承扩大，扩张量约为 0.5～0.8 mm。

第3步：除油。除油是保证后面焰焊质量的重要措施，必须彻底进行。

第4步：烙焊。烙焊采用普通的锡铅合金，焊剂采用氯化锌水溶液。分段将焊锡烙焊到铜铅合金层上，均匀地保持 1～1.5 mm 厚的焊层。为了防止锡向铜铅层中扩散，焊料中最好加 3％～6％的铟。

第5步：加工。用车床或镗床加工到相应的尺寸及精度。

2. 巴氏合金轴承的修复　　巴氏合金轴承磨损后，目前大多采用重新手工烙焊及硬模重浇合金修复。修复量大的可采用离心浇铸修复。

方法一：手工烙焊。手工烙焊与上面所述烙焊锡铅合金层基本一样。先除去旧合金层，再扩张自由弹势并除油，在烙焊前轴承基体表面要挂底锡，挂底锡可从轴承背面将轴承加热至 170～240 ℃，并在表而涂焊剂氯化锌后，用焊锡条在表面擦涂即可。挂锡层一般厚度为 0.10～0.15 mm。挂锡层可采用大功率电烙铁，加热至 350～380 ℃进行烙焊。

方法二：硬模浇铸。轴承浇铸前的准备工作与前述相同。此外还要进行合金的熔炼。熔炼是将配制好的铜锑合金倒入熔化锡的坩埚中，充分搅拌直到混合均匀为止。再加入锡磷合金，在温度达 410～430 ℃时即可浇铸。浇铸时，模具和轴承都要预热到 200 ℃左右，将熔化的巴氏合金浇入铁芯与轴承之间，并用冷水冷却轴承背面，可防止密度偏析。

方法三：离心浇铸。离心浇铸不仅效率高，而且质量好，没有硬模浇铸中易出现的夹渣、气孔和砂眼。其工艺是：将准备好要洗铸的轴承整副装入夹紧圈里，为了浇铸后便于分开，两片轴承的分界面上垫以薄石棉板，用夹具将两片轴承夹在一起并预热至 250 ℃左右，把夹具和轴承放入离心机的两个盘间，启动电机。通过前盘上的孔注入一定量的巴氏合金溶液，经过 5～10 s 后，迅速放水冷却，待巴氏合金冷却后，停止转动，轴承即浇铸好。

三、齿轮的修理

播种机中设有齿轮变速箱，改变不同的齿轮传动比可改变播种量的多少，若变速齿轮损伤，将引起播种量不均匀，甚至出现漏播等现象。

齿轮损伤的主要原因为：磨损、渗碳层碎裂、疲劳、撞击和冷变形。大多数齿轮的损坏是因为齿轮载荷过大，或者因不正确的换挡或操纵离合器引起撞击或振动载荷。

齿轮的修复方法主要有：换向法、堆焊法、热锻法、镶齿法等。

1. 齿轮轮齿表面损伤的修复方法

（1）端面换向法修复齿面　对于齿面局部（例如一端）磨损或单工作面磨损（单向转动）的齿轮，在结构上磨损齿轮若为轴向中心平面对称时，采用端面换向（轴向调头）法修理，是简便与经济的。例如，某些变速箱齿轮，由于经常换挡变速，其轮齿一端常出现冲击磨损，如齿轮为轴向对称结构，可调头使用，并改善冲击程度。某些齿轮在设计时已考虑到了其局部（偏于一端）以及单工作面磨损后，便于换修理的特殊要求。

（2）堆焊法修复齿面　齿轮磨损严重和发生严重点蚀或剥落时，可考虑用堆焊法修复。其工艺为：焊前退火→清洗→施焊→机械加工→热处理→精加工。

第1步：退火。堆焊前进行退火主要是为了减少齿轮内部的残余应力，降低硬度，为修复后的齿轮的机加工和热处理做准备。退火温度随齿轮材料的不同而异，可从热处理手册中查得。

第2步：清洗。为了减少堆焊缺陷，焊前必须对齿轮表面的油污、锈蚀和氧化物进行认真地清洗。

第3步：施焊。对于渗碳齿轮，可以用20Cr及40Cr钢丝，以碳化焰或中性焰进行气焊堆焊，也可以用65Mn焊条进行电焊堆焊。对于用中碳钢制成的整体淬火齿轮，可用40Cr钢丝，以中性焰进行堆焊；或用65Mn焊条进行电焊堆焊。堆焊后的轮齿表面应尽可能均匀，无缺陷。

采用自熔合金粉末进行喷焊，不经热处理也可获得表面高硬度，且表面平整、光滑、加工余量很小。

第4步：机械加工。可用车床加工外圆和端面，然后铣齿或滚齿。如果件数少，也可用钳工修整。

第5步：热处理。对于中碳钢齿轮，800 ℃淬火后，再300 ℃回火。渗碳齿轮应在900 ℃渗碳，保温10～12 h，随炉缓冷，然后加热到820～840 ℃，在水或油中淬火，再180～200 ℃回火。个别轮齿损坏严重时，除用镶齿法修复外，也可用堆焊法进行修补。这时为了防止高温对其他部位的影响，可将齿轮浸在水中，仅将施焊部分露出水面。

（3）热锻法修复齿面　轮齿工作面严重磨损使齿厚严重减薄时，可用热锻法将齿顶部分的金属挤压到工作齿面上去，以得到包含齿形修复的机加工余量的齿厚，然后只需在轮齿顶部进行堆焊。与齿面堆焊法比较，本法操作方便，金属熔合状态较好，质量也容易保证，但需热锻工艺及相应的复杂设备支持，成本也较高。两种方法的堆焊层如图 7-31 所示。

热锻法修复齿轮的工艺如下：

① 去硬化层。

② 将齿轮加热到 800～900 ℃，放入压模中，进行热锻镦粗，然后缓冷。也可以将齿轮套在能转动的轴上，用气焊火焰将轮齿逐个加热到 800 ℃ 左右，锤击齿顶部，使之镦粗；然后进行堆焊。

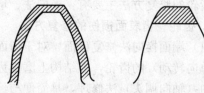

(a) 不经热锻轮齿的堆焊层　(b) 经热锻轮齿的堆焊层

图 7-31　两种堆焊层

③ 在机床上切除加工余量，并用齿轮机床修复齿形。

④ 热处理。

⑤ 检验。

2. 齿轮断齿的修复方法

（1）镶齿法　对于个别断齿，且该齿轮上其他轮齿完好（特别应注意断齿的相邻齿的情况）；同时，对该齿轮精度要求不很高、工作速度较低的情况下，可用镶齿法修复，如图 7-32 所示。

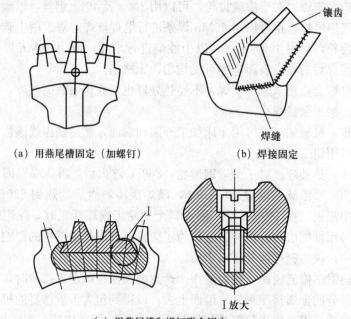

(a) 用燕尾槽固定（加螺钉）　　　(b) 焊接固定

(c) 用燕尾槽和螺钉联合固定

图 7-32　镶齿法修复齿轮

（2）拼接法 大型齿轮断裂时，或较大的齿轮有部分齿损坏时，可用拼接法修复。拼接法修复齿轮的工艺，应特别注意以下几个方面。

① 宜用气焊或锯（或无齿锯）割去齿轮的损坏部位，然后必须用专用工具使变形的齿轮恢复原形，如图 7-33 所示。再在另一个不能修复的同样齿轮上取下需要的部分，或按缺口尺寸形状用与原齿轮相同或相近材质的材料制成一部分齿环，焊到缺口上。

② 焊前应在焊接处磨出 45℃坡口，形成 8～10 mm 宽的焊缝，焊后进行机械加工。为了保证拼接部分与原齿轮齿距均匀，应在拼接的全过程中多次反复测量公法线长度 W，如图 7-34 所示。

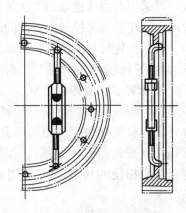

图 7-33 恢复齿轮原形位的专用工具

（3）堆焊法 用堆焊法修复个别断齿时，在焊前必须认真判别断齿模式，对于断口面上的裂纹，特别是疲劳裂纹必须清根至裂纹前沿，再予施焊。为避免焊接过程的热影响，可将齿轮浸入水中，仅将施焊部分露出水面，并对其邻近堆焊处的表面用石棉布遮盖，如图 7-35 所示。

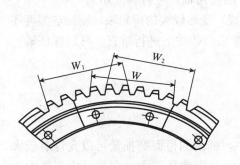

图 7-34 用拼接法修复齿轮

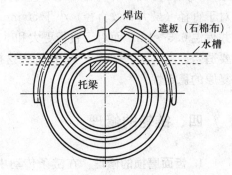

图 7-35 个别齿轮的局部堆焊

3. 齿轮裂纹的修复

（1）齿轮疲劳裂纹的修复 对于轮齿或轮缘、辐板上初期的疲劳微裂纹，可在其裂纹扩展前沿钻孔（钝化孔）阻止其继续扩展以延长其使用寿命。对于较严重的轮齿疲劳裂纹，其扩展前沿又不明确，即使用无损探伤也难以定位、定量的，可考虑沿裂纹扩展方向锯去残齿，再按断齿修复。

（2）齿轮工艺裂纹的修复 对于仍处于稳定扩展的表面（或次表面）裂纹，可采用打磨或锉修的方法予以消除，以延长其使用寿命。当然，在清除裂纹时，应注意清除掉裂纹尖端的形变层。

（3）齿轮材料内部裂纹的修复 在经无损探伤定位、定量后，应用断裂力学对其进行残余寿命评估后，再予以适当处置；限制使用，或是报废更换。

4. 齿轮永久变形的修复

（1）齿轮轻微塑性变形的修复 不太严重的损伤，如飞边、小压痕、起脊等，可将其塑性变形凸起部分材料挫刮修整。如齿轮材料过软，可予以表面强化（或局部硬化处理），如喷丸强化。如润滑不良，可改善润滑，例如对于起脊损伤的齿轮，可采用含极压添加剂的高黏度润滑油以改善润滑条件。

（2）齿轮塑性变形严重的修复 较重损伤如端面冲击塑性变形，则在轴向可调头的条件下，对此损伤齿轮采用端面换向法。或在有价值（如批量较大）并有条件热锻时，可采用热锻法修复。对于严重塑性变形损伤的齿轮，除采取上述措施修复外，还应排除载荷或（和）环境等导致损伤的因素。

（3）齿轮轴严重弯曲塑性变形的修复 齿轮轴发生弯曲塑性变形时，可用压力（用压力机）矫直和冷却矫直的方法进行修复。为克服弹性失效的影响，对于直径（最大有效直径）小于 50 mm 的齿轮轴，可将其加热到 400～500 ℃并保温 0.5～1 h；而对于直径更大和（或）变形较大的齿轮轴，则加热温度还要适当提高（500～600 ℃），因为在这样热态条件下进行矫直，可以保证矫直复原的稳定性。

四、链轮的修理

1. 齿面磨损的修理 在链条传动中，链条的齿面磨损量可以允许有较大的范围，因为齿面的均匀磨损后链传动的节距变化不大，在实际中不影响工作，只是齿厚变薄，强度不足时才损坏，因此一般齿厚磨损超过 40％才报废。对于磨损较轻的链轮，可用砂轮或锉刀修整齿形，使之不影响链轮顺利运转。对于张紧链轮，可反转 180°后继续使用。

2. 轮毂孔和键槽磨损的修理 轮毂孔磨损后，可以用下铸铁套的方法修复。套与毂采用过盈配合，加工后套的厚度应不小于 3 mm。固定链轮的键槽孔磨损后，可以改用加大的修理尺寸键，并进行相应的加工。也可以在与旧键槽成 90°位置处，重新加工键槽。

3. 轮缘、轮辐、轮毂裂纹的修理　轮缘、轮辐产生裂纹后，应进行焊修。也可以在两侧用补板铆接加强。轮毂产生裂纹后，应用压钢环加固的方法修复。将轮毂的外部车圆，与加工的钢套配合，并在钢套的内侧车出倒角，以利于安装。压环前，先将钢环加热到 450～500 ℃，趁热将环压在轮毂上，这样环冷却后就会紧紧地箍在损坏的轮毂上。轮毂的裂纹常常出现在键槽处，下环后应改变键槽的位置，重新在其相差 90°的地方加工。

五、钩形链的修理

钩形链长期使用后，一般会出现链节变形、裂纹，钩头或框架折断，钩头厚度和链节的横边内面磨损。若钩头厚度因磨损而小于 3.5 mm 或链节横边内面小于 4.5 mm，应报废。对钩形链（钢制）变形的可进行矫正，出现裂纹的可用焊接法修复，但钩头处出现裂纹或伸长缺陷时应报废。为了减少磨损后的开口宽度，可利用钩形链节的加压装置进行加压修理。加压时，将链节按顺序放在带坡口的方形芯轴上，用手按压手杆，使链钩弯曲，缩小开口。加压后的链节不能再拆卸。所以组装时应插入几节不用加压的新链节，以方便以后拆装。经过压修后，还应仔细检查，若发现有断裂的链节应更换。

六、排种（肥）轴的修理

弯曲的排种轴应放在铁砧上用小锤进行矫正。排种轴扭曲变形应采用热矫的方法，将排种轴扭曲部分加热到桃红色，然后把轴的一端夹在台虎钳上，另一端用管扳手向变形相反的方向矫正。同时找出排种轴变形的原因，如种（肥）箱变形，传动卡滞等。若排种轴磨损后出现凹痕，轻者可用锉修光滑，严重者磨损处应焊补，然后再用锉修理。

第四节　播种机主要零部件的装配

播种机主要零件修复后的装配主要包括螺纹连接装配、销连接装配、键连接装配、过盈连接装配、滚动轴承装配、滑动轴承装配、带传动装配、齿轮传动装配、链传动装配等。

一、螺纹连接的装配

螺纹连接是一种可拆的固定连接，它具有结构简单、连接可靠、装拆方便等优点，在播种机中应用广泛。螺纹连接的主要类型有螺栓连接、双头螺栓连接、螺钉连接及紧定螺钉连接等。

1. 螺纹连接的装配技术要求

（1）保证一定的拧紧力矩　为达到螺纹连接可靠性和紧固的目的，螺纹连接装配时应有一定的拧紧力矩，使纹牙间产生足够的预紧力。

（2）有可靠的防松装置　螺纹连接一般都具有自锁性，通常情况下不会自行松脱，但在冲击、振动或交变载荷下，为避免螺纹连接松动，螺纹连接应有可靠的防松装置。

（3）保证螺纹连接的配合精度　螺纹配合精度由螺纹公差带和旋合长度两个因素确定，分为精密、中等和粗糙三种。

2. 螺纹连接的预紧　螺纹连接要达到紧固而可靠的目的，必须保证螺纹副具有一定的摩擦力矩，摩擦力矩是由于连接时施加拧紧力矩后，螺纹副产生预紧力而获得的。一般的紧固螺纹连接，在无具体的拧紧力矩要求时采用一定长度普通扳手按经验拧紧即可。在一些重要的螺纹连接中，其螺纹连接应达到规定的预紧力要求，控制方法如下。

（1）转矩值控制法　用测力扳手、电动或风动扳手来指示拧紧力矩，或到达设定的转矩时发出信号，或自动停止拧紧操作，使螺栓连接的预紧力达到和限定在规定转矩值。

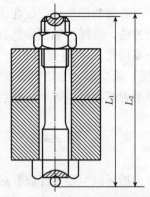

（2）螺栓伸长量控制法　即通过螺栓伸长量来控制预紧力的方法，如图7-36所示，螺母拧紧前，螺栓的原始长度为 L_1，按规定的拧紧力矩拧紧后，螺栓的长度为 L_2，测定 L_1 和 L_2，根据螺栓的伸长量，可以确定连接操作时拧紧的力矩是否符合规定要求。

（3）螺母转角控制法　即通过控制螺母拧紧时应转过的拧紧角度，来控制预紧力的方法。

3. 螺纹连接的防松　由于播种机在农田作业，经常处于振动状态，螺纹连接会发生松动，为防止螺钉或螺母松动必须有可靠的防松装置。防松

图7-36　螺栓伸长量控制法

的根本问题在于防止螺纹副的相对转动。防松的方法很多，按工作原理不同，可分为四类：

（1）锁紧螺母防松装置　如图 7-37 所示，是依靠两螺母间的摩擦力来防松。缺点是会增加被连接零件的质量，同时在高速运转时也不够可靠。

（2）开槽螺母与开口销防松装置　如图 7-38 所示，开口销通过开槽螺母穿入螺栓孔内防松。

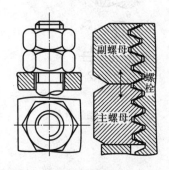

图 7-37　锁紧螺母防松装置

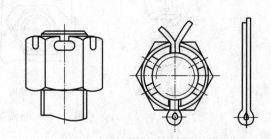

图 7-38　开槽螺母与开口销防松装置

（3）铁丝防松装置　如图 7-39 所示，成对螺栓或成组螺栓可用铁丝来防松。拴铁丝时，必须把铁丝拉紧并且注意穿铁丝的方向。

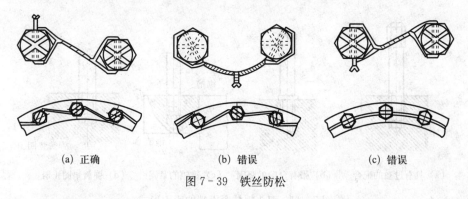

(a) 正确　　　　　　　　(b) 错误　　　　　　　　(c) 错误

图 7-39　铁丝防松

（4）垫圈防松装置

① 弹簧垫圈。如图 7-40a 所示，在螺母下面垫上弹簧垫圈后，垫圈的弹力使螺母稍稍偏斜，增加了螺纹之间的摩擦力，开口尖端垫圈可阻止螺母的自动回松。

② 止退垫圈。如图 7-40b 所示，拧紧螺母后，将垫圈的一边弯到螺母的侧边上，另一边弯到被连接零件的侧边，直接锁住螺母回松。

③ 带翅垫圈。如图 7 - 40c 所示，垫圈上有个内翅，可以插入螺钉杆上预先铣好的浅槽中，圆螺母上也开有槽，螺母拧紧后，就把垫圈上的外翅弯到螺母的一个槽中。这种防松装置广泛地应用在滚动轴承的固定中。

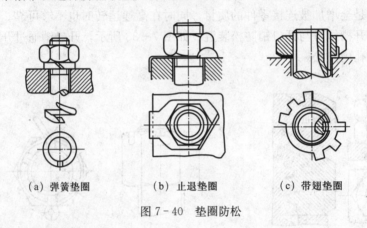

（a）弹簧垫圈　　　　（b）止退垫圈　　　　（c）带翅垫圈

图 7 - 40　垫圈防松

4. 双头螺栓的装配

（1）为保证双头螺栓与机体螺纹的配合有足够的紧固性（即在装拆螺母过程中，双头螺栓不能有任何松动现象），螺栓的紧固端应采用过渡配合，保证配合后中间有一定的过盈量。双头螺栓紧固端的紧固方法，如图 7 - 41 所示。

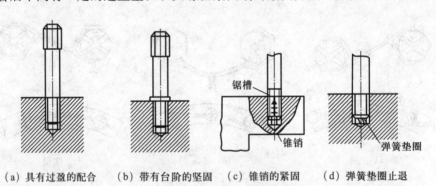

（a）具有过盈的配合　　（b）带有台阶的坚固　　（c）锥销的紧固　　（d）弹簧垫圈止退

图 7 - 41　双头螺柱紧固端的紧固形式

（2）双头螺栓的轴心线必须与机体表面垂直。装配时可用直角尺进行检验。如发现较小的偏斜时，可用丝锥校正螺孔后再装配，或将装入的双头螺栓校正至垂直。偏斜较大时，不得强行校正，以免影响连接的可靠性。

（3）装入双头螺栓时，必须用油润滑，避免旋入时产生咬合现象，便于以后拆卸方便。常用的拧紧双头螺栓的方法，如图 7 - 42 所示。

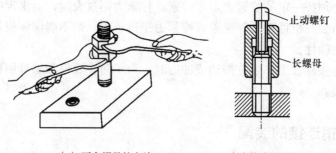

（a）两个螺母拧入法　　　　　（b）长螺母拧入法

图7-42　双头螺母紧法

5. 螺母、螺钉的装配

（1）螺钉或螺母与贴合的表面和接触的表面之间应保持光洁。贴合处的表面应当平整，螺孔内的脏物应当清理干净，以防止连接件松动或螺钉弯曲。

（2）成组螺栓或螺母拧紧时，应根据被连接件形状、螺栓的分布情况，按一定的顺序分次逐步拧紧（一般分2～3次拧紧），否则会使零件或螺杆产生松紧不一致，甚至变形。在拧紧方形或圆形布置的成组螺母时，必须对称进行（图7-43）；在拧紧长方形布置的成组螺母时，应从中间开始，逐渐向两边对称地扩展（图7-44）。

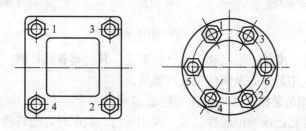

图7-43　拧紧方形、圆形布置的成组螺母的顺序

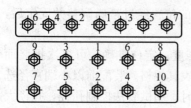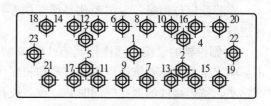

图7-44　拧紧长方形布置的成组螺母顺序

（3）必须按一定的拧紧力矩来拧紧，拧紧力矩过大时，会出现螺栓或螺钉拉长甚至断裂和机件变形等现象。拧紧力矩过小时，则不能保证机器工作时的可靠性和正确性。

（4）连接件在工作中有振动或冲击时，为了防止螺钉和螺母回松，必须采用防松装置。

二、销连接的装配

1. 销连接的应用　销连接是用销钉把机件连接在一起，使它们之间不能互相转动或移动。销连接结构简单，装拆方便，在播种机中主要起定位、连接和安全保护作用，如图 7-45 所示。

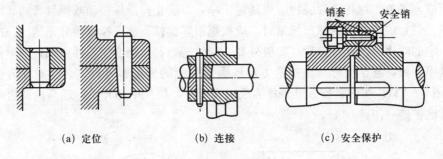

（a）定位　　　　　（b）连接　　　　　（c）安全保护

图 7-45　销连接的应用

销是一种标准件，形状和尺寸已标准化。其种类有圆柱销、圆锥销、开口销等，其中应用最多的是圆柱销及圆锥销。

2. 圆柱销的装配　圆柱销多是经过盈配合固定在孔中，如拆装就要损坏配合的坚固性和连接的准确性，故应换用新的。装配时，先将两个被连接件紧固在一起进行钻、铰销孔，并严格控制配合精度，然后将选择合适的销钉涂上润滑油，装入孔内。打入销钉时不要用力过大，以免将销钉头打毛或镦粗。

在装配定位销时，定位销孔必须在两零件的位置经过精确调整并固定后，再进行钻孔和铰孔。

3. 圆锥销的装配　圆锥销具有 1∶50 的锥度，定位准确，可多次拆装而不影响定位精度。圆锥销以小端直径和长度代表其规格。装配前以小端直径选择钻头，被连接件的两孔应同时钻、铰，铰孔时，用试装法控制孔径，孔径大小以锥销长度的 80% 左右能自由插入为宜。装配时用手锤敲入，销子的大头可稍微露出零件表面，如图 7-46 所示。应当注意，无论是圆柱销还是圆锥销，往盲孔中压入时，为便于装配，销上必须钻一通气小孔或在侧面开一道微小的通气小槽，供放气用。

4. 销连接的拆卸　拆卸通圆柱销和圆锥时，可用锤子或冲棒向外敲出（圆锥销由小头敲击）。有螺尾的圆锥销可用螺母旋出，如图 7-47 所示。

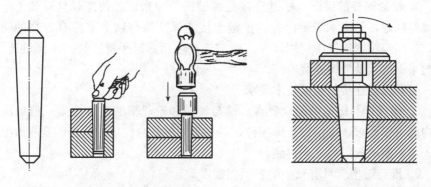

图 7-46　柱销的装配　　　　　　图 7-47　带螺尾的圆锥销拆卸

拆卸带内螺纹的圆柱销和圆锥销时，可用与内螺纹相符的螺钉取出，也可以用拔销器拔出，如图 7-48 所示。销钉损坏时，一般进行更换。若销孔损坏或磨损严重时，可重新钻、铰较大尺寸的销孔，换装相适合的销钉。

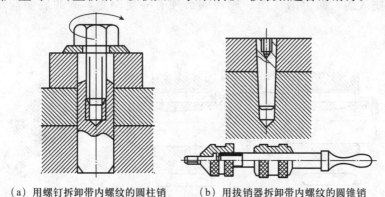

（a）用螺钉拆卸带内螺纹的圆柱销　　　（b）用拔销器拆卸带内螺纹的圆锥销

图 7-48　带内螺纹圆柱销和圆锥销的拆卸

三、键连接的装配

键是用来连接轴和轴上零件，用于周向固定以传递扭矩的一种机械零件。

它具有结构简单、工作可靠、装拆方便等优点，因此，在播种机上获得广泛应用。

根据结构特点和用途不同，键连接可分为松键连接、紧键连接和花键连接三大类。

1. 松键连接的装配 松键连接是靠键的侧面来传递扭矩，只对轴上零件作周向固定，不能承受轴向力，松键连接能保证轴与轴上零件有较高的同轴度，在高速精密连接中应用较多。松键连接包括普通平键连接、半圆键连接、导向平键连接及滑键连接等。

（1）松键连接的装配技术要求

① 保证键与键槽的配合要求。键与轴槽和轮毂槽的配合性质一般取决于机构的工作要求，由于键是标准件，各种不同的配合性质的获得，要靠改变轴槽、轮毂槽的极限尺寸来得到。

② 键与键槽应具有较小的表面粗糙度。

③ 键装入轴槽中应与槽底贴紧，键长方向与轴槽有 0.1 mm 的间隙，键的顶面与轮毂之间有 0.3～0.5 mm 的间隙。

（2）普通平键连接的装配 如图 7-49 所示，平键的横截面有正方形和长方形。其结构简单，容易制造，所以应用很普遍。装配平键时，在键的两侧，应有一些过盈，而键的顶面和轮毂间必须有一定间隙，键的底面应与槽底接触。

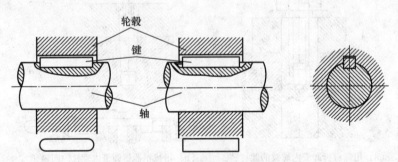

轮毂

键

轴

图 7-49 普通平键连接的装配

轮毂、轴与键进行装配时，如过紧可进行修整，但不能产生松动。一般是先把键配入轴键槽内，然后试装轮毂。拆键时，可用手虎钳、克丝钳或台虎钳，将键两侧垫上铜皮把轴槽内的键夹出来。

（3）半圆键连接的装配 如图 7-50 所示。半圆键一般用在直径较小的轴或锥形轴上，以传递不大的转矩。这种键的装配方法与平键相同，但键在键槽中可以滑动，能自动适应轮毂中的斜度。

(4) 滑键连接的装配 如图 7-51 所示。滑键为平键的一种，它不仅能带动轮毂旋转，并能使轮毂沿轴线方向来回移动，所以轮毂与轴和键为间隙配合。为了防止键从轴槽中跳出，可在键上加装埋头螺钉固定。滑键的拆装方法与平键相同，但是滑键本身较长，为了便于拆卸，在键上制有螺纹孔，只要把螺钉拧入孔内，便可把键顶出来。

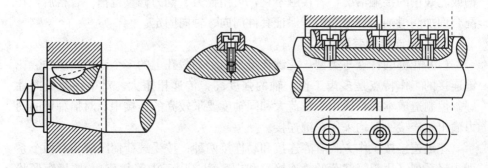

图 7-50 半圆键的装配   图 7-51 滑键的装配

2. 紧键连接的装配 紧键连接常用楔键连接。楔键分普通楔键和钩头楔键两种，如图 7-52 所示。楔键的上下两面是工作面，键的上表面和轮毂槽的底面均有 1:100 的斜度，键侧与键槽之间有一定的间隙。装配时须打入，靠过盈来传递扭矩。紧键连接还能轴向固定零件和传递单方向轴向力，但易使轴上零件与轴的配合产生偏心和歪斜。多用于对中性要求不高、转速较低的场合。钩头楔键用于不能从另一端将键打出的场合。

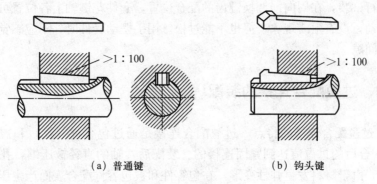

(a) 普通键   (b) 钩头键

图 7-52 楔键连接

(1) 楔键连接的装配技术要求

① 楔键的斜度应与轮毂槽的斜度一致，否则，套件会发生歪斜，同时降低连接强度。

② 楔键与槽的两侧面要留有一定间隙。

③ 对于钩头楔键，不应使钩头紧贴套件端面，必须留有一定距离，以便拆卸。

（2）楔键连接装配要点　装配楔键时，要用涂色法检查楔键上下表面与轴槽或轮毂槽的接触情况，若接触不良，可用锉刀、刮刀修整键槽。合格后，在配合面加润滑油，轻敲入内，保证套件周向、轴向固定。

3. 花键连接的装配

（1）花键的特点与类型　花键连接是由轴和毂孔上的多个键齿组成的。花键连接的工作特点是多齿工作，轴的强度高，传递扭矩大，对中性及导向性好。但制造成本高，适用于载荷大和同轴度要求较高的连接中，对播种机的动力输出轴连接一般均采用花键连接。

花键连接按工作方式有静连接和动连接两种；按受载荷情况规定有两个系列：轻系列（用于轻载荷的静连接）和中系列（用于中等载荷）；按齿廓形状可分为矩形花键、渐开线形花键和三角形花键三种。其中矩形花键的齿廓是直线，容易制造，故目前采用较多。

（2）静连接花键的装配　套件应在花键轴上固定，故有少量过盈，装配时可用铜棒轻轻敲入，但不得过紧，以防拉伤配合表面，过盈量较大时，应将套件加热至 80～120 ℃后进行热装。由于套件加热后容易产生变形、精度降低等缺陷，目前，采用液氮将花键轴冷缩后装配应用较普遍。

（3）动连接花键的装配　动连接花键装配应保证精确的间隙配合。总装前应先进行试装，在周向能调换键齿的配合位置，套件花键轴上各位置可以轴向自由滑动，没有阻滞现象，但也不能过松。用手摆动套件时，不应感觉有明显的周向间隙。

四、过盈配合连接的装配

1. 过盈配合连接的特点　过盈配合连接是通过包容件（孔）和被包容件（轴）配合后的过盈值达到紧固连接的。装配后，轴的直径被压缩，孔的直径被扩大，由于材料发生弹性变形，在包容件和被包容件配合表面产生压力（图7-53）。依靠此压力产生摩擦力来传递扭矩和轴向力。

过盈配合连接具有结构简单、对中性好、承载能力强，在冲击和振动载荷下工作可靠等优点。缺点是过盈配合连接配合表面的加工精度要求高，装拆较困难。多用于承受重载及无需经常拆装的场合。

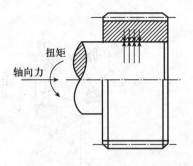

图 7 - 53　过盈配合连接

2. 过盈配合连接的装配要求

（1）有适当的过盈量　配合的过盈量是按连接要求的紧固程度确定的，过盈量过小不能满足传递扭矩的要求，过盈量过大则造成装配困难。一般选择的最小过盈量应等于或稍大于连接所需的最小过盈量。

（2）有较高的配合表面精度　配合表面应具有较高的位置精度和较小的表面粗糙度值。装配时保证配合表面的清洁，装配中注意保持轴孔的同轴度，以保证装配后有较高的对中性。

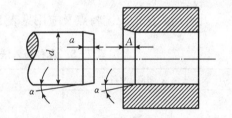

图 7 - 54　圆柱面过盈配合连接的倒角

（3）有适当的倒角　如图 7 - 54所示，为了便于装配，孔端和轴的倒角应为 $\alpha = 5° \sim 10°$，a 和 A 的取值由直径 d 的大小决定，一般取 $a = 0.5 \sim 3.0$ mm，$A = 1.0 \sim 3.5$ mm。

3. 过盈配合连接的装配方法　过盈配合连接的装配方法分为压入法和温差法两种。

（1）压入法　当过盈量及配合尺寸较小时，一般采用在常温下压入装配，其设备如图 7 - 55 所示。

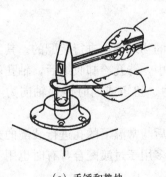

（a）手锤和垫块

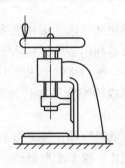

（b）螺旋压力机

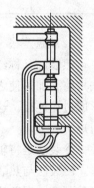

（c）C 形夹头

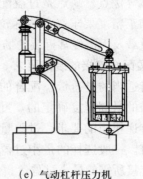

(d) 齿条压力机　　　　　(e) 气动杠杆压力机

图 7-55　压装设备

几种压入法的工艺特点及应用见表 7-8。

表 7-8　几种压入法的工艺特点及应用

压入方法	压入设备和工具	工艺特点	应用举例
冲击压入	用手锤或重物冲击	简便，但导向性差、易歪斜	单间生产，用于配合要求低、长度短的零件，如销、短轴等
工具压入	用螺旋式、杠杆式、气动式压力工具等	导向性稍好，生产效率高	中小批量生产的小尺寸连接，如套筒和一般要求的活动轴承
压力机压入	机械式和气动压力机、液压机	压力范围 $(1\sim10)\times10^6$ N，配合夹具使用，可提高导向性	成批生产中的轻、中型过盈配合联接，如齿圈、轮毂等

（2）温差法　温差法又称热装法和冷装法。

热装法又称红套，是利用金属材料热胀冷缩的物理特性进行装配的。其方法是将孔加热使之胀大，然后将轴装入胀大的孔中，待孔冷却收缩后，轴孔就形成过盈连接。这样形成的配合件能传递轴向力、扭矩或同时传递轴向力与扭矩。

冷装法是将轴进行低温冷却，使之缩小，然后与常温下的孔进行装配的方法。冷装法与热装法相比，收缩变形量较小，故多用于过渡配合，有时也用于过盈配合。温差法的工艺特点及应用见表 7-9。

表 7-9　温差法的工艺特点及应用

方法		设备或工具	温度（℃）	工艺特点	应用举例
热装法	火焰加热	喷灯、氧-乙炔、丙烷、加热器碳炉	350 以下	使用加热器，热量集中，易控制、操作简单	局部加热的中型或大型连接器
	介质加热	沸水槽	80～100	去污干净，热胀均匀	过盈较小的连接件
		蒸汽加热槽	120		
		热油槽	90～320		
	电阻或辐射加热	电阻炉、红外线辐射加热器	400	去污洁净，温度易控制均匀	过盈较大的中、小型连接件，成批生产
	感应加热	感应加热器	400 以上	生产效率高，调温方便，热效率高	特重型、重型的过盈配合的大、中型连接件
冷装法	干冰	干冰冷缩装置等	-78	操作简单	过盈量小的小型和薄壁套筒连接器
	低温箱冷缩	低温箱冷缩	-44～-140	冷缩均匀，易自动控制，生产效率高，去污洁净	配合精度较高或在热态下工作的薄壁套筒连接件
	液氮或液态空气	移动或固定式液氮槽或液态空气槽	-194	时间短，效率高	过盈量较大的连接件

五、滚动轴承的装配

1. 滚动轴承的类型与应用　滚动轴承已标准化，可由专门企业大批量生产。常见滚动轴承的主要类型、特性及应用见表 7-10。

表 7-10　滚动轴承的类型、特性及应用

轴承名称、类型及代号	结构简图及承载方向	特性与应用
调心球轴承 10 000		主要承受径向载荷，可承受少量的双向轴向载荷。外圈滚道为球面，具有自动调心性能。适用于多支点轴、弯曲刚度小的轴以及难以精确对中的支承

（续）

轴承名称、类型及代号	结构简图及承载方向	特性与应用
圆锥滚子轴承 30 000		能承受较大的径向载荷和单向的轴向载荷，极限转速较低。内外圈可分离。适用于转速不太高，轴的刚性较好的场合
角接触球轴承 7 000C(α=15°) 7 000AC(α=25°) 7 000B(α=40°)		能同时承受径向载荷与单向的轴向载荷，公称接触角 α 有 15°、25°、40°三种，α 越大，轴向承载能力也越大。适用于转速较高，同时承受径向和轴向载荷的场合
圆柱滚子轴承 N0 000		只能承受径向载荷。承载能力比同尺寸的球轴承大，承受冲击载荷能力大，对轴的偏斜敏感，允许偏斜较小。用于刚性较大的轴上，并要求支承座孔很好地对中
推力球轴承 单向 51 000 双向 52 000		套圈与滚动体可分离，单向推力球轴承只能承受单向轴向载荷，两个圈的内孔不一样大，内孔较小的与轴配合，内孔较大的与机座固定。双向推力球轴承可以承受双向轴向载荷，中间圈与轴配合，另两个圈为松圈。常用于轴向载荷大、转速不高的场合
深沟球轴承 60 000		主要承受径向载荷，也可同时承受少量双向轴向载荷，工作时内外圈轴线允许偏斜。摩擦阻力小，极限转速高，结构简单，价格便宜，应用最广泛，但承受冲击载荷能力较差。适用于高速场合

2. 滚动轴承的配合　滚动轴承内圈和轴的配合及外圈和轴承座的配合，应根据轴承的类型、尺寸、载荷的大小和方向、性质等决定。轴与轴承的配合按基孔制，轴承座与轴承的配合按基轴制。

转动的圈（内圈或外圈）一般采用过盈配合，固定的圈常采用间隙配合或过盈不大的配合。

3. 滚动轴承的装配技术要求　保证轴承与轴颈和轴承座孔的正确配合，其径向和轴向间隙应符合要求，旋转灵活，工作温度、温升值和噪声等符合要求。

装配前，先将轴承和相配合的零件用805洗涤剂清洗干净，吹干后在配合表面涂上润滑油。需用润滑的轴承，在清洗并吹干后涂上洁净的润滑脂。常用的润滑脂种类有钙基润滑脂和钠基润滑脂。

4. 滚动轴承的装配方法

（1）压入法　当轴承内孔与轴颈配合较紧，外圈与壳体配合较松时，应先将轴承装在轴上，如图7-56a所示；反之，则应先将轴承压入壳体上，如图7-56b所示。如轴承内孔与轴颈配合较紧，同时外圈与壳体也配合较紧，则应将轴承内孔与外圈同时装在轴和壳体上，如图7-56c所示。

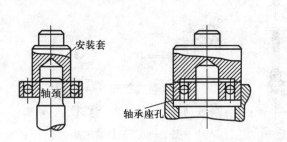 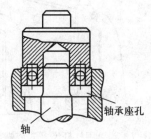

(a) 先将轴承装在轴上　　(b) 先将轴承压入壳体上　　(c) 将轴承内孔与外圈同时装在轴和壳体上

图7-56　压入法装配滚动轴承

（2）均匀敲入法　在配合过盈量较小又无专用套筒时，可通过圆钢棒分别对称地在轴承的内环（或外环）上均匀敲入，不能用铜棒等软金属，因为容易将软金属屑落入轴承内，如图7-57所示。也可通过装配套筒，用锤子敲入，如图7-58所示。不可用锤子直接敲击轴承。敲击时应在四周对称交替均匀地轻敲，避免因用力过大或集中一点敲

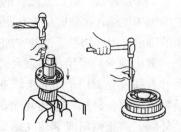

图7-57　均匀敲入法装配滚动轴承

击，而使轴承发生倾斜。

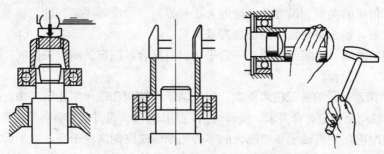

图 7-58　用锤子和装配套筒压紧轴承

（3）机压法　用杠杆齿条式或螺旋式压力机压入，如图 7-59 所示。

（4）液压套入法　如图 7-60 所示，这种方法适用于轴承尺寸和过盈量较大，又需要经常拆卸的场合，也可用于不可锤击的精密轴承。装锥孔轴承时，由手动泵产生的高压油进入轴端，经通路引入轴颈环形槽中，使轴承内孔胀大，再利用轴端螺母旋紧，将轴承装入。

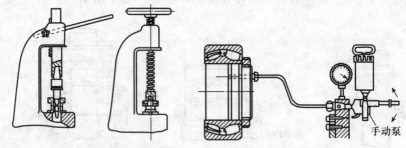

图 7-59　用杠杆齿条式或螺旋
式压力机压装轴承

图 7-60　液压套入法

（5）温差法　有过盈配合的轴承常采用温差法装配。把轴承放在 80～100 ℃ 的油池中加热，加热时应放在距油池底部一定高度的网格上（图 7-61a），对较小的轴承可用挂钩悬于油池中加热（图 7-61b），防止过热。

取出轴承后，用比轴颈尺寸大 0.05 mm 左右的测量棒测量轴承孔径，如尺寸合适应立即用干净布揩清油迹和附着物，用布垫着轴承并端平，迅速将轴承推入轴颈，趁热与轴径装配，在冷却过程中要始终用手推紧轴承，并稍微转动外圈，防止倾斜或卡住（图 7-61c），冷却后将产生牢固的配合。

5. 滚动轴承的轴向定位　为了让轴承能承受轴向力，并使轴承在机器中的相对位置固定，在安装轴承时，应使轴承的内、外圈分别固定在轴和轴承座

（a）放在距油池底部一定
高度的网格上加热

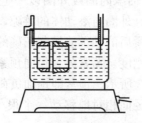

（b）用挂钩悬于油池中加热

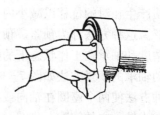

（c）冷却过程中用手推紧轴承

图 7-61 温差法

上。图 7-62 所示为常见的几种滚动轴承的固定方法。

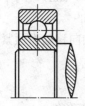

（a）用轴肩固定

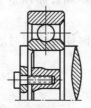

（b）用装在轴端的压板固定

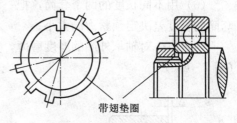

带翅垫圈

（c）用带翅垫圈固定

轴用弹簧挡圈

（d）用弹簧挡圈固定

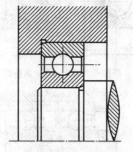

（e）用轴承座上的凸肩固定

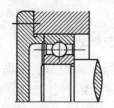

（f）用轴承盖端部压紧固定

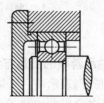

（g）用轴承盖和凸肩固定

图 7-62 滚动轴承的轴向固定

6. 滚动轴承的预紧 给轴承内圈或外圈以一定的轴向预负荷,使内、外圈产生相对的位移以减小内、外圈与滚动体的游隙,并产生初始的接触弹性变形。这种方法称为预紧。预紧后的轴承能控制正确的游隙,从而提高轴的旋转精度和轴承在工作状态下的刚度。预紧分为径向预紧和轴向预紧两类。几种滚动轴承的预紧方法如图 7-63 所示。预紧即预加负荷,就是在轴承安装时用某种方法使两个座圈在轴向或径向相对地移动一个很小的量 Δ(图 7-63a),以减小轴承中的间隙。

(1) 夹紧一对滚动轴承的外圈(图 7-63b),转动调整螺套即可减小轴承中的间隙。

(2) 靠弹簧力作用在外圈上,使轴承得到自动预紧(图 7-63c)。

(3) 用不同长度的两个套筒,把一对轴承隔开而预紧(图 7-63d),两个套筒的长度差决定预紧力的大小。

(4) 将一对轴承外圈的厚度磨薄,安装时使外圈相对地做轴向移动而预紧(图 7-63e)。

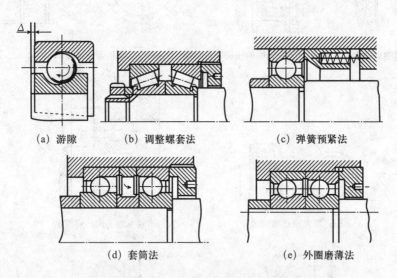

(a) 游隙 (b) 调整螺套法 (c) 弹簧预紧法

(d) 套筒法 (e) 外圈磨薄法

图 7-63 滚动轴承的预紧方法

7. 滚动轴承游隙的测量与调整 滚动轴承的游隙分为径向游隙和轴向游隙两类。它们分别表示将一个圈固定时,另一个圈沿径向或轴向由一个极限位置到另一个极限位置的位移量。

(1) 滚动轴承游隙的要求和测量 安装轴承时工作游隙不可过大或过小。工作游隙过大,同时承受载荷的滚动体减小,使轴承内载荷不稳定,运转时产生振动,从而降低旋转精度,缩短使用寿命;工作游隙过小,摩擦加剧将造成运转温度过高,易产生过热"咬住"现象,甚至损坏轴承。

　　所以安装轴承时,应根据工作精度、使用场合和转速高低,严格控制和调整轴承工作游隙。选用时,一般高速运转的轴承采用较大的工作游隙;低速重载荷的轴承,采用较小的工作游隙。测量游隙的方法如图7-64所示。

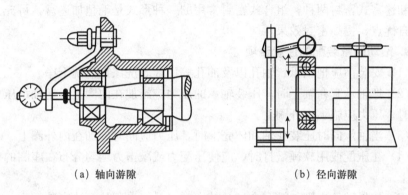

　　　（a）轴向游隙　　　　　　　　　　　（b）径向游隙

图7-64　滚动轴承的游隙测量

　　(2) 调整滚动轴承游隙的方法　采用调整垫片法和螺钉调整法,如图7-65所示。

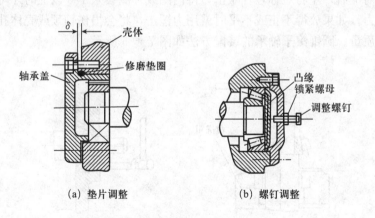

　　　（a）垫片调整　　　　　　　　　　　（b）螺钉调整

图7-65　滚动轴承的游隙调整

　　垫片调整法是通过调整轴承盖与壳体端面间的垫片厚度 δ 来调整轴承游隙。

　　螺钉调整法的调整顺序为先松开锁紧螺母,再调整螺钉,待游隙调整好后再拧紧螺母。

8. 滚动轴承密封装置的选择　滚动轴承密封的目的是为了防止外部的灰尘、水分及其他杂质进入轴承，并阻止轴承内润滑剂的流失。滚动轴承密封的方法有接触式密封、非接触式密封和组合式密封三种。这些密封方式可根据所用润滑剂、轴颈的圆周速度、环境要求等不同条件进行选用。

接触式密封分为毛毡圈密封和皮碗式密封两种；非接触式密封分为间隙式密封和迷宫式密封两种；组合式密封常用的一种形式是毛毡加迷宫，可充分发挥各自优点，提高密封效果。

9. 滚动轴承装配的注意事项

（1）安装前应把轴承、轴孔以及油孔等用 805 洗涤剂清洗干净。

（2）把轴承套在轴上时，压装轴承的压力应施加在内圈上。把轴承压在体壳上时，压力应施加在外圈上。

（3）当轴承同时压装在轴和体壳上时，压力应同时施加在内外圈上。

（4）在压配或用软锤敲打时，应使压配力或敲击力均匀分布在座圈的整个端面上。

（5）如果轴承内圈与轴配合过盈较大时，最好采用热套法安装。

10. 圆锥滚子轴承的装配　圆锥滚子轴承的内、外圈可以分离。装配时，可分别将内圈装到轴上，外圈装入壳体内。当用锤击法装配时，要将轴承放正放平，对准后，左右对称轻轻敲击，待内圈或外圈装入 1/3 以上时才可逐渐加大敲击力。如果放得不正或不平时就用力锤击，将会损伤轴颈或壳体孔壁，影响装配质量。圆锥滚子轴承的装配方法如图 7-66 所示。

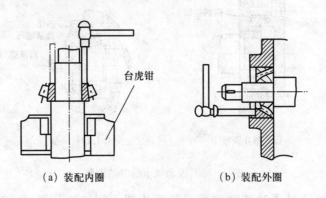

（a）装配内圈　　　　　　（b）装配外圈

图 7-66　圆锥滚子轴承的装配

11. 圆锥滚子轴承游隙的调整方法　轴承的游隙通过调整内、外圈的轴向相对位置进行调整，常用的调整方法如图 7-67 所示。

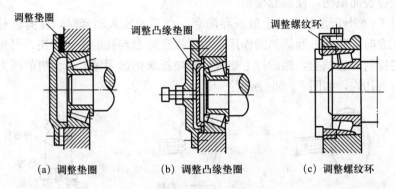

(a) 调整垫圈　　(b) 调整凸缘垫圈　　(c) 调整螺纹环

图 7-67　圆锥滚子轴承的间隙调整

六、滑动轴承的装配

1. 滑动轴承的主要类型　滑动轴承根据所承受载荷的方向不同，可分为承受径向载荷的径向滑动轴承、承受轴向载荷的止推滑动轴承（图 7-68）以及同时承受径向载荷和轴向载荷的径向止推滑动轴承三种。

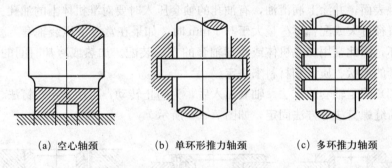

(a) 空心轴颈　　(b) 单环形推力轴颈　　(c) 多环推力轴颈

图 7-68　止推滑动轴承

2. 整体式滑动轴承（轴套）**的装配**　轴套装到机体内的作业程序是压入、固定轴套，装配后检验、修整。装配时，根据轴套的尺寸和配合的过盈量大小以及轴套在机体上的位置，可用冷压、加热机体或冷却轴套的方法来装入轴套。

（1）压入轴套的方法　根据轴套在机体上的位置和轴套的尺寸，可用手锤或压力机将轴套压入。图 7-69a 所示为一种最简单（用垫板和手锤打入）的压入方法。打入轴套时，开始必须放正位置，待找正后，再加大力打入。否则会使配合表面擦伤，使轴套变形。

图 7-69b 所示是在孔上放一导向套，当开始压入轴套时，导向套对轴套起保证方向、防止轴套倾斜的作用。为了保证轴套与孔的中心对正，可先将轴套套在特制的心轴上，然后拧上垫板，经垫板来传递手锤或压力机的压力，将轴套压入孔内，如图 7-69c 所示。

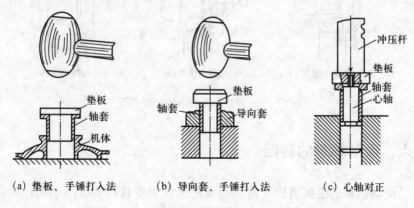

（a）垫板、手锤打入法　　　（b）导向套、手锤打入法　　　（c）心轴对正

图 7-69　压入轴套的方法

在压入轴套前，必须仔细检查轴套和机体上的孔，修整端面上的尖角，擦净接触表面，并涂上润滑油，有油孔的轴套压入时要对准机体上的油孔。

直径过大或配合过盈量大于 0.1 mm 时，如果在常温下压装轴套，就会引起损坏，因此常用加热机体或冷却轴套的方法装配。加热或冷却时间的长短，视轴套的形状、质量和材料来决定。

（2）固定轴套的方法　轴套压入后，为防止转动，可用紧定螺钉法、销钉法、骑缝螺钉法等方法固定，如图 7-70 所示。

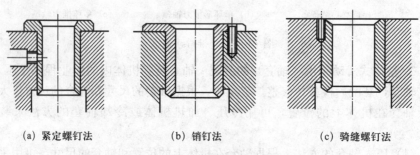

（a）紧定螺钉法　　　　（b）销钉法　　　　（c）骑缝螺钉法

图 7-70　轴套的固定方法

（3）装配后的检验和修整　轴套压入后，往往会发生变形（如椭圆形、

圆锥形和偏斜等）或工作表面损坏，因此，在装配后需要进行检验和修整。常采用铰孔和刮削的方法修整，使轴套和轴颈之间的间隙及接触点达到要求。

3. 对开式滑动轴承（轴瓦）（图7-71）**的装配**　在轴瓦装入轴承和轴承盖以前，应修光所有配合面的毛刺，检验轴承盖和轴瓦上的油孔是否能对正，最后用油枪和煤油洗净所有的油孔和油挡。

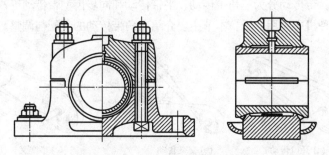

图7-71　对开式滑动轴承

轴瓦装入轴承座和轴承盖的时候，应在轴瓦的两个平面间垫上铅片或木板，然后用手锤轻轻打入，要求轴瓦的外表面与轴承座、盖能紧密地贴合。如果贴合不好（图7-72），轴瓦受到轴颈上的力后，将引起变形或耐磨层破裂、脱落。

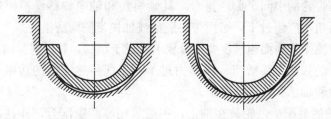

图7-72　轴瓦的不正确配合

为了保证轴瓦与轴颈配合良好，在装配时，应进行必要的检验和修刮。先在轴颈上涂好显示剂，接着把轴放在装有下半轴瓦的轴承座上，将轴转动2～3圈，然后把轴取下来，按照研出的斑痕来判断轴瓦与轴颈的配合情况。如果在轴瓦上的斑痕很大而且不均匀，必须进行修刮。当在轴瓦的全长上都有了斑点以后，再将上半轴瓦装上，拧紧上盖的螺栓，使轴紧紧地转动几圈后，按着色情况刮削上下轴瓦，直到轴瓦上出现要求的斑点数目为止。刮完轴瓦后，还要用垫片调整轴瓦与轴颈的间隙，以保证形成油膜而实现液体润滑。

轴瓦上的油槽，可用油槽錾子錾出，也可用车床车出或铣床铣出。

七、带传动机构的装配

1. 带传动机构的特点 带传动是常用的一种机械传动，它是依靠张紧在带轮上的带与带轮之间的摩擦力或啮合来传递运动和动力的（图7-73）。带传动具有工作平稳、噪声小、结构简单、制造方便及能过载保护等优点，适用于两轴中心距较大的传动。带传动分为三角带传动、平带传动和同步齿型带传动等，其中，三角带传动在播种机中应用广泛。本节主要介绍三角带传动的装配与调整。

(a) 开口传动　　　(b) 交叉传动　　　(c) 半交叉传动

图7-73　带传动

2. 带传动机构的装配技术要求

(1) 带轮的安装要正确　其径向圆跳动量和端面圆跳动量应控制在规定范围内。

(2) 两带轮的中间平面应重合　其倾斜角和轴向偏移量不得超过规定要求。一般斜角不应超过1°，否则带易脱落或加快带侧面磨损。

(3) 带轮工作表面粗糙度要符合要求　过于粗糙，将加速带的磨损。

(4) 带的张紧力要适当　张紧力过小，不能传递一定的功率；张紧力过大，带、轴和轴承都将迅速磨损。

3. 带轮的装配 带轮装在轴上，一般采用零间隙配合，并且靠键连接来传递转矩，图7-74所示是带轮在轴端上的5种固定方法。

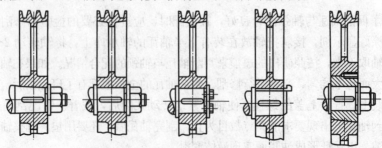

图7-74　带轮在轴端上固定方法

安装时，首先按轴和轮毂孔中的键槽来修配键，涂上润滑油后，再把带轮压装在轴上。压装时，最好采用专用螺旋压入工具（图7-75）。不要直接敲打带轮的端部，特别在已装进机器里的轴上安装带轮时，敲打不但会损伤轴颈，而且会损伤其他机件。压装后，可通过垫板对轮毂轻轻敲打，以消除因倾斜而产生的卡滞现象。

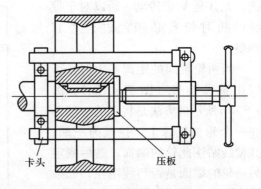

图7-75　螺旋压入工具

4. 三角带的装配　先将其套在小带轮轮槽中，然后套在大轮上，边转动大轮，边用一字旋具将带拨入带轮槽中。装好后的三角带在槽中的正确位置，如图7-76所示。

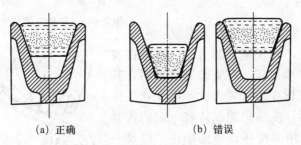

(a) 正确　　　　　　　　(b) 错误

图7-76　三角带在轮槽中的位置

5. 带传动机构装配后的检查

（1）检查带轮的跳动量　带轮装到轴上后，应在轮缘处检查其径向及端面圆跳动。较大的带轮可用划针盘来检查，较小的带轮可用百分表来检查（图7-77）。

（2）检查两带轮之间的相对位置　带轮之间的相对位置对带传动质量有影响，如果两个带轮安装时有过大的偏移，会使皮带的张力不均匀，造成皮带自行滑脱和加速磨

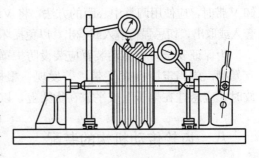

图7-77　检查带轮的跳动量

损，尤其是 V 带传动，所以对于带轮的相对位置必须经过检查和调整。

当两轮轴间的距离不大时，可以用直尺检查（图 7 - 78a）。图 7 - 78b 所示的方法是将线的一端系在一个轮的轮缘上，拉紧另一端，并使线贴住此轮的端面，然后测定另一轮的端面是否与线贴住，如果没有贴住，则可根据线与轮端面之间的间隙 a 的大小，进行调整。如两轮宽度不同，可将线系在宽轮上，用上述方法进行检查，但窄轮与线之间应有 1/2 两轮宽度差的间隙。

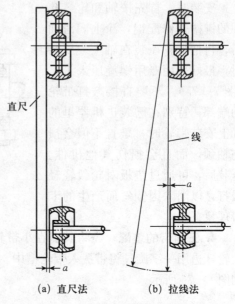

(a) 直尺法　　(b) 拉线法

图 7 - 78　带轮安装位置的检查

（3）皮带张紧力的检查　皮带安装在带轮上，其张紧力的大小，通常在实际工作中凭经验决定。在安装新皮带时，其最初张紧力应比正常张紧力大，可保证工作过一段时间后，皮带仍能保持有一定的张紧力。检查时，用手按压皮带的中央。以 88～98 N 的力按压皮带中间部位时，皮带下降 10～15 mm 为正常（图 7 - 79）。

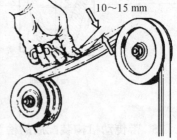

图 7 - 79　检查皮带张紧力

6. 带传动机构的维护操作规程　安装或拆卸 V 带时，应使用调整中心距的方法，将 V 带套入或取出，切忌强行撬入或撬出，以免损坏带的工作表面和降低带的弹性。

为保证安全，带传动装置应装设防护罩，避免带与酸、碱和油接触，也不宜暴晒。应当定期检查 V 带，若发现一根松弛或损坏则应全部更换。V 带存放时，应悬挂在架子上或平放在货架上，以免受压变形。

八、齿轮传动机构的装配

1. 齿轮传动机构的特点　齿轮传动是播种机中最常用的传动方式之一，

它依靠轮齿间的啮合来传递运动和动力，如图 7-80 所示。其优点是传动比较恒定、变速范围大、传动效率高、传动功率大、结构紧凑、使用寿命长等；缺点是噪声大、无过载保护、不宜用于远距离传动、制造装配要求高等。

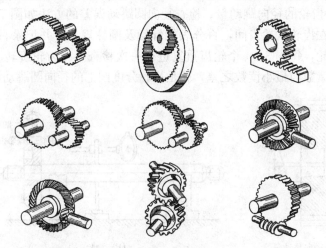

图 7-80　齿轮传动机构

2. 齿轮传动机构的装配技术要求

（1）齿轮孔与轴的配合要适当，满足使用要求　空套齿轮在轴上不得有晃动现象；滑移齿轮不应有咬死或阻滞现象；固定齿轮不得有偏心或歪斜现象。

（2）保证齿轮有准确的安装中心距和适当的齿侧间隙　齿侧间隙指齿轮副非工作表面法线方向距离。侧隙过小，齿轮转动不灵活，热胀时易卡齿，加剧磨损；侧隙过大，则易产生冲击、振动。

（3）保证齿面有一定的接触面积和正确的接触位置　圆柱齿轮装配一般分两步进行：先把齿轮装在轴上，再把齿轮轴部件装入箱体。

3. 齿轮与轴的装配　齿轮与轴的装配形式有齿轮在轴上空转、齿轮在轴上滑移和齿轮在轴上固定三种形式。齿轮与轴一般采用键连接，齿轮内孔与轴的配合根据工作要求而定。

（1）间隙配合的齿轮能在轴上空转或滑移，装配比较方便。用花键连接时，须选择较松的位置定向装配，装配后齿轮在轴上不得有晃动现象。装配精度主要取决于零件的加工精度。

（2）过渡配合和过盈配合的齿轮，可采用手工工具敲击或在压力机上压配，装配时应注意避免齿轮产生偏心、歪斜、变形和端面未贴紧轴肩等安装误差。

（3）精度要求高的齿轮传动机构，在压配后需检查精度。

4. 齿轮传动机构装配后的检查

（1）检查齿轮的跳动量

① 检查齿轮的径向跳动量。检查径向圆跳动误差的方法如图 7-81 所示，把圆柱规放在齿轮的轮齿间，百分表触针触及圆柱规上，并记录百分表读数，然后转动齿轮，每隔 3~4 个轮齿重复进行一次检查，在齿轮旋转一周内，百分表的最大读数与最小读数之差，就是齿轮分度圆上的径向圆跳动误差。

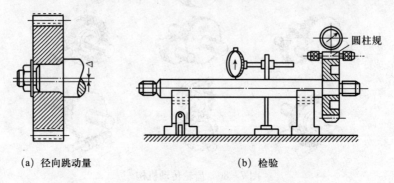

(a) 径向跳动量 　　　　　　　(b) 检验

图 7-81　齿轮径向跳动量的检查

② 检查齿轮的端面跳动量。齿轮端面圆跳动误差的检查如图 7-82 所示，在齿轮旋转一周范围内，百分表的最大读数与最小读数之差就是齿轮端面圆跳动误差 Δ。

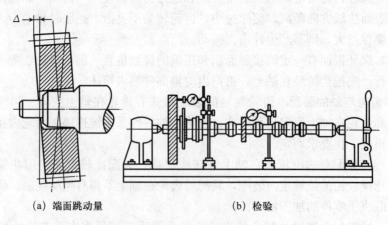

(a) 端面跳动量 　　　　　　　(b) 检验

图 7-82　齿轮端面跳动量的检查

（2）检验齿侧间隙　常用的检查方法有铅丝检验法和百分表检验法两种。

① 铅丝检验法。齿侧间隙最直观、最简单的检验方法就是压铅丝法，如图7-83所示。将直径为侧隙1.25～1.5倍的软铅丝用油脂粘在小齿轮上，铅丝长度不应少于5个齿距，使齿轮啮合时有良好的受力状况，应在齿面沿齿宽两端平行放置两条铅丝，转动齿轮测量铅丝挤压后相邻的两较薄部分的厚度之和即为齿侧间隙（简称侧隙）。

② 百分表检验法。图7-84所示为用百分表测量侧隙的方法。测量时将百分表触头直接触及一个齿轮的齿面上，另一齿轮固定。将接触百分表触头的齿从一侧啮合迅速转到另一侧啮合，百分表上的读数差值即为侧隙。

图7-83　用铅丝检验侧隙　　　　　图7-84　用百分表检验侧隙

（3）检验齿轮啮合接触斑点　相互啮合的两轮齿的接触斑点，是用涂色法来检验。轮齿上印痕的分布面积要求在轮齿的高度上，接触斑点不少于30％～50％；在轮齿的长度上，不少于40％～70％（随齿轮的精度而定），如图7-85所示。通过涂色检验，还可以判断装配时产生误差的原因，当接触斑点的位置正确，而面积过小时，可在齿面上加研磨剂进行研磨，以达到足够的接触面积。

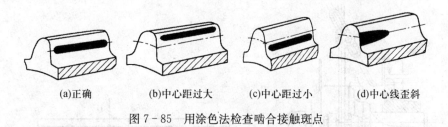

(a)正确　　　　(b)中心距过大　　　(c)中心距过小　　　(d)中心线歪斜

图7-85　用涂色法检查啮合接触斑点

九、链传动机构的装配

1. 链传动机构的特点　链传动机构由两个链轮和连接它们的链条组成，通过链和链轮的啮合来传递运动和动力，如图7-86所示。它能保证准确的平均传动比，适用于远距离传动要求或温度变化大的场合。常用的传动链有套筒滚子链和齿形链。套筒滚子链与齿形链相比，噪声大，运动平稳性差，速度不宜过大，但成本低，故在播种机中地轮与排种器之间的传动一般采用链传动机构。

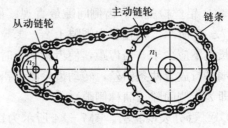

图 7-86　链传动

2. 链传动机构的装配技术要求

（1）两链轮轴线必须平行

两链轮轴线不平行会加剧链条和链轮的磨损，降低传动平稳性并增加噪声。检查方法，如图 7-87 所示，通过测量 A、B 两个尺寸来确定其误差。

（2）两链轮之间轴向偏移

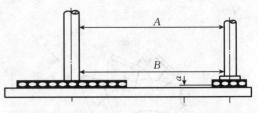

图 7-87　两链轮轴线及轴向偏移量的测量

量必须在要求范围内　一般当两轮中心距小于 500 mm 时，允许轴向偏移量为 1 mm；当两轮中心距大于 500 mm 时，允许轴向偏移量为 2 mm。

（3）链轮的跳动量必须符合要求　具体数值可查阅有关手册。链轮的径向跳动量 δ 和轴向跳动量 α 均可用划线盘或百分表进行检查，如图 7-88 所示。

（4）链条的下垂度要适当　过紧会加剧磨损；过松则容易产生振动或脱链现象。检查链条下垂度 f 的方法，如图 7-89 所示。对于水平或 45° 以下的链

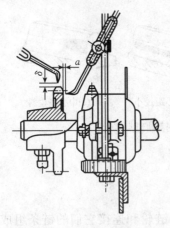

图 7-88　链轮跳动量的检查

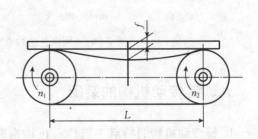

图 7-89　链条下垂度的检查

传动，链的下垂度应小于 2%（L 为二链轮的中心距）；倾斜度增大时，就要减少下垂度，在链垂直传动时，倾斜度应小于或等于 2%L。

3. 链传动机构的装配方法

（1）链轮在轴上的固定方法　链轮的装配方法与带轮的装配方法基本相同，如图 7-90 所示。

（2）套筒滚子的接头形式　套筒滚子的接头形式如图 7-91 所示。用开口销和弹簧卡片固定活动销轴，都在链条节数为偶数时使用。用弹簧卡片固定活动销轴时要注意使开口端方向与链条的运动方向相反，以免运转中受到碰撞而脱落。过渡链节接合的固定形式，适用于链节为奇数时。过渡链节的柔性较好，具有缓冲和减振作用，但这种链板会受到附加弯曲作用，故最好不用。

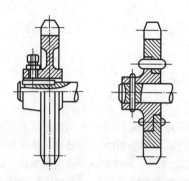

(a) 紧固螺钉固定　　(b) 圆锥销固定

图 7-90　链轮的固定方法

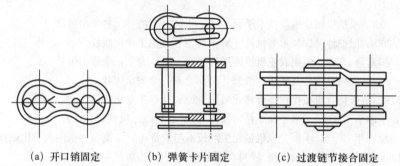

(a) 开口销固定　　　(b) 弹簧卡片固定　　　(c) 过渡链节接合固定

图 7-91　套筒滚子的接头形式

对于链条两端的接合，如两轴中心距可调节且链轮在轴端时，可以预先接好，再装到链轮上。如果结构不允许预先将链条接头连接好时，则必须先将链条套在链轮上，再采用专用的拉紧工具进行连接。齿形链条必须先套在链轮上，再用拉紧工具拉紧后进行连接，如图 7-92 所示。

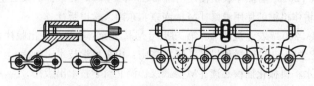

图 7-92　用拉紧工具拉紧链条

参考文献

北京市农业局.2009.农机实用技术［M］.北京：中国农业大学出版社.

蔡忠武.2002.中级农机修理工技能训练［M］.北京：高等教育出版社.

陈新.1999.种植机械的使用与维修［M］.南京：江苏科学技术出版社.

陈长青,史磊.2008.玉米精密播种技术应用探讨［J］.农业科技通讯,（9）：102-103.

德新.2011.玉米机械精量播种及其技术要点［J］.现代农业,（11）：40-41.

丁为民.2011.农业机械学（第二版）［M］.北京：中国农业出版社.

董克俭,杜仪英.2009.农业机械田间作业实用技术手册［M］.北京：金盾出版社.

窦风玲,陈绍杰.2009.钳夹式棉花播种机作业中常见故障及排除［J］.新疆农机化,（3）：
58-59.

杜华平.2008.水稻机械化生产技术手册［M］.上海：上海科学技术出版社.

高焕文.2004.保护性耕作技术与机具［M］.北京：化学工业出版社.

宫元娟,田素博.2008.常用农业机械使用与维修［M］.北京：金盾出版社.

宫元娟.2008.农机具选型及使用与维修［M］.北京：金盾出版社.

胡霞.2010.玉米播收机械操作与维修［M］.北京：化学工业出版社.

季风国,于志承.2011.玉米半株距精密播种［J］.农村牧区机械化,（1）：22-23.

姜道远,徐顺年.2009.水稻全程机械化生产技术与装备［M］.南京：东南大学出版社.

李敏.1999.耕种机械使用与维修［M］.郑州：中原农民出版社.

李洪新.2010.浅谈马铃薯播种机的优点及保养［J］.农机与维修,（5）：80.

李烈柳.2008.农作物种收机械使用与维修［M］.北京：金盾出版社.

李汝静.2012.玉米单粒播种技术［J］.现代农业,（3）：61.

李亚江.焊接修复技术［M］.北京：化学工业出版社,2008.

蔺万宝.2007.VL-20L四行马铃薯播种机的操作规程［J］.农业技术与装备,（139）：50-51.

刘淑华,张新德.2010.看图学农机使用与维修260问［M］.北京：机械工业出版社.

毛罕平.1997.耕作机械的使用维修［M］.南京：东南大学出版社.

桑正中,吴守一.2003.农业机械学（第二版）［M］.北京：机械工业出版社.

山东农业机械化学校.1979.播种机械［M］.济南：山东科学技术出版社.

涂同明.2008.水稻机械化插秧必读［M］.武汉：湖北科学技术出版社.

汪金营,胡霞.2009.小麦播收机械操作与维修［M］.北京：化学工业出版社.

王磊，陈永成.2005.棉花播种机排种器的现状和发展趋势 [J].中国农机化，(3)：80-82.

吴先文.2008.机械设备维修技术 [M].北京：人民邮电出版社.

伍利群.2005.齿轮修复的基本方法 [J].矿山机械，33(11)：133-135.

武少文.1991.当代中国的农业机械化 [M].北京：中国社会科学出版社.

杨建村.2CM-2B 型马铃薯播种机调整与使用 [J].农村科技，(3)：61.

于海梅，赵鹏庆.2012.马铃薯播种机使用与维护 [J].农业科技与信息，(6)：37-38,42.

袁栋，丁艳，彭卓敏.2011.播种机械巧用速修一点通 [M].北京：中国农业出版社.

张波屏.1982.播种机械设计原理 [M].北京：机械工业出版社.

赵金英，李祎明.2011.2BMQJ-6 型气吸式玉米免耕播种机的研制 [J].农机化研究，(7)：81-84.

赵文轸，刘琦云.2000.机械零件修复新技术 [M].北京：中国轻工业出版社.

中国农业百科全书编辑部.1992.中国农业百科全书（农业机械化卷）[M].北京：农业出版社.

邹杰，王国平.2012.浅析玉米保护性耕作播种技术 [J].现代农业，(2)：44-45.

图书在版编目（CIP）数据

播种施肥机修理工／鲁植雄，赵兰英主编．—北京
：中国农业出版社，2013.6
（新农村能工巧匠速成丛书）
ISBN 978-7-109-17754-3

Ⅰ.①播…　Ⅱ.①鲁…②赵…　Ⅲ.①播种机-维修
②施肥机具-维修　Ⅳ.①S223.207②S224.220.7

中国版本图书馆 CIP 数据核字（2013）第 137214 号

中国农业出版社出版
（北京市朝阳区农展馆北路 2 号）
（邮政编码 100125）
责任编辑　何致莹　黄向阳

北京中科印刷有限公司印刷　新华书店北京发行所发行
2013 年 7 月第 1 版　2013 年 7 月北京第 1 次印刷

开本：720mm×960mm　1/16　印张：21.75
字数：450 千字
定价：46.00 元
（凡本版图书出现印刷、装订错误，请向出版社发行部调换）